U0296617

国家出版基金项目
NATIONAL PUBLICATION FOUNDATION

纳米科学与技术

压电电子学与压电光电子学

王中林　著

王中林　张　岩　武文倬　译

科 学 出 版 社

北 京

内 容 简 介

压电电子学和压电光电子学的基本概念和原理由王中林教授研究组分别于 2007 年和 2010 年首次提出。在人机界面、主动式传感器、主动式柔性电子学、微型机器人、智能电子签名、智能微纳机电系统以及能源技术等领域中，压电电子学和压电光电子学具有广阔的应用前景。本书介绍压电电子学和压电光电子学的物理原理、基本理论以及基本器件单元的设计、制造、测试和应用；共分 11 章，包括压电电子学和压电光电子学导论、纤锌矿结构半导体材料中的压电势、压电电子学基本理论、压电电子学晶体管、压电电子学逻辑电路及运算操作、压电电子学机电存储器、压电光电子学理论、压电光电子学效应在光电池中的应用、压电光电子学效应在光电探测器中的应用、压电光电子学效应对发光二极管的影响、压电光电子学效应在光电化学过程和能源存储中的应用等内容。

本书是一部系统性强、深入浅出、图文并茂的专业著作，可供相关领域的科研工作者参考使用，同时也可以用作高年级本科生和研究生专业课程的教科书。

图书在版编目 CIP 数据

压电电子学与压电光电子学／王中林著；王中林，张岩，武文倬译．—北京：科学出版社，2012
（纳米科学与技术／白春礼主编）

ISBN 978-7-03-035790-8

Ⅰ.压… Ⅱ.①王… ②张… ③武… Ⅲ.①纳米技术-应用-电子学；②纳米技术-应用-光电子学 Ⅳ.①TN01 ②TN201

中国版本图书馆 CIP 数据核字（2012）第 245608 号

责任编辑：顾英利 杨 震／责任校对：刘小梅
责任印制：吴兆东／封面设计：陈 敬

科 学 出 版 社 出版
北京东黄城根北街 16 号
邮政编码：100717
http://www.sciencep.com

北京虎彩文化传播有限公司 印刷
科学出版社发行 各地新华书店经销

＊

2012 年 10 月第 一 版 开本：B5（720×1000）
2023 年 2 月第八次印刷 印张：15 3/4
字数：295 000
定价：98.00 元
（如有印装质量问题，我社负责调换）

作者简介

　　王中林博士是佐治亚理工学院终身校董事讲席教授、Hightower 终身讲席教授,中国科学院北京纳米能源与系统研究所(筹)首席科学家。他是中国科学院外籍院士和欧洲科学院院士。王教授荣获了美国显微镜学会 1999 年巴顿奖章,佐治亚理工学院 2000 年和 2005 年杰出研究奖,2001 年 S. T. Li 奖(美国),2009 年美国陶瓷学会 Purdy 奖,2011 年美国材料研究学会奖章(MRS Medal),2012 年美国陶瓷学会爱德华·奥尔顿奖。王教授是美国物理学会会士(fellow),美国科学促进会(AAAS)会士,美国材料研究学会会士,美国显微镜学会会士。王教授在氧化物纳米带与纳米线的合成、表征与基本物理性质的理解,纳米线在能源科学、电子学、光电子学和生物学方面的应用等方面做出了原创性的贡献。他对于纳米发电机的发明及在该领域发展过程中所取得的突破性进展为从环境和生物系统中收集机械能给个人电子器件供电这一思想提供了基本原理和技术路线图。他关于自驱动纳米系统的研究激发了世界学术界和工业界对于微纳系统电源问题的广泛研究,这已成为能源研究与未来传感器网络研究中的特色学科。通过在新型的电子器件和光电子器件中引入压电势控制的电荷传输过程,他开创了压电电子学和压电光电子学学科并引领其发展,这在智能微机电系统或纳机电系统、纳米机器人、人与电子器件的交互界面以及传感器等方面具有重要的应用。王教授的著作已被引用超过 52 000 次,其论文被引用的 h 因子(h-index)是 110。详细信息见主页(http://www.nanoscience.gatech.edu)。

《纳米科学与技术》丛书序

在新兴前沿领域的快速发展过程中,及时整理、归纳、出版前沿科学的系统性专著,一直是发达国家在国家层面上推动科学与技术发展的重要手段,是一个国家保持科学技术的领先权和引领作用的重要策略之一。

科学技术的发展和应用,离不开知识的传播:我们从事科学研究,得到了"数据"(论文),这只是"信息"。将相关的大量信息进行整理、分析,使之形成体系并付诸实践,才变成"知识"。信息和知识如果不能交流,就没有用处,所以需要"传播"(出版),这样才能被更多的人"应用",被更有效地应用,被更准确地应用,知识才能产生更大的社会效益,国家才能在越来越高的水平上发展。所以,数据→信息→知识→传播→应用→效益→发展,这是科学技术推动社会发展的基本流程。其中,知识的传播,无疑具有桥梁的作用。

整个 20 世纪,我国在及时地编辑、归纳、出版各个领域的科学技术前沿的系列专著方面,已经大大地落后于科技发达国家,其中的原因有许多,我认为更主要的是缘于科学文化的习惯不同:中国科学家不习惯去花时间整理和梳理自己所从事的研究领域的知识,将其变成具有系统性的知识结构。所以,很多学科领域的第一本原创性"教科书",大都来自欧美国家。当然,真正优秀的著作不仅需要花费时间和精力,更重要的是要有自己的学术思想以及对这个学科领域充分把握和高度概括的学术能力。

纳米科技已经成为 21 世纪前沿科学技术的代表领域之一,其对经济和社会发展所产生的潜在影响,已经成为全球关注的焦点。国际纯粹与应用化学联合会(IUPAC)会刊在 2006 年 12 月评论:"现在的发达国家如果不发展纳米科技,今后必将沦为第三世界发展中国家。"因此,世界各国,尤其是科技强国,都将发展纳米科技作为国家战略。

兴起于 20 世纪后期的纳米科技,给我国提供了与科技发达国家同步发展的良好机遇。目前,各国政府都在加大力度出版纳米科技领域的教材、专著以及科普读物。在我国,纳米科技领域尚没有一套能够系统、科学地展现纳米科学技术各个方面前沿进展的系统性专著。因此,国家纳米科学中心与科学出版社共同发起并组织出版《纳米科学与技术》,力求体现本领域出版读物的科学性、准确性和系统性,全面科学地阐述纳米科学技术前沿、基础和应用。本套丛书的出版以高质量、科学性、准确性、系统性、实用性为目标,将涵盖纳米科学技术的所有领域,全面介绍国内外纳米科学技术发展的前沿知识;并长期组织专家撰写、编辑出版下去,为我国纳米科技各个相关基础学科和技术领域的科技工作者和研究生、本科生等,提供一套重要的参考资料。

　　这是我们努力实践"科学发展观"思想的一次创新,也是一件利国利民、对国家科学技术发展具有重要意义的大事。感谢科学出版社给我们提供的这个平台,这不仅有助于我国在科研一线工作的高水平科学家逐渐增强归纳、整理和传播知识的主动性(这也是科学研究回馈和服务社会的重要内涵之一),而且有助于培养我国各个领域的人士对前沿科学技术发展的敏感性和兴趣爱好,从而为提高全民科学素养做出贡献。

　　我谨代表《纳米科学与技术》编委会,感谢为此付出辛勤劳动的作者、编委会委员和出版社的同仁们。

　　同时希望您,尊贵的读者,如获此书,开卷有益!

中国科学院院长
国家纳米科技指导协调委员会首席科学家
2011 年 3 月于北京

前　　言

我的研究组分别在2007年和2010年引入创立了压电电子学和压电光电子学的基本概念。当具有非中心对称性的纤锌矿结构材料（如氧化锌、氮化镓和氮化铟等）受到外加应力时，由于晶体中离子的极化而在材料内产生压电电势（亦称压电势）。由于压电半导体材料同时具有压电和半导体特性，所以晶体中产生的压电势可显著影响界面/结区的载流子传输。压电电子学器件是利用压电势作为"门"电压调节/控制接触处或结区载流子传输过程的电子器件。压电光电子学器件则利用了压电势来控制载流子的产生、分离、传输和/或复合过程，从而提高诸如光电探测器、太阳能电池和发光二极管等光电器件的性能。压电电子学和压电光电子学器件提供的功能是对传统互补金属-氧化物-半导体（CMOS）技术的补充。压电电子学和压电光电子学器件与硅基技术的有效集成可望在人机接口、纳米机器人的传感和驱动、智能化与个人化的电子签名、智能微纳机电系统、纳米机器人和能源科学等领域提供独特的应用。本书将介绍压电电子学和压电光电子学的基本理论、原理和器件。本书的英文版由施普林格出版社同步出版。

压电电子学已成为目前纳米科学和技术研究的前沿和热点，引起了国际学术界以至企业界的广泛关注。2009年，美国著名的《麻省理工学院技术综述》（*MIT Technology Review*）期刊把压电电子学评选为十大新兴科技之一。美国材料研究学会2013年春天近万人的会议把压电电子学作为一个分会的主题（http://www.mrs.org/s13-cfp-w/）。今年秋季香山会议将专题讨论该领域的发展和应用。

在本书中文版出版之际，我要感谢那些对压电电子学和压电光电子学发展做出贡献的我的研究组的成员和合作者，包括（排名不分先后）：周军、武文倬、胡又凡、杨青、张岩、刘莹、王旭东、潘曹峰、何志浩、高一凡、温肖楠、韩卫华、周瑜昇、王思泓、吴志明、刘卫华、薛欣宇及其他研究者。同时我也感谢来自下列机构慷慨的财政支持，包括：DARPA、NSF、DOE、NASA、美国空军、NIH、三星、MANA、中国科学院和中国国家留学基金管理委员会。此外，我还要感谢佐治亚理工学院和纳米结构表征中心在设备和基础设施方面提供的支持。

最后也是最重要的，我要感谢我的妻子和女儿们多年来对我的支持和理解。没有她们的支持我不可能完成这些研究。

王中林

美国佐治亚理工学院

中国科学院北京纳米能源与系统研究所（筹）

目　　录

《纳米科学与技术》丛书序
前言
第1章　压电电子学和压电光电子学导论·················· 1
　1.1　以多样性和多功能性超越摩尔定律 ················ 1
　1.2　人机交互界面 ······························ 2
　1.3　压电电子学和压电光电子学的物理基础:压电势··········· 3
　1.4　压电电子学领域的创立 ························· 6
　1.5　压电电子学效应 ··························· 6
　　1.5.1　压电电子学效应对金属-半导体接触的作用 ········· 7
　　1.5.2　压电电子学效应对 p-n 结的作用 ············· 10
　1.6　压电光电子学效应 ·························· 11
　1.7　适用于压电电子学研究的一维纤锌矿纳米结构············ 12
　1.8　展望 ································ 14
　参考文献 ································ 16
第2章　纤锌矿结构半导体材料中的压电势 ················ 19
　2.1　支配方程 ······························· 19
　2.2　前三阶微扰理论 ··························· 20
　2.3　垂直纳米线的解析解 ························· 22
　2.4　横向弯曲纳米线的压电势 ······················ 24
　2.5　横向弯曲纳米线的压电电势测量 ·················· 26
　2.6　轴向应变纳米线内的压电势 ····················· 27
　2.7　掺杂半导体纳米线中的平衡电势 ·················· 30
　　2.7.1　理论框架 ······················· 30
　　2.7.2　考虑掺杂情况时压电势的计算 ············· 32
　　2.7.3　掺杂浓度的影响 ·················· 36
　　2.7.4　载流子类型的影响 ················· 40
　2.8　压电势对局域接触特性的影响 ··················· 40
　　2.8.1　理论分析 ······················· 41
　　2.8.2　实验验证 ······················· 43
　2.9　电流传输的底端传输模型 ····················· 45

参考文献 ·· 46

第3章 压电电子学基本理论 ······························· 48

3.1 压电电子学晶体管与传统场效应晶体管的比较··········· 48

3.2 压电势对金属-半导体接触的影响 ····················· 50

3.3 压电势对 p-n 结的影响 ····························· 51

3.4 压电电子学效应的理论框架 ························· 53

3.5 一维简化模型的解析解 ····························· 54

3.5.1 压电 p-n 结 ································· 55

3.5.2 金属-半导体接触 ····························· 57

3.5.3 金属-纤锌矿结构半导体接触 ··················· 59

3.6 压电电子学器件的数值模拟 ························· 60

3.6.1 压电 p-n 结 ································· 60

3.6.2 压电晶体管 ································· 63

3.7 总结 ··· 66

参考文献 ·· 66

第4章 压电电子学晶体管 ······························· 68

4.1 压电电子学应变传感器 ····························· 68

4.1.1 传感器的制备和测量 ························· 68

4.1.2 压电纳米线内应变的计算 ····················· 70

4.1.3 传感器的机电特性表征 ······················· 70

4.1.4 应用热电子发射-扩散理论的数据分析 ············· 72

4.1.5 压阻和压电效应效果的区分 ··················· 73

4.1.6 压电电子学效应引起的应变系数剧增 ············· 74

4.2 压电二极管 ····································· 75

4.2.1 压电电子学效应引起的欧姆接触到肖特基接触的转变 ·· 76

4.2.2 肖特基势垒变化的定量分析 ··················· 78

4.2.3 压电电子学二极管工作机制 ··················· 80

4.2.4 压电电子学机电开关 ························· 81

4.3 基于垂直纳米线的压电晶体管 ······················· 82

4.3.1 反向偏置接触 ······························· 82

4.3.2 正向偏置接触 ······························· 84

4.3.3 两端口压电电子学晶体管器件 ················· 85

4.4 总结 ··· 87

参考文献 ·· 87

第5章　压电电子学逻辑电路及运算操作 ·············· 89
　5.1　应变门控晶体管 ······························· 89
　　5.1.1　器件制备 ······························· 89
　　5.1.2　基本原理 ······························· 92
　5.2　应变门控反相器 ····························· 93
　5.3　压电电子学逻辑运算 ························· 96
　　5.3.1　与非门和或非门(NAND 和 NOR) ····· 96
　　5.3.2　异或门(XOR) ······················· 98
　5.4　总结 ······································· 100
　参考文献 ·· 100
第6章　压电电子学机电存储器 ···················· 103
　6.1　器件制备 ··································· 103
　6.2　机电存储器原理 ····························· 105
　6.3　温度对存储器性能的影响 ····················· 108
　6.4　机电存储器中的压电电子学效应 ··············· 111
　6.5　可复写的机电存储器 ························· 114
　6.6　总结 ······································· 116
　参考文献 ·· 116
第7章　压电光电子学理论 ························· 119
　7.1　压电光电子学效应的理论框架 ················· 119
　7.2　压电光电子学效应对发光二极管的影响 ········· 120
　　7.2.1　压电发光二极管简化模型的解析解 ······· 121
　　7.2.2　压电 p-n 结发光二极管器件的数值模拟 ··· 123
　7.3　压电光电子学效应对光电传感器的影响 ········· 125
　　7.3.1　正偏肖特基接触的电流密度 ············· 126
　　7.3.2　反偏肖特基接触的电流密度 ············· 126
　　7.3.3　光激发模型 ························· 126
　　7.3.4　压电电荷和压电势方程 ··············· 127
　　7.3.5　压电光电子学效应对双肖特基接触结构的影响 ·· 128
　　7.3.6　金属-半导体-金属光电探测器的数值模拟 ··· 129
　7.4　压电光电子学效应对太阳能电池的影响 ········· 131
　　7.4.1　基本方程 ························· 132
　　7.4.2　基于 p-n 结的压电太阳能电池 ········· 133
　　7.4.3　金属-半导体肖特基接触型太阳能电池 ··· 138
　7.5　总结 ······································· 139

参考文献 ·· 140
第 8 章　压电光电子学效应在光电池中的应用 ···························· 142
　8.1　金属-半导体接触光电池 ·· 142
　　8.1.1　实验方法 ·· 142
　　8.1.2　基本原理 ·· 143
　　8.1.3　光电池输出的优化 ·· 145
　　8.1.4　理论模型 ·· 147
　8.2　p-n 异质结太阳能电池 ··· 149
　　8.2.1　压电势对太阳能电池输出的影响 ································· 150
　　8.2.2　压电电子学模型 ··· 153
　8.3　增强型硫化亚铜(Cu$_2$S)/硫化镉(CdS)同轴纳米线太阳能电池 ··· 154
　　8.3.1　光伏器件设计 ·· 155
　　8.3.2　压电光电子学效应对输出的影响 ································ 158
　　8.3.3　理论模型 ·· 160
　8.4　异质结核壳纳米线的太阳能转换效率 ······························· 162
　8.5　总结 ·· 165
　参考文献 ·· 166
第 9 章　压电光电子学效应在光电探测器中的应用 ······················ 168
　9.1　测量系统设计 ··· 168
　9.2　紫外光传感器的表征 ·· 169
　9.3　压电光电子学效应对紫外光灵敏度的影响 ·························· 171
　　9.3.1　实验结果 ·· 171
　　9.3.2　物理模型 ·· 173
　9.4　压电光电子学效应对可见光探测器灵敏度的影响 ················· 177
　　9.4.1　实验结果及与计算结果的比较 ···································· 177
　　9.4.2　压阻效应的影响 ··· 179
　　9.4.3　串联电阻的影响 ··· 179
　9.5　压电光电子学光电探测的评价标准 ··································· 180
　9.6　总结 ·· 180
　参考文献 ·· 181
第 10 章　压电光电子学效应对发光二极管的影响 ······················· 182
　10.1　发光二极管的制备和测量方法 ······································· 182
　10.2　发光二极管的表征 ··· 184
　10.3　压电效应对发光二极管效率的影响 ·································· 185
　10.4　压电极化方向的效应 ·· 187

10.5　注入电流与施加应变之间的关系 ·· 188
10.6　发光光谱和激发过程 ··· 188
　　10.6.1　异质结能带图 ··· 188
　　10.6.2　受应变发光二极管的发光光谱 ·· 189
10.7　压电光电子学效应对发光二极管的影响 ·· 190
　　10.7.1　基本物理过程 ··· 190
　　10.7.2　应变对异质结能带的影响 ·· 192
10.8　应变对光偏振的影响 ··· 195
10.9　p 型氮化镓薄膜的电致发光特性 ·· 198
　　10.9.1　压电光电子学效应对发光二极管的影响 ··································· 199
　　10.9.2　理论模型 ··· 201
　　10.9.3　发光特性分析 ··· 202
10.10　总结 ··· 205
参考文献 ·· 206
第 11 章　压电光电子学效应在光电化学过程和能源存储中的应用 ···················· 208
11.1　光电化学过程的基本原理 ·· 208
11.2　压电势对光电化学过程的影响 ·· 209
11.3　光电化学太阳能电池 ··· 210
　　11.3.1　电池设计 ··· 210
　　11.3.2　压电光电子学效应对光电化学过程的影响 ································· 211
11.4　压电势对机械能到电化学能量转化过程的影响 ···································· 212
　　11.4.1　自充电功率源器件的工作原理 ··· 212
　　11.4.2　自充电功率源器件的设计 ··· 215
　　11.4.3　自充电功率源器件的性能 ··· 217
11.5　总结 ··· 219
参考文献 ·· 220
附录 ··· 221
　附录 1　王中林小组 2006～2012 年间发表的有关纳米发电机、压电
　　　　　电子学和压电光电子学方面的文章 ··· 221
　附录 2　缩写词 ·· 230
索引 ··· 233

第1章　压电电子学和压电光电子学导论

1.1　以多样性和多功能性超越摩尔定律

过去几十年来,摩尔定律作为半导体技术的路线图一直在成功地指引和驱动着信息科技的发展。随着单个硅芯片上的器件密度每十八个月就增加一倍,提升CPU速度以及集成片上系统功能成为IT技术的主要发展方向。然而随着微电子工艺的不断进步,当器件中的最小线宽尺度趋近 10 nm 时,人们不禁会问,在维持大规模工业化生产的前提下,器件还能做得多小? 如此之小的器件尺寸对于器件的稳定性和可靠性有哪些利弊和影响? 晶体管的运算速度是否还能作为我们所追求的衡量判断器件性能优异的唯一的驱动性指标? 随着晶体管等器件的尺寸趋近物理极限,终究有一天摩尔定律会遇到瓶颈甚至失效,这只是个时间的问题。那么,问题的关键是我们如何才能超越摩尔定律的局限?

传感器网络和个性化医疗服务预计将成为近期产业界的主要驱动力。正如我们在当前的电子产品中所观察到的,电子设备正朝着个人电子产品、便携式电子设备和有机柔性电子器件等方向不断发展。人们正在探索具备功能集成化和多样化的电子设备。以手机为例,在手机中添置运算处理速度超快的处理器也许不会成为将来市场的主流推动力。相比之下,消费者更关心产品是否具备更多的功能,比如在手机中集成用于监测血压、体温和血糖浓度的医护传感器,或者是与环境接口检测气体、紫外线和有害化学物质的传感器。如图 1.1 中横轴所示,在这种情况下,信息科技将沿着新的方向发展以满足后摩尔定律时代对于个人和便携式电子设备多样性和多功能性的需求。更快的运算速度和更多样化的集成功能之间的有机结合与协调发展将会是未来电子技术发展的趋势。通过将多功能传感系统和自供能技术紧密结合,电子技术应用正在朝着实现个人化、便携化和基于聚合物(有机柔性电子材料)的电子器件等方向发展,以期在不远的将来实现电子器件系统与人体自身或者人所处的环境直接交互作用的目标。中央处理器的运算处理速度、存储器的容量和逻辑单元的功能性之间的有机结合与发展将推动智能化系统和自供能系统的发展和实现,这将成为电子技术发展的重要技术路线。

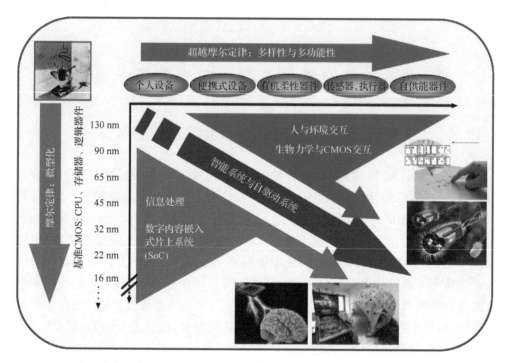

图 1.1　后摩尔定律时代的电子学发展展望。竖轴方向代表延续摩尔定律的电子学发展。随着器件的小型化，器件密度、中央处理器(CPU)速度和存储器的容量得到不断的提升。横轴代表后摩尔定律时代个人和便携式电子设备的多样性和多功能性。未来电子学的发展需要将中央处理器的速度和器件的功能多样性有机集成。预计通过压电电子学器件将机械激励信号集成到电子系统中将是未来人与 CMOS 接口技术的重要方面

1.2　人机交互界面

当人与电子器件通过接口设备连接进行交互时，不可避免地需要考虑人的动作以及由人体的动作产生的相关信号和电子器件间的交互作用。人体产生的这些信号大多是机械运动信号，也有少部分是电信号。过去几十年里对神经系统中电信号传输的研究已经取得显著的进展。在应用硅基场效应晶体管探测神经元细胞电信号等技术领域也已经获得诸多成果。然而如果没有革新性的设计和方法，现有的硅工艺器件很难直接与机械信号交互作用。传统上最为常见的方法是利用传感器来探测机械应变的变化。传感器中由应变引起的信号变化可以被传统电子设备监测和记录，这是一个被动式的监测过程，并且这些由机械应变产生的信号不能被用来进一步控制硅电子器件。目前柔性电子学的研究重点之一是致力于减少或者消除基底的机械应变对集成于基底上的电子器件性能的影响，因此可以称之为

被动式柔性电子学。另一方面,也可以利用基底形变引入的机械应变所产生的电信号来直接控制硅基电子器件。为了实现这类机械应变和电子器件之间的直接交互功能,需要一个"中介传递器件"或"信号转译器"将生物机械运动与硅基电子器件关联起来。压电电子学与压电光电子学的发明和研究工作就是为了实现上述目的和应用。与传统的柔性电子学器件不同的是,压电电子学与压电光电子学器件是主动式柔性电子学器件(active flexible electronics)和生物信号(衍生)驱动的电子学器件(bio-driven electronics),这类器件可以利用机械信号来直接产生数字控制信号。

压电电子学器件在未来电子系统中扮演的角色类似生理学中的机械感受器[1]。机械感受(mechanosensation)是一种感受机械刺激的生理响应机制。触觉、听觉、身体平衡感知和痛觉的生理学基础是将机械刺激转换为神经信号;前者是机械激励而后者是电信号激发。皮肤中的机械应激感受器对触觉的产生具有重要的作用,内耳的微小神经细胞(一种机械应激感受器)则负责听觉和身体的平衡能力。

1.3　压电电子学和压电光电子学的物理基础:压电势

压电效应是材料在所受应力改变时产生电势差的效应,对于这一效应的认识和研究可以追溯到几个世纪前。最常见的压电材料是具有钙钛矿结构的锆钛酸铅(PZT)[Pb(Zr,Ti)O$_3$]。锆钛酸铅被广泛应用于机电传感器、执行器和能量采集设备。然而锆钛酸铅是绝缘体,因此不适合电学器件应用。传统意义上,对于压电材料和压电效应的研究主要局限于陶瓷材料领域。另一方面,纤锌矿结构材料[如氧化锌(ZnO)、氮化镓(GaN)、氮化铟(InN)和硫化锌(ZnS)等]也具有压电性质,但是由于这些材料的压电系数相对较小,因此在压电传感和执行驱动等方面的应用不如锆钛酸铅那么普遍和广泛。由于这些纤锌矿结构半导体材料具有半导体和光激发等性质,所以一直以来对于它们的研究主要集中在电子学和光学领域。

硅基 CMOS 器件是通过外加电场驱动器件中载流子传输过程来实现操作的。为了能够利用机械信号来直接调控硅基 CMOS 器件的工作,我们需要将机械信号转换成电信号。最自然的选择是利用压电效应。为了实现上述目的,我们选择同时具有压电性质和半导体性质的纤锌矿结构半导体材料,如氧化锌(ZnO)、氮化镓(GaN)、氮化铟(InN)和硫化锌(ZnS)等。以氧化锌为例,氧化锌具有非中心对称的晶体结构,在受到外加应力作用下将自然表现出压电效应。纤锌矿结构晶体具有六角结构,在 c 轴方向和垂直于 c 轴的方向存在明显的各向异性。简单地讲,Zn^{2+} 阳离子与相邻的 O^{2-} 阴离子组成以阳离子为中心的正四面体结构。在没有外应力作用时,阳离子和阴离子的电荷中心互相重合。如图 1.2(a)所示,当应力施加在正四面体的顶点时,阳离子和阴离子的电荷中心会发生相对位移并产生一个偶极矩。晶体中所有单元产生的偶极矩叠加后会在宏观上产生沿应力方向的电势分布。这就是压电电势(亦称压电势,piezopotential)[图 1.2(b)][2]。当施加机械形变时,具有压电性质的材料内产生的压电电势可以驱动外电路负载中的电子流动,这就是纳米发电机的基本原理[3,4,5,6]。

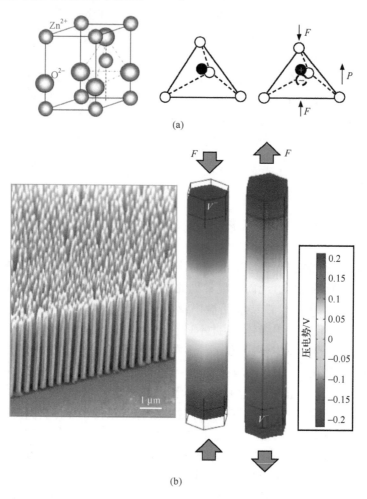

(a)

(b)

图 1.2　纤锌矿晶体中的压电势分布。(a) 纤锌矿结构氧化锌晶体的原子结构模型。(b) 溶液法合成的竖直氧化锌纳米线阵列。受轴向应变的氧化锌纳米线内压电势分布的数值计算结果。纳米线生长沿 c 轴方向,纳米线长度为 600 nm,边长为 25 nm;外力 $F=80$ nN

当不考虑氧化锌材料中的掺杂时,沿 c 轴生长的氧化锌纳米线受外应力作用时的压电势分布可以利用 Lippman 理论计算得到[7,8,9]。例如,对一根沿 $+c$ 方向生长的长度为 1200 nm 且横截面六角形边长为 100 nm 的氧化锌纳米线,当其受到 80 nN 的拉伸应力时,纳米线两端产生的压电势差大约为 0.4 V,且此时纳米线 $+c$ 端的压电势为正[图 1.2(b)][10]。当所加应力变为同样大小的压缩应力时,纳米线内的压电势分布正负极性反转,但两端之间的压电势差仍为 0.4 V,且此时纳米线 $-c$ 端的压电势为正。晶体中这个内电势的产生是压电电子学的核心所在。

对于压电晶体内压电势的研究和利用已经开创了很多新的领域。其中,纳米发电机被用来将机械能转换成为电能[11,12,13,14]。当形变的压电晶体的两个极性面被接到外电路负载上时,压电势使得两端接触电极处的费米能级间产生差异,因此为了"屏蔽"局域的压电势,外电路中的自由电子从低电势端被驱动流向高电势端以达到新的平衡。负载中产生的电流是受压电势驱动的电子瞬态流动的结果。如果动态应力作用于压电晶体,则压电势的连续变化可以产生交变的电子流动。这意味着如果外界施加的应力是变化的,即外力连续做功,那么纳米发电机将可以连续输出电能[图 1.3(a)]。对于纳米发电机的研究和应用已经获得了很大进展。截至 2012 年 8 月纳米发电机的电压输出已经达到 58 V,输出功率也在不断得到提升并可以驱动液晶显示器、发光二极管和激光二极管等小型电子元件[15,16,17,18]。作为适用于微/纳系统的可持续自供给能源,纳米发电机将在能源收集等研究与技术领域扮演十分重要的角色。

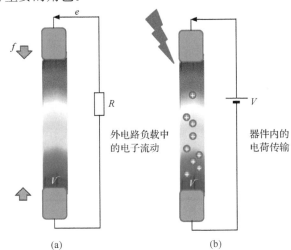

图 1.3　由彩色色标表示的纳米结构中产生的压电势。这是纳米
　　　发电机和压电电子学的物理基础。(a) 纳米发电机是基于压电
　　　势驱动外电路负载中电子流动的过程。(b) 压电电子学器件的
　　　工作是利用压电势在金属-半导体界面或 p-n 结区域对载流子传
　　　输性质进行调节和控制。压电光电子学器件则是利用压电势在
　　　界面或结区对载流子产生、分离、传输以及复合过程进行调控

1.4　压电电子学领域的创立

2006 年,王中林研究组完成了两个相互独立的实验。第一个实验是在扫描电子显微镜(SEM)中对两端完全被电极包裹封装的长氧化锌线受应力弯曲时的电传输性质进行了测量[19]。实验观察到随着弯曲程度增加,氧化锌线的电导急剧下降。这个现象可以解释为当氧化锌线弯曲时在线中产生的压电势差可以起到控制载流子传输的门极电压的作用。这类器件被称为压电场效应晶体管(PE-FET)。

第二个实验是用双探针操作对单根氧化锌纳米线的电传输特性进行了测量[20]。实验中纳米线被平放在绝缘基底上,一根探针固定住纳米线一端,另一根探针则推动纳米线的自由端并在纳米线弯曲的过程中接触其拉伸面。钨探针针尖与纳米线之间形成欧姆接触。当增大纳米线的弯曲程度时,氧化锌纳米线的伏安特性从直线型变为具有整流特性的曲线。此现象可以解释为当氧化锌纳米线受应力时在接触界面区域产生了正的压电势,这个压电势作为势垒起到了单向导通电子流动的作用。这就是压电二极管(PE-diode)。

压电场效应晶体管和压电二极管的工作都是基于纳米线中由应变导致的压电势。通过压电势引起外电路的电子流动是一个能量采集和转换的过程。压电势的存在也可以显著地改变基于纳米线的场效应晶体管(FET)中的电流传输特性。为了系统地表述这类系统中压电与半导体特性的耦合性质,王中林在 2006 年 11 月 24 日引入了纳米压电电子学的概念,并于几天后在美国波士顿进行的美国材料学会(MRS)秋季会议上对这一概念进行了公开阐释[21]。随后王中林在 2007 年发表的一篇短文中为此领域新创了 piezotronics(压电电子学)这一术语[22,23]。压电电子学的基础就是应用压电势来调节和控制纳米线中的载流子传输性质[图 1.3(b)]。自此,压电电子学的研究和应用取得了大量引人注目的进展,这些将在随后的章节中详细阐述。

1.5　压电电子学效应

一个最简单的纳米线场效应晶体管是一根两端被电极包裹的半导体线。线两端的电接触构成器件的源极和漏极,门极电压既可以通过上门电极加在纳米线上,也可以通过器件底部的基底施加。通过在源极和漏极间施加一个驱动电压 V_{DS},半导体器件中的载流子传输过程可以由外界施加的门极门电压 V_G 来调节与控制。

另一方面,门极门电压也可以由产生于晶体中的压电势(内电势)来代替,从而使场效应晶体管中的载流子传输过程由器件所受的应力来调节和开关[20]。这种由机械形变动作触发驱动的器件被称为压电电子学器件。当一根氧化锌纳米线受

到沿其长度方向的轴向应变时,可以观察到两种典型的效应。一种是压阻效应
(piezoresistance effect),此效应与半导体材料的带隙以及可能的导带态密度的改
变有关。由于压阻效应没有极性,因此纳米线场效应晶体管源漏极受压阻效应的
影响是相同的。另一方面,压电势是沿着纳米线长度方向分布的。对受到轴向应
变的纳米线,压电势从纳米线一端连续下降到另一端,这意味着对应的电子能量从
纳米线一端连续增加到另一端。与此同时,当纳米线在没有外加电场作用达到平
衡时,整个纳米线内的费米能级持平不变。这导致氧化锌和金属电极之间的等效
势垒高度和/或宽度将在纳米线的一端升高而在另外一端下降。因此,压电势对源
漏极处势垒高度的影响呈非对称效应。综上所述,压电电子学效应就是利用压电
势调节和控制界面或结区载流子传输性质的效应[22,25]。

1.5.1 压电电子学效应对金属-半导体接触的作用

对压电电子学效应更好的理解可以通过将其与半导体器件中肖特基接触和
p-n结这两种最为基本的结构比较而得。当金属和n型半导体形成接触时,如果
金属的功函数明显大于半导体的电子亲和势,则界面处将形成肖特基势垒(SB)
($e\phi_{SB}$)[图1.4(a)]。只有当金属-半导体接触处外加的电压大于阈值(ϕ_1)且金属一
端所接电势为正时(对n型半导体而言),电流才能单向通过此势垒。若引入合适
的光激发,新生的光生电子空穴对不仅能大幅增强结区的局域导电性,而且电荷在
界面附近的重新分布将使得结区等效势垒高度被降低[图1.4(b)]。

如图1.4(c)所示,当具有压电性质的半导体材料受到应变时,半导体材料内
的负压电势将使肖特基势垒高度增高到$e\phi'$,而正压电势将降低肖特基势垒高度。
压电势的极性由氧化锌纳米线的c轴方向决定。压电势扮演的角色是通过内建电
场来有效地改变接触区域的导电特性,从而调节或控制金属-半导体接触区域的载
流子传输过程。考虑到压电势的极性可以通过控制应变类型从拉伸到压缩的转换
来改变,因而接触结区的导电特性可以由应变的大小和极性类型来调控,这就是压
电电子学的核心所在。

压电材料在应变作用下就产生压电极化电荷,而这些电荷是以不能流动的离
子电的形式分布在表面或界面处一极小范围。因为压电材料是介电质而非良导
体,极化电荷只能被部分地屏蔽,而不能被完全中和。当然极化电荷也可在金属一
边产生镜像电荷。正的极化电荷可以降低金属-半导体的接触势垒,而负的极化电
荷可以升高金属-半导体的接触势垒[图1.5(b)(c)]。极化电荷所产生的压电电场
的作用就是根据晶体的极化方向和局域极化的符号来改变局域接触处的性能,进
而对载流子在金属-半导体的界面的输运过程进行调制或控制。因为压电电场的
极性可以由所加外应变的符号来控制,局域的输运性能就可以自如控制。

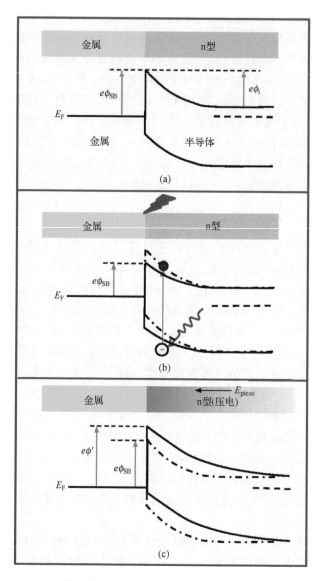

图 1.4　金属-半导体肖特基接触界面处在激光激发和压电场共同作用下的能带图。（a）金属-半导体肖特基接触的能带。（b）受到光子能量大于半导体材料带隙的激光激发的金属-半导体肖特基接触的能带图，其中等效肖特基势垒高度降低。（c）半导体受应变时的金属-半导体肖特基接触能带图。半导体中产生的压电势具有极性，此处与金属接触端为低压电势端

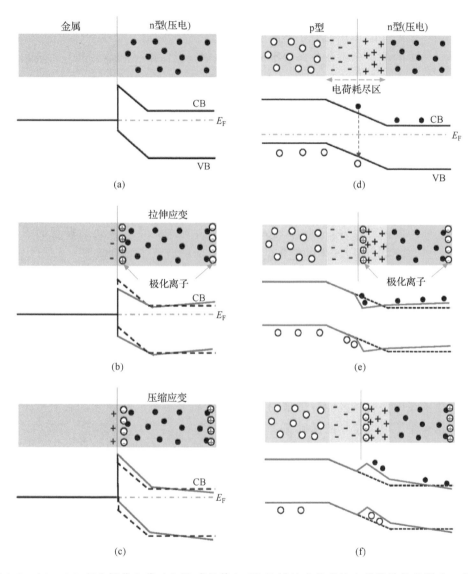

图 1.5 　(a)～(c) 压电极化电荷对金属-半导体(n 型)接触处肖特基势垒能带结构的影响。表
面处正极化电荷降低势垒高度,而负极化电荷升高势垒高度。(d)～(f) 压电极化电荷对 p-n 结
处能带结构的影响,进而影响界面处载流子的分离或结合。这里我们假定 p-n 结是由两种能带
宽度类似的材料而形成。红黑两种线分别表示考虑和不考虑压电电荷情况下的能带结构

1.5.2 压电电子学效应对 p-n 结的作用

当 p 型半导体和 n 型半导体形成 p-n 结时,界面附近 p 型半导体中的空穴和 n 型半导体中的电子会重新分布以平衡局域电势。结区电子和空穴的互扩散和复合最终在结区形成电荷耗尽区[图 1.5(a)]。当在 n 型半导体侧外加正电压时,结区的耗尽层宽度会增大使得只有极少数的载流子可以流过结区;而当在 p 型半导体侧外加的正电压高到可以克服耗尽区势垒时,载流子可以流过结区。这就是 p-n 结二极管的工作原理。耗尽层的存在可以增强压电电荷的局部作用[图 1.5(d)],如果 p 区是一压电材料,应变产生的正的压电电荷可以降低局域的能带,因而形成能带的局部下弯[图 1.5(e)],应变产生的负的压电电荷可以升高局域的能带,因而形成能带的局部上弯[图 1.5(f)]。能带的局部弯曲可以改变和调制载流子的产生、输运、分离或复合,进而影响太阳能电池、光探测器或发光二极管的工作效率。另外,压电电场所产生的能带的倾斜可以影响载流子的输运。

如图 1.6 所示,若 p-n 结中一侧的半导体材料中由于应变产生了压电势,p-n 结区附近的局域能带结构会发生变化。为了易于理解,我们在讨论中也考虑了载流子对压电势的屏蔽效应。这意味着 n 型半导体内的正压电势端将几乎被电子完全屏蔽,而负压电势端则几乎不受影响。基于同样的原因,p 型半导体中的负压电势端将几乎被空穴完全屏蔽,而正压电势端则几乎不受影响。图 1.6(b)中给出了压电势对于 p-n 结区能带的影响,其中 p 型半导体具有压电性质并且受到应变,相应产生的压电势给结区能带带来明显改变,并显著影响流经结区的载流子传输特性。这就是压电电子学的基础。

此外,当 p 型半导体中的空穴受压电电场影响漂移到 n 型半导体中并与其导带上的电子复合时,也可能导致光子辐射,这是由压电势引发的光子辐射过程,即压电光子学效应[25]。观测压电光子学过程可能需要满足以下条件:首先,压电势要明显大于 ϕ_i,从而使得局域压电电场足够强以驱动空穴漂移穿越过 p-n 结;其次,为产生压电势施加的应变变化率需要足够大,从而使得载流子穿越界面的时间小于载流子复合的时间;耗尽层宽度需要足够小,使得在压电势的作用区域内有足够的载流子;最后,选择直接带隙半导体材料将有利于此现象的观测。

p-n 结和肖特基接触的基本工作原理是界面处存在的等效势垒使得载流子可以被分离到界面两侧。势垒的高度和宽度是器件的特征参数。在压电电子学中,压电势起到的作用是通过压电效应来有效地调节 p-n 结势垒的宽度或者肖特基势垒的高度。

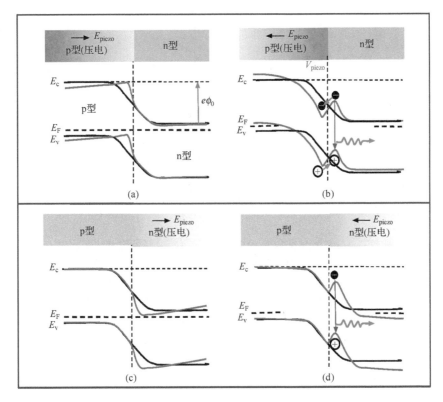

图 1.6　由两种带隙相近的半导体材料形成的 p-n 结受压电电场作用下的能带图。图中给出了四种可能的能带变化,其中黑色和红色曲线分别代表结区不存在和存在压电电场的情况。假设 n 型和 p 型半导体材料的带隙相等。能带图中也显示了极性反转的效应

1.6　压电光电子学效应

压电光电子学的学科研究于 2010 年被首次提出[26,27,28]。对于同时具有半导体、光激发和压电性质的材料,除了众所周知的研究半导体性质与光激发性质耦合的光电子学领域外,对半导体与压电特性耦合效应的研究形成了压电电子学领域,而对压电特性和光激发特性耦合效应的研究则形成了压电光子学领域。更进一步地对半导体、光激发和压电特性三者之间耦合效应的研究则形成了压电光电子学(piezo-phototronics)领域[25],这成为构建新型压电-光子-电子纳米器件的基础。压电光电子学效应应用压电势调节和控制界面或结区载流子的产生、分离和传输以及其他复合过程,通过对压电光电子学的研究可以实现高性能的新型光电子器件(图 1.7)。

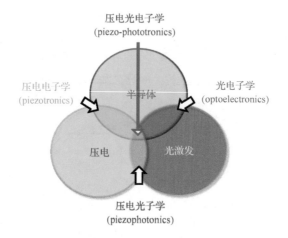

图 1.7 压电、光激发和半导体性质的三元耦合是研究和应用压电电子学（压电与半导体性质耦合）、压电光子学（压电与光激发性质耦合）、传统光电子学（半导体性质与光激发性质耦合）和压电光电子学（压电、半导体与光激发性质耦合）的基础。上述各种耦合的核心依赖于压电材料中受应变产生的压电势

1.7 适用于压电电子学研究的一维纤锌矿纳米结构

上述的压电电子学和压电光电子学的原理不仅适用于纳米线，也同样适用于薄膜结构。但是纳米线相对薄膜来说具有诸多优点：①单晶氧化锌纳米线可以在低温条件下（<100 ℃）通过化学法在几乎任何材质和形状的基底上生长制得，这为潜在的大规模工业化量产提供了巨大的成本优势。相比而言，在低温下获得高质量的单晶氧化锌薄膜是非常困难的。②由于尺寸大为减小，纳米线显示出超高的机械弹性并可以承受很大的机械形变（根据理论计算，微小尺度的纳米线可以承受高达 6％的拉伸应变[29]）而不发生机械损耗或断裂。相比之下，薄膜材料在很小的应变下就容易产生机械裂损。③纳米线的微小尺寸大大提高了相应结构的韧性和坚固性，因此几乎不会发生机械劳损。④只需要相对很小的力就可以产生足以驱动纳米线器件的机械激励，这对构建超灵敏的传感器件十分有利。⑤纳米线可以具有比同种材料薄膜结构更高的压电系数[30]。

由于纳米线和纳米带可以承受较大范围的机械形变，因此这类一维纳米材料是研究压电电子学和压电光电子学的理想体系。氧化锌、氮化镓、氮化铟和掺杂的锆钛酸铅材料都是研究压电电子学可能的候选材料。目前，由于以下三个主要原因，使得氧化锌纳米线成为研究压电电子学最常用的材料结构：首先，高质量的单晶氧化锌纳米线可以通过气相-固相反应过程或者低温化学法很容易地生长制备而得。其次,氧化锌纳米材料具有生物兼容性和环境友好性。最后,氧化锌纳米材料可以在几乎任何材质和形状的基底上生长制备而得。气相-固相反应法生长氧化锌纳米线的过程通常在管式炉内进行,氧化锌粉末在 900℃时碳粉存在的条件下发生气化。若生长过程中采用金催化剂则可以按事先设计的掩模图案生长制备有序排列的氧化锌纳米线阵列。脉冲激光沉积法（PLD）也可以用于纳米线的生长。氟化氪(KrF)准分子激光（波长为 248 nm）可作为烧蚀源聚焦在氧化锌粉末烧结的陶瓷靶材上并在基底材料上沉积制备氧化锌纳米线。通过合适的气压控制即可获得品质良好的纳米线阵列[图 1.8(a)]。

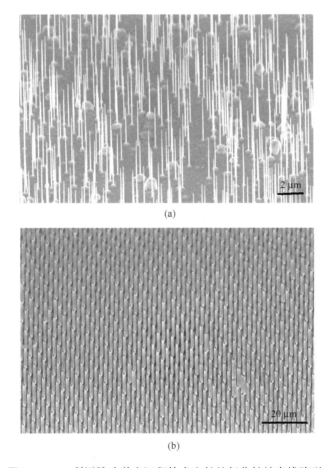

(a)

(b)

图 1.8　（a）利用脉冲激光沉积技术生长的氧化锌纳米线阵列;
　　　　（b）利用低温溶液法生长的氧化锌纳米线阵列

　　水热法合成氧化锌纳米线时最为常用的化学试剂是硝酸锌六水合物和六亚甲基四胺(HMTA)[31,32]。硝酸锌六水合物提供 Zn^{2+} 来生成氧化锌纳米线。溶液中的水分子则提供 O^{2-}。尽管目前对六亚甲基四胺在氧化锌纳米线生长中的确切作用仍然不清楚,但普遍公认的是其作为弱碱在水溶液中缓慢水解以逐步生成 OH^-。这对合成过程十分关键,因为如果六亚甲基四胺水解太快以致短时间内产生过多的 OH^-,则溶液中的 Zn^{2+} 将会在高 pH 环境中迅速沉淀析出而被消耗。图 1.8(b)中所示的是利用激光干涉制成的掩模图案在大约 85 ℃ 的低温条件下化学水热法合成制备的整齐排列垂直生长的氧化锌纳米线阵列。

　　高温气相法生长的氧化锌纳米线中通常缺陷较少,因此很适合被用于压电电子学和压电光电子学效应的研究[33,34]。氧气等离子体处理也可以有效降低氧化锌纳米线中氧空位缺陷的浓度。而低温化学法合成的氧化锌纳米线中缺陷浓度较高,多用于压电纳米发电机的研究和应用。

1.8　展　　望

　　目前电子学和光电子学的研究应用主要集中在基于硅(Si)材料、二-六族(Ⅱ-Ⅵ族)和三-五族(Ⅲ-Ⅴ族)化合物半导体材料的 CMOS 技术、发光二极管、光电探测器和太阳能电池等领域。而对于压电效应的研究和应用则主要集中于锆钛酸铅类型的钙钛矿材料,而这类材料很少被应用于电子学和光电子学器件中。由于所用材料性质上的巨大差别,传统上对于压电效应与光电子学的交叉研究十分有限。通过利用同时具有压电特性和半导体特性的纤锌矿结构材料,如氧化锌、氮化镓和氮化铟等,我们对这些材料的压电性质和光电子激发过程的耦合特性进行了研究和利用,并开创了一系列全新的研究领域(图 1.9)[8]。这些研究和应用的核心都是基于压电材料受应力时晶体中离子极化产生的压电势。压电电子学就是利用压电势作为门极门信号来调控载流子在结区的传输过程以研究应用新电子器件的学科。压电光电子学效应,则是应用压电势来控制载流子的产生、分离、传输和复合等过程,以改善诸如光电探测器、太阳能电池和发光二极管等光电应用器件性能的效应。

　　十二年来,王中林小组一直致力于氧化锌纳米结构的研究和广泛应用。所取得的相关系统性的研究成果以及开创的新兴研究领域可以用图 1.10 中的树形结构来形象地概括。上述领域的"根基"和基本的物理基础是压电势和半导体特性;纤锌矿结构材料是基本的材料体系;诸多"树枝"则代表我们开创的新领域;树枝上的"果实"就是相关领域的重要应用。随着研究的不断深入,一些新的物理现象(如由纳米尺度压电物理引起的相关量子物理现象)也会在不久的将来在我们开创的

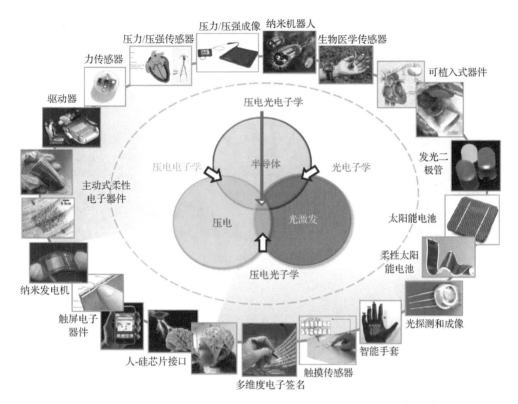

图 1.9　压电电子学、压电光电子学和纳米发电机研究应用的前景和展望[6]，这是今后在未来研究中非常重要的方向和领域。图中央：压电、光激发和半导体性质三元耦合的示意图，这是研究和应用压电电子学、压电光子学、传统光电子学和压电光电子学的基础

这些新领域中得到进一步的理解和认识；此外，除了纤锌矿结构材料体系外，$ZnSnO_3$以及掺杂的钙钛矿结构的材料（如锆钛酸铅和钛酸钡等）在上述领域中的应用也将得到系统研究。

　　压电电子学将可能在传感器、人与硅基技术的交互界面、微机电系统（MEMS）、纳米机器人以及主动式柔性电子器件等领域产生重要的应用。压电电子学器件在与硅基技术相连的人机界面中将扮演的角色类似于生理学中的机械刺激感受器。机械感受（mechanosensation）是对机械刺激的响应机制。机械激励经机械刺激感受器转换为神经信号是触觉、听觉、身体平衡感知和痛觉的生理学基础。我们预期压电电子学和压电光电子学将广泛应用于传感器网络、生命科学、人机接口集成以及能源科学等领域。

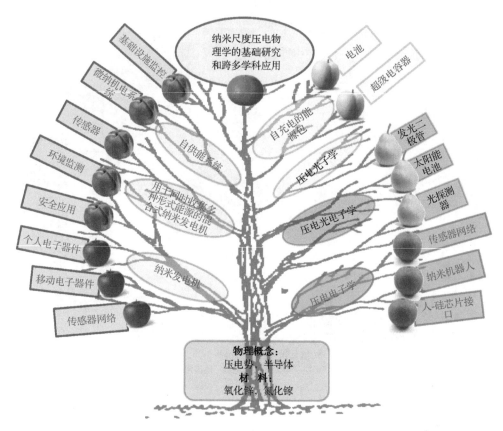

图 1.10　"树"的理念总结了王中林研究组过去十余年致力于开创和发展的研究领域,包括:收集多种类型能量的纳米发电机和混合电池[35,36,37,38],自供能系统[6],压电电子学,压电光电子学,以及将来的压电光子学。这些新兴领域的根基是压电势和半导体物理,以纤锌矿结构材料作为基本的材料体系。所有上述领域都是以此根基为基础发展而来的

参 考 文 献

[1]　Mechanosensation. http://en. wikipedia. org/wiki/Mechanosensation. [2012-09-10].

[2]　Wang Z L, Song J H. Piezoelectric Nanogenerators Based on Zinc Oxide Nanowire Arrays. Science, 2006, 312: 242-246.

[3]　Wang Z L. Towards Self-Powered Nanosystems: From Nanogenerators to Nanopiezotronics. Advanced Functional Materials, 2008, 18(22): 3553.

[4]　Wang Z L. ZnO Nanowire and Nanobelt Platform for Nanotechnology. Materials Science and Engineering Report, 2009, 64 (3-4): 33-71.

[5]　Wang Z L, Yang R S, Zhou J, Qin Y, Xu C, Hu Y F, Xu S. Lateral Nanowire/Nanobelt Based Nanogenerators, Piezotronics and Piezo-Phototronics. Materials Science and Engineering Report, 2010, 70(3-6): 320-329.

［6］　Wang Z L. Nanogenerators for Self-Powered Devices and Systems. http://hdl. handle. net/1853/ 39262. Atlanta: Georgia Institute of Technology, SMARTech Digital Repository,2011.

［7］　Gao Y F, Wang Z L. Electrostatic Potential in a Bent Piezoelectric Nanowire. The Fundamental Theory of Nanogenerator and Nanopiezotronics. Nano Letters, 2007, 7 (8): 2499-2505.

［8］　Gao Z Y, Zhou J, Gu Y D, Fei P, Hao Y, Bao G, Wang Z L. Effects of Piezoelectric Potential on the Transport Characteristics of Metal-ZnO Nanowire-Metal Field Effect Transistor. Journal of Applied Physics, 2009, 105 (11): 113707.

［9］　Sun C L, Shi J, Wang X D. Fundamental Study of Mechanical Energy Harvesting Using Piezoelectric Nanostructures. Journal of Applied Physics, 2010, 108 (3): 034309.

［10］　Wang X D, Song J H, Liu J, Wang Z L. Direct-Current Nanogenerator Driven by Ultrasonic Waves. Science, 207, 316: 102-105.

［11］　Qin Y, Wang X D, Wang Z L. Microfibre-Nanowire Hybrid Structure for Energy Scavenging. Nature, 2008, 451: 809-813.

［12］　Yang R S, Qin Y, Dai L M, Wang Z L. Power Generation with Laterally Packaged Piezoelectric Fine Wires. Nature Nanotechnology, 2009, 4: 34-39.

［13］　Xu S, Qin Y, Xu C, Wei Y G, Yang R S, Wang Z L. Self-Powered Nanowire Devices. Nature Nanotechnology, 2010, 5: 366-373.

［14］　Zhu G, Yang R S, Wang S H, Wang Z L. Flexible High-Output Nanogenerator Based on Lateral ZnO Nanowire Array. Nano Letters, 2010, 10 (8): 3151-3155.

［15］　Xu S, Hansen B J, Wang Z L. Piezoelectric-Nanowire-Enabled Power Source for Driving Wireless Microelectronics. Nature Communications, 2010, 1: 93.

［16］　Hu Y F, Zhang Y, Xu C, Lin L, Snyder R L, Wang Z L. Self-Powered System with Wireless Data Transmission. Nano Letters, 2011, 11 (6): 2572-2577.

［17］　Li Z T, Wang Z L. Air/Liquid-Pressure and Heartbeat-Driven Flexible Fiber Nanogenerators as a Micro/Nano-Power Source or Diagnostic Sensor. Advanced Materials, 2011, 23 (1): 84-89.

［18］　Wang X D, Zhou J, Song J H, Liu J, Xu N S, Wang Z L. Piezoelectric Field Effect Transistor and Nanoforce Sensor Based on a Single ZnO Nanowire. Nano Letters, 2006, 6 (12): 2768-2772.

［19］　He J H, Hsin C H, Chen L J, Wang Z L. Piezoelectric Gated Diode of a Single ZnO Nanowire. Advanced Materials, 2007, 19 (6): 781-784.

［20］　Chemical and Engineering News. 2008,January 15:46

［21］　Wang Z L. Nanopiezotronics. Advanced Materials, 2007, 19 (6): 889-892.

［22］　Wang Z L. The New Field of Nanopiezotronics. Materials Today, 2007, 10 (5): 20-28.

［23］　Wang Z L. Piezopotential Gated Nanowire Devices: Piezotronics and Piezo-Phototronics. Nano Today, 2010, 5: 540-552.

［24］　Hu Y F, Chang Y L, Fei P, Snyder R L, Wang Z L. Designing the Electric Transport Characteristics of ZnO Micro/Nanowire Devices by Coupling Piezoelectric and Photoexcitation Effects. ACS Nano, 2010, 4 (2): 1234-1240.

［25］　Yang Q, Wang W H, Xu S, Wang Z L. Enhancing Light Emission of ZnO Microwire-Based Diodes by Piezo-Phototronic Effect. Nano Letters, 2011, 11 (9): 4012-4017.

［26］　Yang Q, Guo X, Wang W H, Zhang Y, Xu S, Lien D H, Wang Z L. Enhancing Sensitivity of a Single ZnO Micro-/Nanowire Photodetector by Piezo-Phototronic Effect. ACS Nano, 2010, 4 (10):

6285-6291.

[27]　Agrawal R, Peng B, Espinosa H D. Experimental-Computational Investigation of ZnO nanowires Strength and Fracture. Nano Letters, 2009, 9 (12): 4177-4183.

[28]　Zhao M H, Wang Z L, Mao S X. Piezoelectric Characterization of Individual Zinc Oxide Nanobelt Probed by Piezoresponse Force Microscope. Nano Letters, 2004, 4: 587-590.

[29]　Vayssieres L. Growth of Arrayed Nanorods and Nanowires of ZnO from Aqueous Solutions. Advanced Materials, 2003, 15 (5): 464-466.

[30]　Xu S, Wang Z L. One-Dimensional ZnO Nanostructures: Solution Growth and Functional Properties. Nano Research, 2011,4(11):1013-1098.

[31]　Pan Z W, Dai Z R, Wang Z L. Nanobelts of Semiconducting Oxides. Science, 2001, 291: 1947-1949.

[32]　Wang X D, Summers C J, Wang Z L. Large-Scale Hexagonal-Patterned Growth of Aligned ZnO Nanorods for Nano-Optoelectronics and Nanosensor Arrays. Nano Letters, 2004, 4 (3): 423-426.

[33]　Xu C, Wang X D, Wang Z L. Nanowire Structured Hybrid Cell for Concurrently Scavenging Solar and Mechanical Energies. Journal of the American Chemical Society, 2009, 131 (16): 5866-5872.

[34]　Hansen B J, Liu Y, Yang R S, Wang Z L. Hybrid Nanogenerator for Concurrently Harvesting Biomechanical and Biochemical Energy. ACS Nano, 2010, 4 (7): 3647-3652.

[35]　Choi D, Jin M J, Lee K Y, Jin M J, Ihn S G, Yun S, Bulliard X, Choi W, Lee S Y, Kim S W, Choi J Y, Kim J M, Wang Z L. Control of Naturally Coupled Piezoelectric and Photovoltaic Properties for Multi-Type Energy Scavengers. Energy & Environmental Science, 2011, 4 (11): 4607-4613.

[36]　Pan C F, Li Z T, Guo W X, Zhu J, Wang Z L. Fiber-Based Hybrid Nanogenerators for/as Self-Powered Systems in Biological Liquid. Angewandte Chemie International Edition, 2011, 50 (47): 11192-11196.

第 2 章 纤锌矿结构半导体材料中的压电势

压电电子学和压电光电子学的核心是在同时具有压电、半导体和光电子特性的材料中由压电效应产生的压电势(piezopotential)。纤锌矿结构半导体材料(如氧化锌、氮化镓和氮化铟等)是进行这些领域研究的理想材料体系。我们将首先介绍压电理论并给出压电势的推导计算过程。现有的研究文献中已经提出了大量基于一维纳米结构的压电理论,其中包括第一性原理计算[1,2]、分子动力学模拟[3]和连续模型[4]。然而,由于纳米压电电子学材料体系中通常包含数量巨大的原子(这类体系的常见特征尺度为直径约 50 nm,长度约 2 μm),第一性原理计算和分子动力学模拟很难被应用到这类体系的研究中。由 Michalski 等[4]提出来的连续模型给出了区别体系是以力学为主还是以静电为主的判据,因此在对压电电子学的理论计算和模拟中具有重要的意义。在本章中我们会提出横向弯曲纳米线中压电势分布的连续模型。微扰技术被用来求解相应的耦合微分方程,所求得的解析解和用数值方法得出的解之间的误差在 6% 以内。这个理论奠定了先前提出来的纳米压电电子学和纳米发电机的直接的物理基础[1]。

2.1 支配方程

本节理论分析的目标是推导出纳米线中电势分布与纳米线的尺度和加载到纳米线顶端的应力之间的关系。为了实现这一目标,我们从静态压电材料的支配方程出发。它包括以下几个部分:力学平衡方程[式(2.1)],本构方程[式(2.2)],几何相容性方程[式(2.3)],电场的高斯方程[式(2.4)]。当没有体力加载到纳米线上时 ($f_e^{(b)} = 0$),力学平衡方程为

$$\nabla \cdot \boldsymbol{\sigma} = f_e^{(b)} = 0 \tag{2.1a}$$

式中,$\boldsymbol{\sigma}$ 是应力张量,它通过本构方程和应变 ε、电场 $\boldsymbol{E}$ 以及电位移 $\boldsymbol{D}$ 相关联:

$$\begin{cases} \sigma_p = c_{pq}\varepsilon_q - e_{kp}E_k \\ D_i = e_{iq}\varepsilon_q + \kappa_{ik}E_k \end{cases} \tag{2.1b}$$

其中,c_{pq} 为线性弹性系数,e_{kp} 为线性压电系数,κ_{ik} 为介电常数。必须指出的是式(2.1b)中并没有包含由分别位于纳米线顶端和底端 ±(0001) 极化面上的极化电荷所引起的自发极化[5]。关于这个近似的合理性将在接下来的章节中进行详细阐述。为了保持标记符号的紧凑性,我们使用了所谓的 Nye 双下标[6]。考虑到氧化锌晶体(纤锌矿结构)的 C_{6v} 对称性,c_{pq}、e_{kp} 和 κ_{ik} 可以被写成

$$c_{pq} = \begin{pmatrix} c_{11} & c_{12} & c_{13} & 0 & 0 & 0 \\ c_{12} & c_{11} & c_{13} & 0 & 0 & 0 \\ c_{13} & c_{13} & c_{33} & 0 & 0 & 0 \\ 0 & 0 & 0 & c_{44} & 0 & 0 \\ 0 & 0 & 0 & 0 & c_{44} & 0 \\ 0 & 0 & 0 & 0 & 0 & \dfrac{c_{11} - c_{12}}{2} \end{pmatrix} \qquad (2.2a)$$

$$e_{kp} = \begin{pmatrix} 0 & 0 & 0 & 0 & e_{15} & 0 \\ 0 & 0 & 0 & e_{15} & 0 & 0 \\ e_{31} & e_{31} & e_{33} & 0 & 0 & 0 \end{pmatrix} \qquad (2.2b)$$

$$\kappa_{ik} = \begin{pmatrix} \kappa_{11} & 0 & 0 \\ 0 & \kappa_{11} & 0 \\ 0 & 0 & \kappa_{33} \end{pmatrix} \qquad (2.2c)$$

相容性方程是应变 ϵ_{ij} 必须满足的几何限制条件:

$$e_{ilm} e_{jpq} \frac{\partial^2 \epsilon_{mp}}{\partial x_l \partial x_q} = 0 \qquad (2.3)$$

在式(2.3)中使用的是通常的下标而并不是 Nye 下标。式中 e_{ilm} 和 e_{jpq} 是莱维-齐维塔(Levi-Civita)反对称张量。为了推导的简明性,我们假定纳米线的弯曲量很小。

最后,假定纳米线内没有自由电荷,$\rho_e^{(b)}$ 则需要满足高斯方程:

$$\mathbf{\nabla} \cdot \mathbf{D} = \rho_e^{(b)} = 0 \qquad (2.4)$$

这个假定使得支配方程[式(2.4)]只能适用于绝缘压电材料。然而对于进一步发展更精细的模型而言,这是一个好的起点。

2.2 前三阶微扰理论

对于垂直压电纳米线的一个典型设定是其受到一个施加于顶部的力而发生横向偏转。式(2.1)~式(2.4)再结合适当的边界条件就可以给出关于此静态压电系统的完备描述。然而这些方程的解形式相当复杂,并且在大多数情况下并不存在相应的解析解。即使对于一个二维(2D)系统来说也需要解一个六阶的偏微分方程[7]。为了得到这些方程的一个近似解,我们通过微扰展开来简化这些线性方程的解析解[8]。然后,再将其和通过有限元方法计算所得的精确结果做比较来检验微扰理论的精确度。

为了得出不同阶数力-电耦合效应下纳米线中的压电势分布,我们在本构方程中引入一个微扰参数 λ 并定义它为 $\tilde{e}_{kp} = \lambda e_{kp}$。引入这个参数是为了追踪不同阶数的效应对总的压电势的贡献大小。考虑一种虚拟的材料，其具有线性的弹性常数 c_{pq}、介电常数 κ_{ik} 和压电系数 $\bar{e}_{kp}$。当 $\lambda = 1$ 时，这种虚拟的材料即相当于真实的氧化锌的情形。当 $\lambda = 0$ 时，它对应于应力场和电场之间没有发生耦合的情形。对于 λ 介于 0 和 1 之间的虚拟材料，应力场和电场都是参数 λ 的函数且可以写成下述扩展形式：

$$\begin{cases} \sigma_p(\lambda) = \sum_{n=0}^{\infty} \lambda^n \sigma_p^{(n)} \\[2mm] \varepsilon_q(\lambda) = \sum_{n=0}^{\infty} \lambda^n \varepsilon_q^{(n)} \\[2mm] E_k(\lambda) = \sum_{n=0}^{\infty} \lambda^n E_k^{(n)} \\[2mm] D_i(\lambda) = \sum_{n=0}^{\infty} \lambda^n D_i^{(n)} \end{cases} \tag{2.5}$$

式中，上标"(n)"代表微扰阶数。对于一个具有压电系数 $\bar{e}_{kp}$ 的虚拟材料，如果把式(2.5)代入式(2.2)，然后比较方程中参数 λ 具有相同阶数的项，可以得到前三阶的微扰方程如下：

零阶：
$$\begin{cases} \sigma_p^{(0)} = c_{pq}\varepsilon_q^{(0)} \\ D_i^{(0)} = \kappa_{ik}E_k^{(0)} \end{cases} \tag{2.6}$$

一阶：
$$\begin{cases} \sigma_p^{(1)} = c_{pq}\varepsilon_q^{(1)} - e_{kp}E_k^{(0)} \\ D_i^{(1)} = e_{kq}\varepsilon_q^{(0)} + \kappa_{ik}E_k^{(1)} \end{cases} \tag{2.7}$$

二阶：
$$\begin{cases} \sigma_p^{(2)} = c_{pq}\varepsilon_q^{(2)} - e_{kp}E_k^{(1)} \\ D_i^{(2)} = e_{kq}\varepsilon_q^{(1)} + \kappa_{ik}E_k^{(2)} \end{cases} \tag{2.8}$$

因为式(2.1)、式(2.3)和式(2.4)中不存在明显的耦合，所以在寻找微扰解的时候不需要对它们做退耦合处理。

现在我们考虑前三阶的解。对于零阶解[式(2.6)]，它是一个针对没有压电效应的弯曲纳米线的解，所以即使有弹性应变也没有相应的电场产生。这里我们忽略了来自自发极化的贡献。对于氧化锌纳米线来说，通常它的 c 轴是平行于生长方向的。位于纳米线顶端和底端的 $\pm(0001)$ 面分别对应二价锌离子面和二价氧离子面。基于以下两个原因，由 $\pm(0001)$ 面上极性电荷的自发极化所导致的电场可以被忽略。首先，由于纳米线有很大的长径比，在绝大多数情况下位于纳米线顶端和底端 $\pm(0001)$ 极性面上的极性电荷可被视为两个点电荷。因此可以认为它们没有在纳米线内部引入一个可观的本征内电场。其次，纳米线底端面的极性电荷会被导电电极所中和。而当纳米线暴露在空气中时，顶端的极性电荷则会被表面吸附的外来分子所中和。退一步来说，即使来自两端面的极性电荷引入了一个静电势,由于不管纳米线如何弯曲这些极性电荷的数量始终保持恒定,因此这个静电势只会使电势基线平移一个常量而不会对输出功率造成影响,因此可被归入背景噪声信号。基于此,我们可以令 $E_k^{(0)} = 0, D_i^{(0)} = 0$。所以由式(2.7)和式(2.8),可得 $\sigma_p^{(1)} = 0, \varepsilon_p^{(1)} = 0, D_p^{(2)} = 0, E_p^{(2)} = 0$。式(2.6)~式(2.7)则相应地变为

$$零阶:\qquad \sigma_p^{(0)} = c_{pq}\varepsilon_q^{(0)} \tag{2.9}$$

$$一阶:\qquad D_i^{(1)} = e_{kq}\varepsilon_q^{(0)} + \kappa_{ik}E_k^{(1)} \tag{2.10}$$

$$二阶:\qquad \sigma_p^{(2)} = c_{pq}\varepsilon_q^{(2)} - e_{kp}E_k^{(1)} \tag{2.11}$$

关于这些方程的物理意义可以做如下解释。在不同阶的近似下,这些方程对应着电场和力学形变之间的退耦合与耦合:零阶解是一个没有压电效应的纯力学形变;一阶解则对应于纳米线中的正压电效应,此时应变-应力可以在纳米线中产生一个电场;二阶解显示了材料中压电场对应变的第一次反馈(或耦合)。

在我们的研究中,当纳米线被原子力显微镜(AFM)探针弯曲时,材料的力学形变行为几乎不受纳米线中压电场的影响。因此,对于计算纳米线中的压电势,一阶近似已经足够了。而这个近似解的精确度将通过和耦合方程[式(2.1)~式(2.4)]的数值解做比较来检验。

2.3　垂直纳米线的解析解

为了简化解析解,我们假定纳米线是一个具有均匀截面(直径为 $2a$)、长度为 l 的圆柱体。为了进一步简化推导,我们用杨氏模量 E 和泊松比 ν 表示的一个各向同性的弹性模量来近似代替材料的弹性常数。研究表明这是对氧化锌材料的一个很出色的近似。为了计算上的方便,我们定义 $a_{pq}^{\text{isotropic}}$ 是 $c_{pq}^{\text{isotropic}}$ 的逆矩阵。则应变和应力的关系如下:

$$
\begin{bmatrix} \varepsilon_{xx} \\ \varepsilon_{yy} \\ \varepsilon_{zz} \\ 2\varepsilon_{yz} \\ 2\varepsilon_{zx} \\ 2\varepsilon_{xy} \end{bmatrix} = \sum_q a_{pq}^{\text{isotropic}} \sigma_q = \frac{1}{E} \begin{bmatrix} 1 & -\nu & -\nu & 0 & 0 & 0 \\ -\nu & 1 & -\nu & 0 & 0 & 0 \\ -\nu & -\nu & 1 & 0 & 0 & 0 \\ 0 & 0 & 0 & 2(1+\nu) & 0 & 0 \\ 0 & 0 & 0 & 0 & 2(1+\nu) & 0 \\ 0 & 0 & 0 & 0 & 0 & 2(1+\nu) \end{bmatrix} \begin{bmatrix} \sigma_{xx} \\ \sigma_{yy} \\ \sigma_{zz} \\ \sigma_{yz} \\ \sigma_{zx} \\ \sigma_{xy} \end{bmatrix}
\tag{2.12}
$$

在纳米发电机的结构中,纳米线的根部被固定在一个导电的基底上,同时顶端被一个侧向力 f_y 推动。我们假定力 f_y 被均匀地施加在顶部端面,因此纳米线中不存在由于扭矩造成的扭转。由圣维南弯曲理论可以推出纳米线中的应力为[9]

$$\sigma_{xz}^{(0)} = -\frac{f_y}{4I_{xx}}\frac{1+2\nu}{1+\nu}xy \tag{2.13a}$$

$$\sigma_{yz}^{(0)} = \frac{f_y}{I_{xx}} \frac{3+2\nu}{8(1+\nu)} \left(a^2 - y^2 - \frac{1-2\nu}{3+2\nu} x^2 \right) \tag{2.13b}$$

$$\sigma_{zz}^{(0)} = -\frac{f_y}{I_{xx}} y(l-z) \tag{2.13c}$$

$$\sigma_{xx}^{(0)} = \sigma_{xy}^{(0)} = \sigma_{yy}^{(0)} = 0 \tag{2.13d}$$

其中, $I_{xx} = \int_{\text{cross section}} x^2 \mathrm{d}A = \frac{\pi}{4} a^4$

式(2.13)是式(2.1)、式(2.3)和式(2.12)的零阶力学解。因为使用了圣维南原理来简化边界条件,式(2.13)只对远离纳米线固定端的区域才有效。这里"远离"意味着该距离和纳米线的直径相比要足够大。后续的全数值计算表明,当这段距离大于纳米线直径的两倍时可以安全地使用式(2.13)。式(2.4)和式(2.10)给出了正压电行为。通过定义残余电位移 $\boldsymbol{D}^{\mathrm{R}}$:

$$\boldsymbol{D}^{\mathrm{R}} = e_{kl}\varepsilon_q^{(0)}\hat{i}_k \tag{2.14}$$

得到

$$\boldsymbol{\nabla} \cdot (D_i^{\mathrm{R}} + \kappa_{ik}E_k^{(1)}) = 0 \tag{2.15}$$

由式(2.14)、式(2.13)、式(2.12)和式(2.2b)可得残余电位移为

$$\boldsymbol{D}^{\mathrm{R}} = \begin{pmatrix} -\dfrac{f_y}{I_{xx}E}\left(\dfrac{1}{2}+\nu\right)e_{15}xy \\[2mm] \dfrac{f_y}{I_{xx}E}\left(\dfrac{3}{4}+\dfrac{\nu}{2}\right)e_{15}\left(a^2 - y^2 - \dfrac{1-2\nu}{3+2\nu}x^2\right) \\[2mm] \dfrac{f_y}{I_{xx}E}(2\nu e_{31} - e_{33})y(l-z) \end{pmatrix} \tag{2.16}$$

应该指出,是 $\boldsymbol{D}^{\mathrm{R}}$ 的散度而非 $\boldsymbol{D}^{\mathrm{R}}$ 本身导致了 $E_k^{(1)}$。如果简单地认为 $E_k^{(1)} = (\kappa_{ik})^{-1}D_i^{\mathrm{R}}$,那么就会得出一个旋度不为零的电场,这是不合理的。相反,通过定义一个残余体电荷:

$$\rho^{\mathrm{R}} = -\boldsymbol{\nabla} \cdot \boldsymbol{D}^{\mathrm{R}} \tag{2.17}$$

和残余面电荷:

$$\sum{}^{\mathrm{R}} = -\boldsymbol{n} \cdot (\boldsymbol{0} - \boldsymbol{D}^{\mathrm{R}}) = \boldsymbol{n} \cdot \boldsymbol{D}^{\mathrm{R}} \tag{2.18}$$

式(2.15)将转换为一个基本的静电学泊松方程:

$$\boldsymbol{\nabla} \cdot (\kappa_{ik}E_k^{(1)}\boldsymbol{i}_i) = \rho^{\mathrm{R}} \tag{2.19}$$

其中纳米线圆柱面上的电荷由式(2.18)给出。从式(2.17)和式(2.16)可以得到

$$\rho^{\mathrm{R}} = \frac{f_y}{I_{xx}E}\left[2(1+\nu)e_{15} + 2\nu e_{31} - e_{33}\right]y \tag{2.20}$$

$$\sum{}^{\mathrm{R}} = 0 \tag{2.21}$$

需要特别指出的是在式(2.20)和式(2.21)中,残余电荷不依赖于垂直高度 z。因

此，电势 $\varphi = \varphi(x, y) = \varphi(r, \theta)$（柱坐标系中）也不随 z 变化而改变（为了简明起见，从这里开始我们将去掉用来表示一阶近似的上标[(1)]）。从物理上看，它表明除了非常靠近纳米线底端的区域外，纳米线内其他区域内的电势在沿着 z 轴方向是相同的。

注意到 $\kappa_{11} = \kappa_{22} = \kappa_\perp$，所以式 (2.19)、式(2.20)和式(2.21)的解为

$$\varphi = \begin{cases} \dfrac{1}{8\kappa_\perp} \dfrac{f_y}{I_{xx}E}[2(1+\nu)e_{15} + 2\nu e_{31} - e_{33}]\left[\dfrac{\kappa_0 + 3\kappa_\perp}{\kappa_0 + \kappa_\perp}\dfrac{r}{a} - \dfrac{r^3}{a^3}\right]a^3\sin\theta, & r < a \\[4mm] \dfrac{1}{8\kappa_\perp} \dfrac{f_y}{I_{xx}E}[2(1+\nu)e_{15} + 2\nu e_{31} - e_{33}]\left[\dfrac{2\kappa_\perp}{\kappa_0 + \kappa_\perp}\dfrac{a}{r}\right]a^3\sin\theta, & r \geqslant a \end{cases}$$

$$(2.22)$$

式中，κ_0 是真空的介电常数。式(2.22)则是纳米线内外的电势。

从式(2.22)可知，电势的极值分别在纳米线表面（$r = a$）的拉伸（T）侧（$\theta = -90°$）和压缩（C）侧（$\theta = 90°$），其具体表达式为

$$\varphi_{\max}^{(\mathrm{T,C})} = \pm\frac{1}{\pi}\frac{1}{\kappa_0 + \kappa_\perp}\frac{f_y}{E}[e_{33} - 2(1+\nu)e_{15} - 2\nu e_{31}]\frac{1}{a} \qquad (2.23)$$

由基本的弹性理论可知，在小形变下侧向力 f_y 和纳米线顶端最大偏移 $v_{\max} = v(z = l)$ 之间的关系为[10]

$$v_{\max} = \frac{f_y l^3}{3EI_{xx}} \qquad (2.24)$$

因此纳米线表面处电势的极值是

$$\varphi_{\max}^{(\mathrm{T,C})} = \pm\frac{3}{4(\kappa_0 + \kappa_\perp)}[e_{33} - 2(1+\nu)e_{15} - 2\nu e_{31}]\frac{a^3}{l^3}v_{\max} \qquad (2.25)$$

这意味着静电势直接与纳米线的长径比而非具体尺寸有关。对于一条长径比固定的纳米线，产生的压电势和纳米线顶端的最大偏离量成正比。

2.4　横向弯曲纳米线的压电势

首先，我们选取的纳米线的直径（d）为 50 nm、长度（l）为 600 nm、原子力显微镜探针施加的侧向力是 80 nN。为了进一步确认分析推导过程中略去高阶项的合理性，我们利用式(2.1)～式(2.4)对一个具有简化各向同性弹性系数张量的圆柱形材料中的完全耦合力-电体系进行了有限元方法（FEM）计算。对应的边界条件假定纳米线的底部是固定的。纳米线底部的电学边界条件是基底具有理想的导电性。氧化锌被看作是一个电介质。图 2.1(a)和图 2.1(b)中分别为由完全有限元方法（FEM）计算所得到的弯曲纳米线内电势分布的侧面图和截面图，清晰地表明压电势在除了纳米线底部之外的其他区域内的分布呈现平行板电容电势模型。对于纳米发电机和纳米压电电子学器件等应用，只有纳米线上部的电势分布才起

作用。如图 2.1(c)所示,当一根纳米线受到 80 nN 力而发生 145 nm 横向偏移时,压电势在纳米线横截面上的分布可由解析方程[式(2.22)]计算得到,其中纳米线的两个侧面分别具有压电电势 +0.28 V 和 −0.28 V。需要再一次强调的是,除了接近纳米线顶端和底部的区域,式(2.22)中的电势是不依赖于 z_0 的。

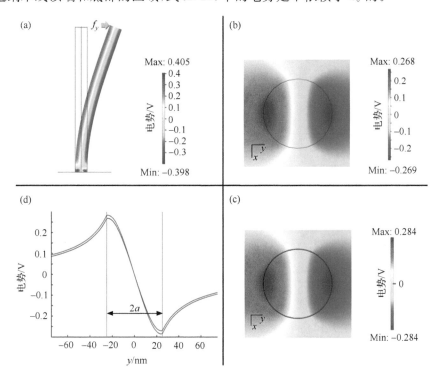

图 2.1　直径 (d) 为 50 nm、长度 (l) 为 600 nm 的氧化锌纳米线受到 80 nN 横向弯曲力后的压电电势分布。(a) 和 (b) 分别是使用有限元计算方法求解耦合方程[式(2.1)~式(2.4)]后得出的压电电势分布的侧向和顶部(在 $z_0 = 300$ nm 处)截面图,而(c) 是由解析方程[式(2.22)]给出的压电电势分布。因为底部反转区的电势大于上部"平行板电容器区"内的电势,所以(b)中的电势最大值小于(a)中的电势最大值。(d) 给出了(b)和(c)中行扫描对比图[蓝线对应完全有限元方法计算的结果,红线对应式(2.22)]以显示式(2.22)的精确度和导出式(2.22)所做近似的合理性[8]

接下来我们对一根直径 (d) 为 300 nm、长度 (l) 为 2 μm、所受横向力为 1000 nN 的大尺寸纳米线做相似的计算(图 2.2),其中对推力的估计基于实验中观测到的横向偏移。类似图 2.1 中小尺寸纳米线的计算结果,大尺寸纳米线在其横截面上也具有 ±0.59 V 的电势分布。此外,解析解和完全有限元方法(FEM)数值解的误差在 6% 以内,有力地说明了解析解的合理性。由此可见,我们所展示的微扰论是计算横跨纳米线分布的压电势的一个很好的方法,式(2.22)~式(2.25)给出来

的解可以定量地来解释实验测得的结果。上面的计算结果显示,在受机械弯曲的
过程中,纳米线和原子力显微镜探针间产生了 0.3 V 的电势差。

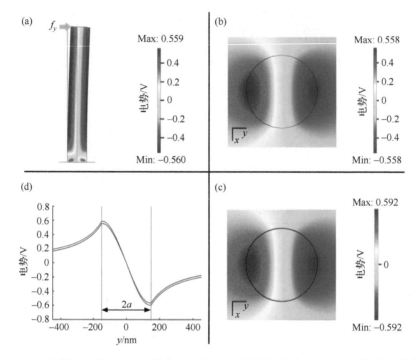

图 2.2　直径(d)为 300 nm、长度(l)为 2 μm 的纳米线受到 1000 nN 横向弯曲力
时的压电电势分布。(a)和(b)分别是使用有限元计算方法求解耦合方程[式
(2.1)~式(2.4)]得出的压电电势分布的侧向和顶部(在 $z_0 = 300$ nm 处)截面图,而
(c)是由解析方程[式(2.22)]给出的压电电势输出分布的截面图。(b)中的最大电势
和(a)中的最大电势几乎一样。(d)给出了(b)和(c)中行扫描分布的对比图[蓝线
对应完全有限元方法计算的结果,红线对应式(2.22)]以显示式(2.22)的精确度和
导出式(2.22)所做的近似的合理性[8]

2.5　横向弯曲纳米线的压电电势测量

当纳米线由于空气吹动而发生形变时,此压电电子学细线拉伸面和压缩面的
压电势可以通过和拉伸面或者压缩面接触的金属探针来测量[10]。当氧化锌线受
到一个周期性的气流脉冲作用发生弯曲时,通过一个和纳米线压缩面相连的外电
路可以探测出具有和气流脉冲相应周期性的负电压输出[图 2.3(a)]。这里检测
到的电压输出是 -25 mV。相应地,当氧化锌线被一根镀金的探针周期性推动时,
从氧化锌线的拉伸面上也可以检测出周期性的正电压输出[图 2.3(b)]。这些测

量是通过使用电压放大器来完成的。

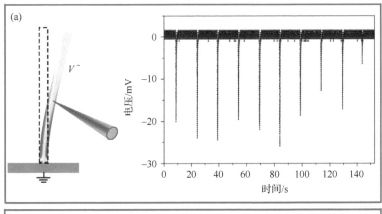

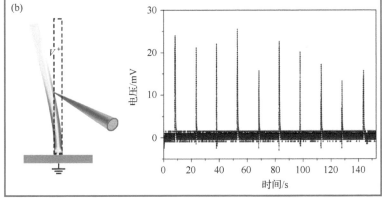

图 2.3　氧化锌线拉伸侧表面和压缩侧表面上非对称电压分布的直接测量。(a) 实验中在右侧放置一个金属探针,并从左侧加入氩气流脉冲。当气流脉冲开启的时候,可以观测到约 −25 mV 的电压峰。(b) 通过右侧的金属探针来快速地推放线,我们可以在每个形变周期中观测到一个约为 +25 mV 的电压峰。形变的频率是每隔 15 s 一次

2.6　轴向应变纳米线内的压电势

　　一个典型的双端纳电子器件的主要部分是一根两端及端面邻近部分被电极完全包裹的沿 c 轴生长的氧化锌纳米线。作用到纳米线上的力包括拉伸力、压缩力、扭转力等几种类型的力以及它们之间的组合。首先我们将计算在这几种力作用下纳米线内的压电势分布[11]。为了简化整个体系并将重点集中在研究压电势随不同外加应变的变化,我们假定纳米线不受体力影响且线中没有自由电荷,即忽略它

的导电性。完全耦合的方程[式(2.1)～式(2.4)]可以通过有限元方法求解。为了简明地阐释提出的物理模型,氧化锌中的载流子被忽略掉了,这大大简化了相应的数值计算过程。图 2.4(a) 显示的是一根不受外力的氧化锌纳米线。这根纳米线的总长是 1200 nm,两端部的电极接触区域长度为 100 nm,端面六边形的边长是 100 nm。

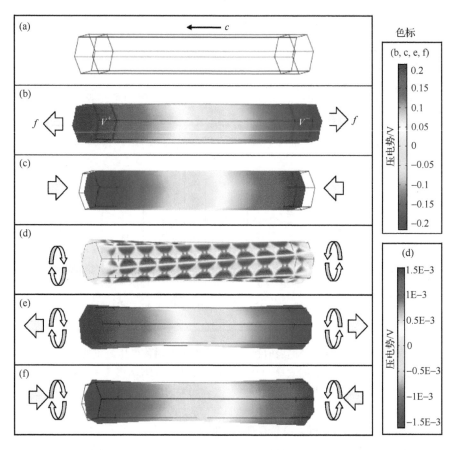

图 2.4　无掺杂氧化锌纳米线内压电势分布的数值计算结果。(a) 一根无形变的沿 c 轴生长的纳米线,其长度为 1200 nm,端面六角形的边长为 100 nm。假定纳米线的两端被一段长为 100 nm 的电极所包裹。(b)～(f) 纳米线压电势分布和形变的三维视图:(b) 受到一个 85 nN 的拉伸力;(c) 受到一个 85 nN 的压缩力;(d) 受到一对 60 nN 的扭转力;(e) 同时受到一个 85 nN 的拉伸力和 60 nN 的扭转力;(f)同时受到一个 85 nN 的压缩力和 60 nN 的扭转力。假定拉伸力和压缩力均匀施加在纳米线的端面和被电极包裹区域的侧面,并且扭转力均匀地施加在纳米线被电极包裹的侧面。红色的部分是正电势侧,蓝色的部分是负电势侧。电势差约为 0.4 V。注:(b)、(c)、(e)和(f)中的色标是一样的,但是(d)中的色标标尺要小得多

当向这根纳米线被电极包裹的端面均匀施加一个平行于 c 轴的 85 nN 的拉伸力时,纳米线的长度将增长 0.02 nm,这将在线中产生一个大小为 2×10^{-5} 的拉伸应变。如图 2.4(b) 所示,这个拉伸应变在纳米线的两端面间产生一个约 0.4 V 的电压降,且 $+c$ 端具有较高的电势。当施加的应力换成大小相同的压缩力时,纳米线内产生的电势极性会反转但是两端面间的电压降仍为 0.4 V,且此时 $-c$ 端的电势较高。如图 2.4(c) 所示,在这种情况下纳米线缩短了 0.02 nm,因此线内产生大小为 -2×10^{-5} 的压缩应变。值得注意的是,为了产生相同大小的压电势,此时所需要的形变远小于先前讨论的利用横向力使纳米线弯曲的情况。因此施加沿着极化方向(c 轴)的力更容易在氧化锌纳米线中产生较高的压电势。

不论纳米线所受的是拉伸应变还是压缩应变,产生的压电电势都是连续地从纳米线的一端分布到另一端,这意味着电子的能量从纳米线的一端到另一端连续地增加。同时,在没有外加电场、处于平衡时的纳米线内的费米能级是平的。因此,氧化锌和两端金属电极间的势垒高度会在一端升高而在另一端降低,这可由实验中观测到的器件非对称伏安特性形象地示出。这是理解接下来一系列实验结果的一个指导原理。由于无法避免在制备过程中引入纳米线的应变,所以在诸多制得的纳米线器件中(即使这些器件两端使用完全一样的电极),都观测到了整流传输行为[12]。

扭力是一种在操作纳米线时不能被忽略的力。图 2.4(d) 中显示的是当纳米线的两端被沿相反方向扭转时产生的压电势的模拟结果。模拟结果表明沿着纳米线的生长方向没有产生电势降。值得注意的是所产生的局部电势在毫伏量级,远小于纳米线受到拉伸或压缩应变时的情况。当电极和纳米线端面接触时,纳米线两端金属电极和氧化锌间的势垒高度是相等的,因此,在该纳米线电子器件两端将会出现对称的接触。

在大多数的实际应用中,纳米线受到的力是扭转和拉伸应力或者是扭转和压缩应力的复合。如图 2.4(e) 和图 2.4(f) 所示,这类情况下在沿纳米线生长方向将有一个压电电势降,然而纳米线截面上的电势分布不是均匀的,而是一端高、一端低,这类似于纳米线受到纯轴向应变时的情况。

在此还有几点需要指出。其一,压电性质对金属-氧化锌纳米线之间接触的载流子输运行为的影响包括两部分:①由 $+c$ 和 $-c$ 端面上 Zn^{2+} 和 O^{2-} 层所导致的自发极化电荷效应;②压电电势效应。极化电荷存在于纳米线的端面而不能自由地移动。这些极化电荷能调节局域费米能级从而使肖特基势垒的高度和形状发生改变。然而由于实际中金属和纳米线间较大的接触面积,金属-氧化锌之间的接触不仅存在于纳米线的端面,也同时存在于纳米线的侧面。在绝大多数情况下,侧面比端面的接触面积要大得多。如果仅仅考虑极化电荷效应,那么电子可以越过没有势垒的侧面接触。

其二,上面的计算是基于 Lippman 理论进行的,为了简明起见,我们假定纳米线内没有自由载流子并且整个系统是一个孤立体系。实际中所制得的氧化锌纳米材料具有典型的 n 型掺杂,且常见的施主浓度大约是 $1 \times 10^{17} \text{cm}^{-3}$。基于导带中电子统计分布的理论计算表明热平衡时自由电子倾向于在纳米线的正电势端积累。因此,自由载流子即使不是全部也会部分地屏蔽该端的正压电电势,而不会对负的压电电势产生影响。在这种情况下,图 2.1 中的计算结果仍然可以被用来解释实际中的实验结果,只是正压电势的值需要被降低以平衡载流子的屏蔽效应。

其三,应变不仅仅会在氧化锌内产生压电效应,也会引起能带结构的改变。产生的形变势也可以改变肖特基势垒的高度:在拉伸应变下势垒会降低而在压缩应变下势垒会升高。然而这种效应对纳米线两端的势垒高度造成的改变量和趋势是相同的,因此它不会使对称的伏安曲线变为整流伏安特性。这就是压阻效应。

2.7　掺杂半导体纳米线中的平衡电势

当纳米线内施主浓度极低的时候,可以忽略掉其导电性并用 Lippman 理论来描述此时弯曲的压电纳米线。然而实际中由于不可避免的点缺陷的存在,氧化锌纳米线通常是 n 型掺杂的。对于具有显著数量自由电子的半导体材料来说,由于自由载流子可以在整个材料中分布,因此不能直接应用 Lippman 理论来进行相关的计算。除了唯象热力学外,电子/空穴的统计分布也需要被考虑进来。本节的主要目标是考虑纳米线具有适中掺杂水平和导电性的情况下如何建立横向弯曲纳米线内压电性的宏观-统计模型。

2.7.1　理论框架

由先前的结果可知,对于没有自由载流子的氧化锌纳米线,其拉伸面呈现的是正压电势,而压缩面呈现出负压电势(这里"压电势"指的是由于纳米线中阴离子和阳离子极化产生的电势;当应变一直保持时这些极化电荷不能自由地移动)。为了避免将过多精力放在不太相关的界面异质结等问题而集中主要精力于核心的物理现象上,我们假定基底也是由氧化锌制成的。这种情况发生在通过气-液-固方法[23]在氮化镓基底上生长氧化锌纳米线时,这样制得的纳米线底部通常会有一层薄的氧化锌膜或者氧化锌墙结构。我们的任务是计算取得热力学平衡时横向弯曲纳米线内的压电势[13]。

众所周知,当压电材料中存在自由电子/空穴时,受由于极化所导致的电场的影响,这些载流子会重新分布。这种重新分布效应的一个著名应用是氮化镓/氮化铝镓高电子迁移率场效应晶体管。在这种晶体管中电子在异质结处积累而产生二维电子气(2DEG)[14]。尽管压电纳米线应用中的力学行为更为复杂,但是在本质上这两者的物理图像是一致的。在此我们仅仅写出力学平衡和正压电效应方程而没有利用完全耦合本构方程：

$$\begin{cases} \sigma_p = c_{pq}\varepsilon_q \\ D_i = e_{iq}\varepsilon_q + \kappa_{ik}E_k \end{cases} \tag{2.26}$$

式中，$\boldsymbol{\sigma}$ 为应力张量，ε 为应变，$\boldsymbol{E}$ 为电场，$\boldsymbol{D}$ 为电位移，κ_{ik} 为介电常数，e_{iq} 为压电系数，c_{pq} 为力学刚度张量。在这里我们使用了 Voigt-Nye 标号。通过把第二个方程代入高斯定理，可以得到相应的静电场方程：

$$\boldsymbol{\nabla} \cdot \boldsymbol{D} = \frac{\partial}{\partial x_i}(e_{iq}\varepsilon_q + \kappa_{ik}E_k) = \rho_e^{(b)} = ep - en + eN_D^+ - eN_A^- \tag{2.27}$$

其中，p 为价带中的空穴浓度，n 为导带中的电子浓度，N_D^+ 为电离施主浓度，而 N_A^- 为电离受主浓度。因为所制得的氧化锌纳米线通常是 n 型的，我们令 $p = N_A^- = 0$。通过引入

$$\boldsymbol{D}^R = e_{kq}\varepsilon_q\hat{i}_k \tag{2.28a}$$

作为由压电性产生的极化。并引入

$$\rho^R = -\boldsymbol{\nabla} \cdot \boldsymbol{D}^R \tag{2.28b}$$

作为对应的压电电荷。因此式 (2.27) 可用电势 φ 重新写为

$$\kappa_{ik}\frac{\partial^2}{\partial x_i \partial x_k}\varphi = -(\rho^R - en + eN_D^+) \tag{2.29}$$

由压电性产生的表面电荷可由 $\Sigma^R = -\boldsymbol{n} \cdot \Delta\boldsymbol{D}^R$ 来计算，其中 $\Delta\boldsymbol{D}^R$ 是横跨材料表面的 $\boldsymbol{D}^R$ 的变化，而 $\boldsymbol{n}$ 是垂直于表面的单位法向矢量。为了表达的简明性，我们忽略了由氧化锌极性面引入的表面电荷。

热动力平衡下电子的重新分布由费米-狄拉克统计给出：

$$n = N_c F_{1/2}\left[-\frac{E_c(\boldsymbol{x}) - E_F}{kT}\right] \tag{2.30a}$$

$$N_c = 2\left(\frac{2\pi m_e kT}{h^2}\right)^{\frac{3}{2}} \tag{2.30b}$$

式中，导带边 $E_c(\boldsymbol{x})$ 是空间坐标的函数。导带有效态密度 N_c 由导带电子的有效质量 m_e 和温度 T 决定。在大应变条件下，形变势可能是重要的。具体来讲，带边偏移 ΔE_c 受到静电能和形变势两部分效应的综合影响：

$$E_c - E_{c_0} = \Delta E_c = -e\varphi + \Delta E_c^{\text{deform}} = -e\varphi + a_c\frac{\Delta V}{V} \tag{2.31}$$

其中，E_{c_0} 为无形变的自持半导体材料的导带边；$\Delta E_c^{\text{deform}} = a_c\Delta V/V$ 是由形变势所引起的带边偏移[15]，它正比于体积的相对改变量 $\Delta V/V$，而 a_c 是形变势常数。最后，施主的电离过程由式 (2.32) 给出：

$$N_D^+ = N_D \frac{1}{1 + 2\exp\left(\frac{E_F - E_D}{kT}\right)} \tag{2.32}$$

这里，$E_D(x) = E_c(x) - \Delta E_D$ 是与位置相关的施主能级，常数 ΔE_D 是施主的电离能，N_D 是施主的浓度。

2.7.2　考虑掺杂情况时压电势的计算

具有适中载流子浓度的弯曲氧化锌纳米线的压电势可以被计算出来。需要指出的是，式(2.29)～式(2.32)仅仅在体系尺寸不是太小时才有效。对于小尺寸体系，由于离散束缚态的存在使得需要用量子力学来讨论相应的强限域效应。例如在量子效应起重要作用的氮化镓/氮化铝镓高电子迁移率场效应晶体管中需要做精细的理论探究。在接下来的章节我们将对直径大于等于 50 nm 的纳米线进行计算，对这样尺寸的纳米线器件非量子力学的计算仍然是可以接受的。

在达到热力学平衡时整个弯曲半导体纳米线内的费米能级是平的。由于假定纳米线生长在一个尺寸远大于它的基底上，因此我们可以将基底视为一个使纳米线费米能级固定的"蓄水池"。此处我们假定基底和纳米线都是由相同的材料组成。我们将不讨论那些纳米线和基底形成直接异质结接触时在底部结区可能形成耗尽区或电荷积累区的情况。

考虑到对称性，我们仅需要计算 $x > 0$ 的半空间。另一半空间的解可以由关于 $x = 0$ 平面的镜像对称立即得到。为了保证收敛，我们首先通过引入高温极限情况 T_{high} 来线性化式(2.30a)和式(2.32)。为方便式(2.30a)和式(2.32)的计算，我们定义如下变量：

$$\eta = -\frac{E_c(x) - E_F}{kT} \quad \text{且} \quad \eta_D = \frac{E_F - E_D}{kT} = \eta + \frac{\Delta E_D}{kT} \qquad (2.33)$$

当 $T = T_{high}$ 很大时，η 和 η_D 不再和位置相关；因此问题被线性化了，更易于求解。作为一个收敛工具，T_{high} 本身并不要求具有实际的物理意义。尽管如此，我们仍然可以通过研究高温 $T = T_{high}$ 下的解来洞察出一些物理意义。事实上，当 $T = T_{high}$ 时 $\eta \approx \eta_D \approx \ln\left(\frac{N_D}{N_C}\right)$，因此 $N_D^+ = n$ 和式(2.29)将给出氧化锌中既没有施主又没有自由载流子时对应无屏蔽效应情况的解。当系统从 T_{high} "冷却"到实际温度时，方程变得越来越非线性。η 的值表明了系统的简并情况。当 $\eta > -3$ 时系统可被认为是高度简并的。在以后的结果中我们将会看到，即使当施主浓度相对来说比较低时，问题中仍然会包含一定程度的简并性。这和氮化镓/氮化铝镓高电子迁移率场效应晶体管[11]中二维电子气区域的情况类似，在那种情况中即使局部掺杂水平很低依然会有电子的聚集。

图 2.5(a)所示为当 $N_D = 1 \times 10^{17}$ cm^{-3} 和 $T = 300$ K 时，$x = 0$ 截面处的等势线，它们正好通过纳米线的轴。图 2.5(b)给出的是在 $z = 400$ nm 处垂直于纳米线轴的截面上的等势线分布。此处的静电计算基于小形变假定而忽略了拉格朗日参

考系和欧拉参考系之间的区别。出于对比的目的,对应不真实的温度 $T = T_{high} = 300\,000$ K 的计算结果也在图 2.5(c) 和图 2.5(d) 中绘制出来,此时氧化锌是没有自由载流子的绝缘体。

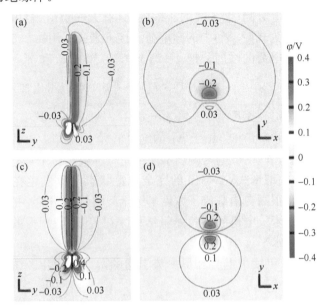

图 2.5　当 $N_D = 1 \times 10^{17}$ cm^{-3} 时计算所得的压电势 φ 分布图。为了绘图简便,图中没有示出纳米线的弯曲形状。除了彩图, $\varphi = -0.4$ V、-0.2 V、-0.1 V、-0.03 V、0.03 V、0.1 V、0.2 V 和 0.4 V 时的等势线图也被同时叠加于此。纳米线的尺寸: $a = 25$ nm, $l = 600$ nm,并且外加力 $f_y = 80$ nN。(a) $T = 300$ K 时 $x = 0$ 处的 φ 的截面图。底部的空白区域内 $\varphi < -0.4$ V。我们对这块区域的细节进行了过饱和处理和优化色阶以更好地显示纳米线中的电势分布 φ。在这里我们主要关注纳米线中的行为,而关于底部反转区的特性将留待后续研究中讨论。(b) $T = 300$ K 时,高度 $z = 400$ nm 处的电势分布截面图。考虑到关于 $x = 0$ 面的镜面对称性,这里仅计算了 $x > 0$ 这半个空间的情况。$x < 0$ 空间的图可以由 $x > 0$ 的解通过简单的对称得出。(c) 和 (d) $T = T_{high} = 300\,000$ K 高温情况下计算得到的结果,与无掺杂时的结果相比以检测解的收敛性。此处的极大峰值被过饱和处理了。(c) 所示为 $x = 0$ 的截面,(d) 为高度 $z = 400$ nm 处的电势分布截面图[14]

当考虑氧化锌具有适中掺杂浓度时,纳米线正电势侧的最大值从对应于绝缘体情况的约 0.3 V[图 2.5(d) 所示]明显地降到了不到 0.05 V[图 2.5(b) 所示]。另一方面,压缩侧(负电势侧)的电势则被很好地保持住了。这和在基于 n 型氧化锌纳米线和原子力显微镜的纳米发电机中只观察到负脉冲输出的实验结果相一致。这也和只有当原子力显微镜探针接触到纳米线的压缩面时才能观察到负电势峰输出的实验结果相一致。这个模型中正电势的降低是由于电子从具有大量自由载流子的基底中流入氧化锌造成的。当正的极化电荷 $\rho^R > 0$ 试图产生一个正的局部电势 $\varphi > 0$ 时，它将导致局部导带向下弯曲。当 η 接近甚至超过 0 时，来自基底"蓄水池"内大量的自由电子将会注入到纳米线中以屏蔽正电势。

然而由于 η 在负电势侧（纳米线的压缩侧）具有大的负值，自由载流子被耗尽而只留下 $\rho^R + eN_D^+$ 作为式(2.29)中的净电荷。接下来我们用在 2.3 节导出的解析方程来估算离子极化电荷的浓度。把 $a = 25$ nm、$l = 600$ nm 和 $f_y = 80$ nN 代入 $\rho^R = \dfrac{f_y}{I_{xx}E}[2(1+\nu)e_{15} + 2\nu e_{31} - e_{33}]y$，式中 $I_{xx} = \dfrac{\pi}{4}a^4$，可以得出在线的表面 $y = a$ 附近典型的压电极化电荷密度为 $\rho_{y=a}^R/e \sim -8.8 \times 10^{17}\ \text{cm}^{-3}$，其中 e 是单个电子的电量。当 $N_D = 1 \times 10^{17}\ \text{cm}^{-3}$ 时，由于 N_D 的绝对值远小于 $\rho_{y=a}^R/e$，因此即使所有的电子都被耗尽了之后，ρ^R 在负电压侧仍不能被完全屏蔽。对于具有很高施主浓度（如 $N_D > 10^{18}\ \text{cm}^{-3}$）的纳米线，$\varphi \approx 0$ 的完全中性状态可以发生在线内的每个地方。或者说一根具有很高自由载流子浓度的纳米线将具有非常小的压电势。这也符合紫外光照射下纳米发电机的实验测量结果。在实际中，制得的自然掺杂的氧化锌纳米线内的掺杂水平远小于 $10^{18}\ \text{cm}^{-3}$。

带边的偏移 ΔE_c 包括由电势和形变势引起的两部分变化。纳米线中应力的圣维南解是：$\sigma_{zz} = -\dfrac{f_y}{I_{xx}}y(l-z)$，$\sigma_{xx} = \sigma_{xx} = 0$，因此，

$$|\Delta E_c^{\text{deform}}| = a_c\,|\Delta V/V| = a_c\,|\text{Tr}(\varepsilon)| = a_c\left|\dfrac{1-2\nu}{E}\text{Tr}(\sigma)\right|$$

$$= \left|-a_c\dfrac{1-2\nu}{E}\dfrac{f_y}{I_{xx}}y(l-z)\right| < a_c\dfrac{1-2\nu}{E}\dfrac{f_y}{I_{xx}} \cdot a \cdot l = 46\ \text{meV}$$

随后的观测表明这个值远小于负侧的值 $|e\varphi|$。因此如果我们主要关注负侧的电势的量级，在计算前可以忽略掉形变势。这也表明实验中观测到的负电势不是由于形变势造成的能带移动，而是主要来自压电效应的影响。

如图 2.6(a)中的 η 曲线所示，受屏蔽的正端侧存在显著的简并。电荷积累区的简并来源于压电效应而非由于大的施主浓度或低的温度。形变前，当 $T = 300$ K，$N_D = 1 \times 10^{17}\ \text{cm}^{-3}$ 时 $\eta = \eta_0 = -3.77$，这在简并尺度之下。为了研究温度对自由载流子分布和最终电势的影响，我们作出了不同温度下的 n、η 和 φ 曲线 [图 2.6(c)、(d)和(e)]。在 100 K < T < 400 K 这个区间内，n、η 和 φ 的变化很小。如图 2.6(b)所示，在耗尽区和电荷积累区内的自由载流子的浓度分别是 $n \sim 10^{15}\ \text{cm}^{-3}$ 和 $n \sim \rho^R/e + N_D \sim 10^{18}\ \text{cm}^{-3}$。电荷积累区和耗尽区的边界很分明。我们注意到电荷积累区的宽度远小于线的直径 a，这意味着导带电子受到强烈的限域效应。这个强烈的限域效应可能会在纳米线中产生比未弯曲状态下更强的量子效应。

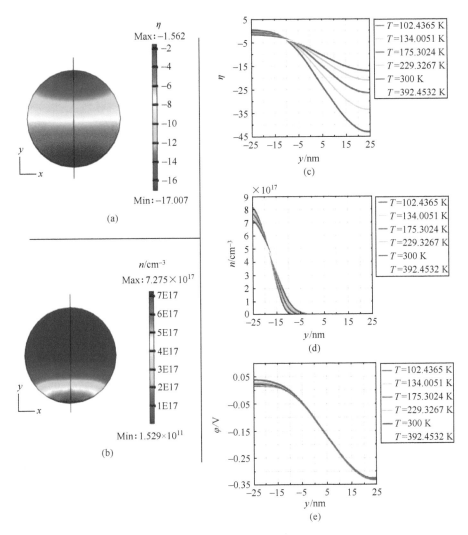

图 2.6　(a)(b) 当 $N_D = 1 \times 10^{17}\,\mathrm{cm}^{-3}$ 和 $T = 300\,\mathrm{K}$ 时,高度在 $z = 400\,\mathrm{nm}$ 处参数 η 和局部电子浓度 n 的彩色截面图。由于具有关于 $x = 0$ 的镜面对称性,我们仅计算了 $x > 0$ 的半空间。$x < 0$ 区域的图是通过简单的关于 $x > 0$ 空间的对称性得出的。(c)~(e) 不同温度下沿着图(a)和图(b)直径方向上的 η、n 和 φ 分布

为了研究 N_D 的变化对压电势的影响,我们在图 2.7 中绘出了 $T = 300\,\mathrm{K}$ 时对应于不同施主浓度($0.6 \times 10^{17}\,\mathrm{cm}^{-3} < N_D < 2.0 \times 10^{17}\,\mathrm{cm}^{-3}$)的电势 φ、参数 η、自由电子浓度 n 和电离施主中心浓度 N_D^+ 的曲线。可以看出在这个区间内电势 φ 对施主浓度的变化相当敏感。然而,正如我们已经讨论过的,当 $N_D > 10^{18}\,\mathrm{cm}^{-3}$ 时,φ 将会被完全中和。在 $y < 0$ 的区域(纳米线的拉伸侧),由于 η 值较大使得存在明显

的简并[图 2.7(b)]。因此如图 2.7(c)所示,电子将在 $y<0$ 处积累并会在纳米线的压缩侧($y>0$)耗尽。另一方面,如图 2.7(d)所示,在 $y<0$ 端施主中心没有完全电离,这使得 $y<0$ 端的局部电荷密度 $\rho^R - en + eN_D^+$ 变得更小。

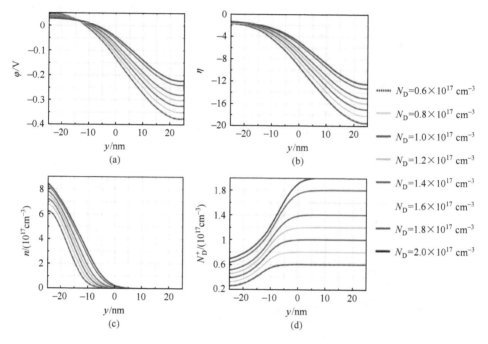

图 2.7　当施主浓度在 $0.6\times10^{17}\,\mathrm{cm}^{-3}<N_D<2.0\times10^{17}\,\mathrm{cm}^{-3}$ 区域内变化时的(a) 压电势 φ、(b) 参数 η、(c) 自由电子浓度 n 以及(d)电离施主中心浓度。纳米线的尺寸为 $a=25\,\mathrm{nm}, l=600\,\mathrm{nm}$;外加力是 $f_y=80\,\mathrm{nN}$。$T=300\,\mathrm{K}$

2.7.3　掺杂浓度的影响

本小节的主要目的是研究不同参数对发生形变的氧化锌半导体纳米线内部达到平衡时压电势分布的影响。我们尤其要计算当自由载流子达到热力学平衡时,具有不同掺杂浓度、受到不同的外加力以及具有不同的几何构型的纳米线内部的电势分布[16]。

以一根沿 c 轴外延生长的氧化锌纳米线受到施加在顶部的横向力而弯曲的情况为例。为了简化计算,我们选择了轴对称模型。这意味着我们可先解出 $x>0$ 半平面的解,然后通过关于 $x=0$ 的镜面对称得出另一半的解。

图 2.8 给出了施主浓度对平衡压电势和局部电子浓度的影响。图 2.8(a)～(c)分别代表低($0.5\times10^{17}\,\mathrm{cm}^{-3}$)、中($1\times10^{17}\,\mathrm{cm}^{-3}$)和高($5\times10^{17}\,\mathrm{cm}^{-3}$)施主浓度 N_D 下的压电势分布。图 2.8(d)和图 2.8(e)给出了在 $T=300\,\mathrm{K}$ 且施主浓度处在

0.05×10^{17} cm^{-3}和 5×10^{17} cm^{-3}之间时电势 φ 和电子浓度 n 的变化。拉伸侧的正电势受施主浓度 N_D 增加的影响不如压缩侧的负电势那么敏感。当 $N_D = 5 \times 10^{17}$ cm^{-3}时,电势几乎被完全屏蔽。压缩侧压电势受屏蔽的原因是由于自由电子将会在这个区域耗尽,同时它们会在拉伸侧聚集。另外,正电势的降低是由于来自基底的自由电子的流入,而基底材料里的电子数目非常多。自由电子浓度的增加可以从图 2.8(e)明显地看出。

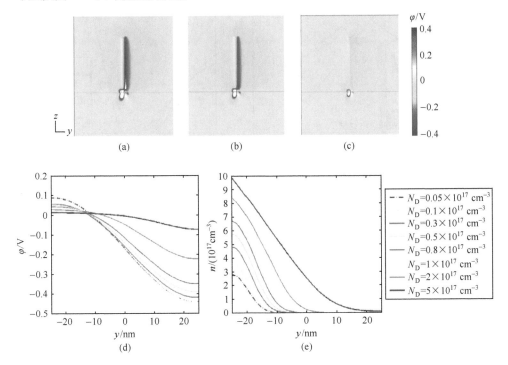

图 2.8　施主浓度为(a) $N_D = 0.5 \times 10^{17}$ cm^{-3}、(b) $N_D = 1 \times 10^{17}$ cm^{-3} 和(c) $N_D = 5 \times 10^{17}$ cm^{-3}时计算得到的在 $x = 0$ 处的压电势截面分布彩图。纳米线的尺寸为 $l = 600$ nm,$a = 25$ nm;外力为 $f_y = 80$ nN。在 $T = 300$ K、施主浓度在 0.05×10^{17} cm$^{-3} < N_D < 5 \times 10^{17}$ cm^{-3} 区域内变化时的(d) 压电势和(e) 局部电子密度。线条图是沿着位于 $z = 400$ nm 处纳米线的直径方向获得的

　　图 2.9 所示为外加力对平衡电势分布和局部电子浓度的影响。所有其他的参数都保持不变:纳米线的长度为 600 nm,半径为 25 nm,施主浓度 $N_D = 1 \times 10^{17}$ cm^{-3}。施加的力 F 在 40 nN 至 140 nN 的范围内变化。为避免点形变,在计算中力被加载到纳米线的顶端面。当外力增加时,压缩端的电势也随着增加[如图 2.9(a)],且在力最大时该电势达到约 0.7 V。由于更大的应变造成了极化电荷的增加,当外力增加时,拉伸端的自由电子浓度也相应增加[图 2.9(b)]。

图 2.9(a)也示出了在弱力和强力情况下电势和定标后形变变化的彩图。图 2.9 (b)所示为在 $z=400$ nm 的截面处自由电子浓度的彩图，最后一个图是通过关于 $x=0$ 平面的镜像对称得出的。

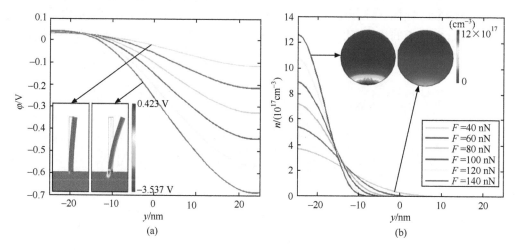

图 2.9　受到大小在 40 nN 至 140 nN 的不同外力作用下的(a) 压电势和 (b)局部电子密度。(a) 还示出了当 $F=40$ nN 和 $F=140$ nN 时在 $x=0$ 截面上计算出的压电势分布彩图。(b) 也示出了 $F=40$ nN 和 $F=140$ nN 时在高度为 400 nm 处截面上计算出的自由电子分布彩图。因为具有关于 $x=0$ 的镜面对称性，我们仅计算了 $x>0$ 的半个空间。$x<0$ 区域的结果是通过简单的关于 $x>0$ 空间的镜像对称性得出的[17]

　　图 2.10 和图 2.11 中研究了纳米线的几何尺寸对压电势和局部电子浓度的影响。在保持纳米线直径为 25 nm、施主浓度 $N_D=10^{17}$ cm^{-3} 且外加力为 80 nN 的情况下，纳米线的长度 l 在 200 nm 至 1000 nm 的范围内变化。图 2.10(a)和(b)表明纳米线的长度既不影响电势分布也不影响自由电子浓度。

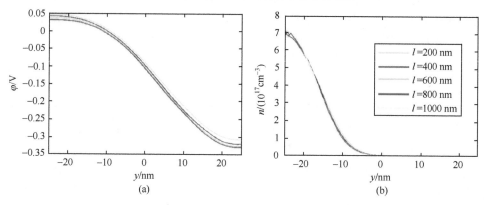

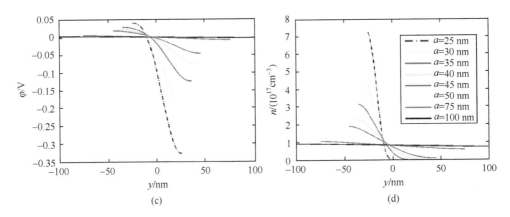

图 2.10 对应长度 l 位于 200 nm 至 1000 nm 之间的不同纳米线的（a）压电势和（b）局部电子密度。半径 a 位于 25 nm 至 100 nm 之间的不同纳米线的（c）压电势和（d）局部电子密度。$T=300$ K 下，施主浓度为 $N_D=10^{17}$ cm^{-3}；外加力是 $f_y=80$ nN。线条图是沿着位于 $z=400$ nm 处纳米线的直径方向取得的

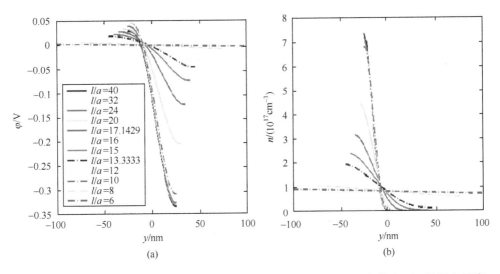

图 2.11 对应长径比 l/a 位于 6 至 40 之间的不同纳米线的（a）压电势和（b）局部电子密度。$T=300$ K 下，施主浓度为 $N_D=10^{17}$ cm^{-3}；外加力是 $f_y=80$ nN。线条图是沿着位于 $z=400$ nm 处纳米线的直径方向取得的

当保持纳米线的长度为 600 nm 时，我们研究了半径 a 在 25 nm 至 100 nm 这个范围内变化所导致的效应。图 2.10(c) 和图 2.10(d) 分别显示出了在这种情况下电势和自由电子浓度的变化。随着半径的增加，电势和自由电子浓度都在减少；当半径为 100 nm 时，电势几乎被完全中和。需要指出的是，如果保持外力不变，随着半径的增加，纳米线受到的应变在减小。

图 2.11 显示了长径比 l/a 对压电势和自由电子分布的影响。它总结了先前图 2.10 显示的结果,即长度变化不影响压电势和自由电子的分布,而增加半径则会使两者都减小。

2.7.4　载流子类型的影响

由于在实际中我们有可能得到稳定的 p 型氧化锌纳米线,现在我们不再假定原位合成的氧化锌纳米线为 n 型掺杂。由于纳米线内没有位错且在表面附近区域有高浓度的空位,因而有可能制得稳定的 p 型氧化锌纳米线。在考虑有限载流子浓度的情况下,我们计算了弯曲 p 型纳米线内的压电势分布。对没有掺杂的横向弯曲氧化锌纳米线,其拉伸侧为正压电势,压缩侧为负压电势。当纳米线具有有限 p 型掺杂时,空穴倾向于在负压电势侧积累。因此负侧部分的压电势将被空穴屏蔽而正侧的压电势保持不变。运用泊松方程和载流子的费米-狄拉克统计分布,对于一个直径为 50 nm、长度为 600 nm 和受主浓度 N_A 为 1×10^{17} cm^{-3} 的典型纳米线来说,当受到一个 80 nN 的弯曲力时,可以得出负端的压电势大于 -0.05 V,而在正端约为 0.3 V(图 2.12)。即 p 型纳米线内的压电势主要由拉伸侧的正压电势来决定[17]。

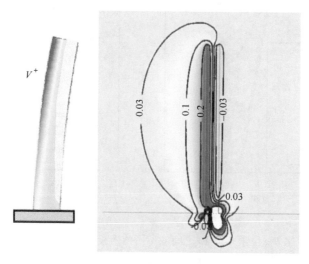

图 2.12　计算得出的受到来自左端横向力发生弯曲的
p 型氧化锌纳米线内的压电势分布

2.8　压电势对局域接触特性的影响

由于纳米线形状的改变,压电势在微/纳米线中的空间分布取决于所施加的拉伸力、压缩力和/或偏转力。压电势可以在纳米线顶部和底部的侧表面具有不同的分布。压电势的这种非均匀空间分布将可能影响压电电子学器件的性能,这将在后面各章详细阐述。

在本节中,我们将对接触处的局域载流子传输特性受压电势空间分布的影响给出理论和实验分析[18]。此研究将可能揭示压电势新的特征及其对压电电子学器件制备的影响。由于在实际制备纳米线器件时会经常引入拉伸应变和扭转应变,因此,由对局域肖特基势垒高度的调制所引起的压电电子学效应是不可避免的。我们的研究为相关的科研和应用建立了模型。

2.8.1　理论分析

为使分析简化及合理,假定氧化锌微/纳米线沿 c 轴生长,且长度为 $l=5\ \mu m$,半径为 $a=0.5\ \mu m$[图 2.13(a)]。尽管图 2.13(a)中采用了圆形截面梁的模型,但此处所用的方法适用于具有任意截面形状的纳米线。一般来说,外部施加的力可以分解为垂直和平行于纳米线方向的两部分。如图 2.13(a)所示,我们采用有限元方法计算了当氧化锌纳米线受到垂直力 F_x 和平行力 F_z 时的线内压电势分布。为简化运算起见,我们忽略了纳米线中的有限掺杂,因此也忽略了纳米线的导电性。作用力的两个分量分别选择为 $F_x=-1000\ nN$ 和 $F_z=-500\ nN$。图 2.13(a)示出了平行纳米线轴方向的横截面上的压电势分布。点 A1 和 A2 处的压电势随垂直力分量的增加而降低,而相同条件下点 B1 和 B2 位置的压电势则升高;C1 和 C2 位置的压电势很大程度上取决于平行力分量。随着拉伸应力增加,C1 和 C2 位置的压电势在一端增加而在另一端减少。对金属-半导体-金属结构的背对背肖特基接触型氧化锌微/纳米器件,压电势的改变可以有效调节电极接触处的肖特基势垒高度。因此,测得的器件伏安特性很敏感地取决于制备电极接触的位置。

现在我们开始描述当电极接触被制备在纳米线的不同位置时,压电势的变化对肖特基势垒高度改变的影响。设均匀的小机械应变为 S_{jk}[19],可得极化矢量 P 与应变 S 的关系为

$$(P)_i = (e)_{ijk}(S)_{jk} \tag{2.34}$$

式中,三阶张量 $(e)_{ijk}$ 为压电张量。根据经典的压电和弹性理论,本构方程可以写为

$$\begin{cases} \sigma = c_E S - e^{\mathrm{T}} E \\ D = eS + kE \end{cases} \tag{2.35}$$

其中,σ 为应力张量,E 为电场强度,D 为电位移,c_E 为弹性张量,k 为介电张量。材料弹性常数可由弹性模量 E 和泊松比 ν 构成的各向同性弹性模量来近似,应力解则可通过圣维南弯曲理论求得[8,20]。沿 x 轴的应力可表示为

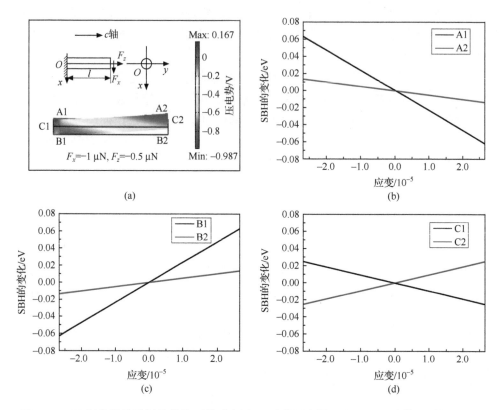

图 2.13　(a)氧化锌悬臂梁及其截面的示意图,以及使用有限元法(FEM)计算得到的一端固定氧化锌悬臂梁产生应变后线内的压电势分布。彩色代表局域压电势的大小,单位为伏(V);箭头指示的是应变增长的方向。当电极接触处在不同位置[(b)A1 和 A2;(c) B1 和 B2;(d) C1 和 C2]时的肖特基势垒高度(SBH)的预期变化[18]

$$
\begin{cases}
(\tau_{31})_{x=0} = \dfrac{(3+2\nu)}{8(1+\nu)} \dfrac{F_x a^2}{I_y}\left(1 - \dfrac{1-2\nu}{3+2\nu}\dfrac{y^2}{a^2}\right) \\[2mm]
(\tau_{23})_{x=0} = 0 \\[2mm]
(\tau_{33})_{x=0} = \dfrac{F_z}{\pi a^2}
\end{cases}
\tag{2.36}
$$

于是,可以得到电极接触区域的压电极化矢量为

$$
\begin{cases}
P_x = \dfrac{2F_x}{\pi a^2 E}e_{15}(1+2\nu) \\[2mm]
P_y = 0 \\[2mm]
P_z = \dfrac{F_z}{\pi a^2 E}(2\nu e_{31} - e_{33})
\end{cases}
\tag{2.37}
$$

压电极化矢量对电极接触的影响将使界面处费米能级发生偏移并使电荷分布发生变化，从而引起肖特基势垒高度的改变。由压电极化矢量引起的肖特基势垒高度的变化可近似为[21]

$$\Delta\phi_{\mathrm{B}} = \frac{\sigma_{\mathrm{pol}}}{D}\left(1 + \frac{1}{2q_{\mathrm{s}}w_{\mathrm{d}}}\right)^{-1} \tag{2.38}$$

式中，σ_{pol} 为极化电荷体密度（以电子电荷 q 为单位），其表达式为 $\sigma_{\mathrm{pol}} = -\boldsymbol{n}\cdot\boldsymbol{P}/q$，其中，$\boldsymbol{n}$ 为器件表面单位法向向量，D 为在肖特基势垒区域半导体带隙中费米能级处的二维界面态密度，w_{d} 为耗尽层宽度。与界面带隙态有关的是二维屏蔽参数 $q_{\mathrm{s}} = (2\pi q^2/\kappa_0)D$，这里，$q$ 为电子电荷，κ_0 为半导体的介电常数。将式(2.37)代入式(2.38)可得

$$\Delta\phi_{\mathrm{B}} = -\frac{4\pi q w_{\mathrm{d}}\big[2(\boldsymbol{n}_x\cdot\boldsymbol{F}_x)e_{15}(1+2\nu) + (\boldsymbol{n}_z\cdot\boldsymbol{F}_z)(2\nu e_{31} - e_{33})\big]}{\kappa_0\big[1 + 2(2\pi q^2/\kappa_0)Dw_{\mathrm{d}}\big]\pi a^2 E} \tag{2.39}$$

非常重要的是如果我们忽略式(2.37)和式(2.39)中的平行力分量 $\boldsymbol{F}_z$，所得结果与受原子力显微镜导电针尖横推的单根氧化锌/氮化镓纳米线发电机的结果相符。$\boldsymbol{F}_x = 0$ 时，则此模型对应了基于两端固定纳米线的纳米发电机、压电二极管和压电光电子学器件的工作原理。从式(2.39)可知，电极接触位置的不同将可能影响压电电子学器件的特性。当二维界面态密度 D 在 $1\times10^{13}\,(\mathrm{eV\cdot cm^2})^{-1}$ 到 $1\times10^{18}\,(\mathrm{eV\cdot cm^2})^{-1}$ 的大区间中变化时，$2(2\pi q^2/\kappa_0)Dw_{\mathrm{d}} \ll 1$ 的条件一直成立。因此式(2.39)可以改写为

$$\Delta\phi_{\mathrm{B}} = -\frac{4\pi q w_{\mathrm{d}}\big[2(\boldsymbol{n}_x\cdot\boldsymbol{F}_x)e_{15}(1+2\nu) + (\boldsymbol{n}_z\cdot\boldsymbol{F}_z)(2\nu e_{31} - e_{33})\big]}{\kappa_0\pi a^2 E} \tag{2.40}$$

图 2.13(b)～(d)中所示为当 $w_{\mathrm{d}} = 20\,\mathrm{nm}$（这是实验中的典型值）、$E = 129.0\,\mathrm{GPa}$、$v = 0.349$ 时，线上不同位置处的肖特基势垒高度随所加应变改变的变化趋势。总体来看，肖特基势垒高度的变化与应变之间呈线性关系。如图 2.13(b)所示，如果电极接触位于位置 A1 和 A2，两处的肖特基势垒高度随应变增加以不同的变化率减少。如图 2.13(c)所示，当接触位于位置 B1 和 B2 时，我们发现两处的肖特基势垒高度变化都与应变呈正斜率线性关系，但两处的变化大小不同，这与电极接触位于 A1 和 A2 时的结果趋势相反。如图 2.13(d)中接触位置 C1 和 C2 处的肖特基势垒高度变化曲线所示，随着应变增加，接触位置 C1 处的肖特基势垒高度降低而 C2 位置处的肖特基势垒高度增加。由接触位置不同而造成的完全不同的肖特基势垒高度变化趋势将显著影响器件的传输性质。

2.8.2　实验验证

接下来我们将给出压电势的空间分布对氧化锌微米线电接触性质影响的实验观测结果。在我们的研究中使用的超长氧化锌微米线由高温热蒸发工艺合成制

得。如图 2.14(a)所示,我们设计了三种器件来阐述相关的概念。第一种是顶电极构型。氧化锌微米线放置在聚苯乙烯(PS)基底上,然后用银浆将线两端固定在基底上。这种构型对应于接触位置处于 A1 和 A2 的情况。第二种为底电极构型。这种器件中,氧化锌微米线放置在预制于聚酰亚胺薄膜上的电极上,随后再将此薄膜固定在聚苯乙烯基底上以便操纵。微米线由于范德瓦尔斯力的作用而固定在聚酰亚胺薄膜上。这种情况对应于电接触位置处于 B1 和 B2 的情况。第三种构型具有全封装式电极结构,这是实验中最常见的情况。与第二种构型中的接触相比,在第三种构型中使用了银浆将放置在预制电极上的微米线两端进行覆盖,使其完全由金属电极包裹。在微米线侧面的电势分布由于平均效应而抵消,因此只留下端面的电势起作用。这对应了接触位置处于 C1 和 C2 的情况。所有器件均

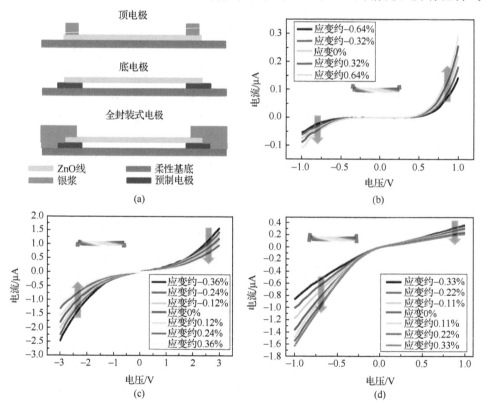

图 2.14　(a) 用于实验验证的三种接触构型示意图以及对应的伏安特性与应变之间的关系。(a)三种接触构型示意;(b)顶电极构型器件中电流在整个电压变化范围中随应变增加而变大,但正负电压区域的增长率不同;(c) 底电极构型器件中电流在整个电压变化范围中随应变增加而减少,但正负电压区域的增长率不同;(d) 全封装电极构型器件中电流随应变的增加在负电压区域增加,而在正电压区域减少。箭头方向表明应变增加时电流的变化趋势。(b)~(d)中的插图是对应于不同构型器件中的应变分布[18]

使用一薄层的聚二甲基硅氧烷(PDMS)封装以使器件保持重复操纵下的机械稳定性。器件中的应变通过移动分辨率为 $0.0175~\mu m$ 的精确控制的线性位移台弯曲基底来引入。这三种器件的压电响应分别如图 2.14(b)~(d)所示。根据经典的热电子扩散理论[22]和图 2.13(b)中所示 A1 和 A2 位置处肖特基势垒高度的变化趋势,顶电极构型器件的电流在整个电压变化范围中随应变增加而增加,但在正负电压区域具有不同的增长率。此外,我们可以观察到对应正负电压区的伏安曲线具有非对称的变化,这与理论预期相符。根据图 2.13(c)所示肖特基势垒高度的变化趋势,底电极构型器件的电流在整个电压测试范围内随应变增加而减少,同时由于在接触位置 B1 和 B2 处具有不同的正斜率,我们也可以观察到非对称变化的伏安曲线。当使用全封装电极时,我们观察到器件具有单纯的非对称变化的伏安曲线,如图 2.14(d)所示。

　　综上所述,我们研究了压电势的空间分布对压电电子学器件电极接触的影响。使用可以分解为垂直和平行于纳米线长度方向的外力,器件的伏安传输特性取决于器件电极接触形成的具体位置。据此我们提出了一种通过调节压电势的空间分布结构来改变器件性能的策略。本研究对通过控制局域接触位置以及尺寸来理解和调制压电电子学器件和压电光电子学器件的伏安特性有重要的实际意义。

2.9　电流传输的底端传输模型

　　当氧化锌纳米线与金属电极形成接触时,金属接触可包裹纳米线的末端。这里我们将分析并比较分别通过纳米线的端面与侧表面的传输电流。n 型氧化锌纳米线和电极中的主要载流子为电子。我们已经利用计算机模拟来研究受电极包裹时线内的载流子分布[23]。根据半导体物理原理,载流子在氧化锌线内直至线两端的分布如图 2.15 所示。计算采用了如下假设:①忽略氧化锌的表面态;②纳米线

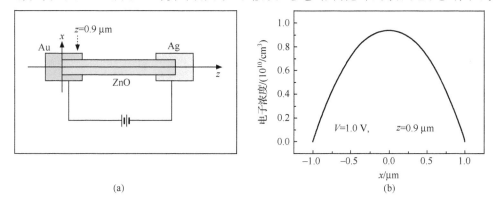

(a)　　　　　　　　　　　　　　　　(b)

图 2.15　金电极封装的氧化锌线模型(a)和线中的载流子分布（在 $z=0.9~\mu m$ 处)(b)

为 n 型而无 p 型掺杂。

从载流子分布来看,载流子大多集中在线的中心部位。在这种情况下,如果线的侧面接触面积不明显大于端面表面面积,则大多数载流子将流经纳米线的端面。虽然氧化锌纳米线与金电极在线的端侧界面均形成肖特基势垒,但由于极性电荷只存在于端面而使得只有端面的肖特基势垒高度发生改变。

界面的导电通道来自于两部分贡献:纳米线的端面及其侧表面。如果侧表面电极接触面积与端面的相比不太大,考虑到接触电极中的等电位、金比氧化锌具有更高的导电性以及载流子分布,通过纳米线端面的电流对整个器件结构起着主要的作用。因此,这部分电流分量可能是我们观察到的效应或改变的主要原因,而通过侧表面的电流的贡献可能较小。因此,在接下来的章节中我们的讨论将集中在金属与氧化锌两端极化面接触的情况。

参 考 文 献

[1]　Xiang H J, Yang J L, Hou J G, Zhu Q S. Piezoelectricity in ZnO Nanowires: A First-Principles Study. Applied Physics Letters, 2006, 89(22): 223111.

[2]　Tu Z C, Hu X. Elasticity and Piezoelectricity of Zinc Oxide Crystals, Single Layers, and Possible Single-Walled Nanotubes. Physical Review B, 2006, 74(3): 035434.

[3]　Kulkarni A J, Zhou M, Ke F J. Orientation and Size Dependence of the Elastic Properties of Zinc Oxide Nanobelts. Nanotechnology, 2005, 16(12): 2749-2756.

[4]　Michalski P J, Sai N, Mele E J. Continuum Theory for Nanotube Piezoelectricity. Physical Review Letters, 2005, 95(11): 116803.

[5]　Wang Z L, Kong X Y, Ding Y, Gao P X, Hughes W L, Yang R S, Zhang Y S. Semiconducting and Piezoelectric Oxide Nanostructures Induced by Polar Surfaces. Advanced Functional Materials, 2004, 14(10): 943-956.

[6]　Nye J F. Physical Properties of Crystals. Oxford: Oxford University Press, 1957.

[7]　Qin Q H. Fracture Mechanics of Piezoelectric Materials. Southampton: WIT Press, 2001.

[8]　Gao Y F, Wang Z L. Electrostatic Potential in a Bent Piezoelectric Nanowire. The Fundamental Theory of Nanogenerator and Nanopiezotronics. Nano Letters, 2007, 7(8): 2499-2505.

[9]　Soutas-Little R W. Elasticity. Mineola: Dover Publications, 1999.

[10]　Zhou J, Fei P, Gao Y F, Gu Y D, Liu J, Bao G, Wang Z L. Mechanical-Electrical Triggers and Sensors Using Piezoelectric Micowires/Nanowires. Nano Letters, 2008, 8(9): 2725-2730.

[11]　Gao Z Y, Zhou J, Gu Y D, Fei P, Hao Y, Bao G, Wang Z L. Effects of Piezoelectric Potential on the Transport Characteristics of Metal-ZnO Nanowire-Metal Field Effect Transistor. Journal of Applied Physics, 2009, 105(11): 113707.

[12]　Lao C S, Liu J, Gao P X, Zhang L Y, Davidovic D, Tummala R, Wang Z L. ZnO Nanobelt/Nanowire Schottky Diodes Formed by Dielectrophoresis Alignment across Au Electrodes. Nano Letters, 2006, 6(2): 263-266.

[13]　Gao Y F, Wang Z L. Equilibrium Potential of Free Charge Carriers in a Bent Piezoelectric Semiconductive Nanowire. Nano Letters, 2009, 9(3): 1103-1110.

[14] Sacconi F, Di Carlo A, Lugli P, Morkoc H. Spontaneous and Piezoelectric Polarization Effects on the Output Characteristics of AlGaN/GaN Heterojunction Modulation Doped FETs. IEEE Transactions on Electron Devices, 2001, 48(3): 450-457.

[15] Shan W, Walukiewicz W, Ager J W, Yu K M, Zhang Y, Mao S S, Kling R, Kirchner C, Waag A. Pressure-Dependent Photoluminescence Study of ZnO Nanowires. Applied Physics Letters, 2005, 86(15): 153117.

[16] Mantini G, Gao Y F, D'Amico A, Falconi C, Wang Z L. Equilibrium Piezoelectric Potential Distribution in a Deformed ZnO Nanowire. Nano Research, 2009, 2: 624-629.

[17] Lu M P, Song J H, Lu M Y, Chen M T, Gao Y F, Chen L F, Wang Z L. Piezoelectric Nanogenerator Using p-Type ZnO Nanowire Arrays. Nano Letters, 2009, 9(3): 1223-1227.

[18] Zhang Y, Hu Y F, Xiang S, Wang Z L. Effects of Piezopotential Spatial Distribution on Local Contact Dictated Transport Property of ZnO Micro/Nanowires. Applied Physics Letters, 2010, 97(3): 033509.

[19] Maugin G A. Continuum Mechanics of Electromagnetic Solids. Amsterdam: North-Holland, 1988.

[20] Soutas-Little R W. Elasticity. Mineola: Dover Publications, 1999.

[21] Chung K W, Wang Z, Costa J C, Williamsion F, Ruden P P, Nathan M I. Barrier Height Change in GaAs Schottky Diodes Induced by Piezoelectric Effect. Applied Physics Letters, 1991, 59(10): 1191.

[22] Sze S M. Physics of Semiconductor Devices. 2nd ed. New York: John Wiley & Sons, 1981.

[23] Song J H, Zhang Y, Xu C, Wu W Z, Wang Z L. Polar Charges Induced Electric Hysteresis of ZnO Nano/Microwire for Fast Data Storage. Nano Letters, 2011, 11(7): 2829-2834.

第 3 章 压电电子学基本理论

由于具有压电和半导体特性的耦合性质,压电半导体纳米/微米线已经被作为基本单元来构造多种新器件,如纳米发电机[1,2,3]、压电场效应晶体管[4]、压电二极管[5]、压电化学传感器[6]以及压电光电子学器件[7,8]等。以氧化锌纳米线为例,当沿 c 轴生长的纳米线受到沿此方向的拉伸应变时,在纳米线两端产生的压电电荷会在纳米线内形成压电势。压电势可以调节电极与纳米线界面处的肖特基势垒高度,因而使得外应力可以控制或调节纳米线中载流子的传输行为,这就是压电电子学效应。利用晶体的内建压电势代替门极门电压来调节/控制通过金属-半导体接触或者 p-n 结的载流子传输行为的电子器件就是压电电子学器件,这与传统的互补金属-氧化物-半导体(CMOS)场效应晶体管的基本设计具有本质区别。压电电子学器件可以应用于压力或压强触发/控制的电子装置、传感器、微机电系统(MEMS)、人机接口、纳米机器人和触屏技术等领域。

本章中,我们将阐述压电电子学的基本理论框架来理解并定量计算器件中的载流子传输行为[9]。我们首先给出简化条件下氧化锌压电 p-n 结和金属-半导体(M-S)结的解析结果,这可以有助于理解压电电子学行为。进一步,我们使用有限元方法模拟基于金属-氧化锌半导体纳米线-金属结构的压电电子学晶体管的直流特性。上述理论结果为理解压电电子学器件的实验观测结果和指导将来的器件设计奠立了相关的物理基础。

3.1 压电电子学晶体管与传统场效应晶体管的比较

我们首先从传统的金属-氧化物-半导体场效应晶体管(MOSFET)开始来阐述压电电子学的基本概念。在 n 型沟道场效应晶体管中[图 3.1(a)],两个 n 型掺杂区域作为源极和漏极;沉积在 p 型区域上的绝缘氧化物薄层作为门极绝缘层,其上沉积的一层金属作为门极(又称栅极)。当源漏极间外加电压 V_{DS} 作用时,门电压(又称栅压)V_G 通过调控载流子传输沟道的宽度来控制从漏极流向源极的电流。类似地,在半导体纳米线构造的单沟道场效应晶体管中[图 3.1(b)],纳米线两端的金属电极分别作为源极和漏极,而门电压则通过纳米线顶部或者基底加入。

如图 3.1(c)和(d)所示,压电电子学晶体管具有金属-纳米线-金属结构,例如金-氧化锌-金或者银-氧化锌-银等[9]。压电电子学晶体管的基本原理是利用应变在半导体材料内界面区域产生压电势,而压电势可以在金属-半导体(M-S)接触的

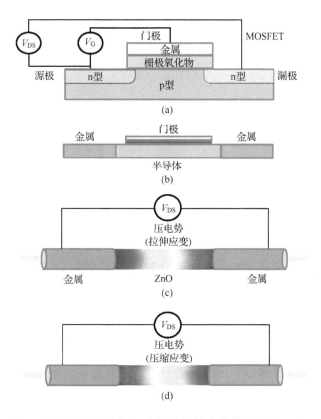

图 3.1　(a) n 型沟道金属-氧化物-半导体场效应晶体管(MOSFET)示意图；(b)半导体纳米线场效应晶体管示意图。压电电子学晶体管示意图：(c) 拉伸应力条件下；(d)压缩应力条件下。这里压电势控制载流子通过金属-半导体界面的传输行为代替了门电压对导电沟道宽度的控制[9]

界面通过调制局域接触特性来控制载流子的传输。这种结构与传统互补金属-氧化物-半导体(CMOS)器件的设计截然不同,原因如下：首先,外加门电压被晶体内压电效应产生的内建压电势取代,从而省去了门极。这意味着压电电子学晶体管只需要源极和漏极两个电极端口；其次,对导电沟道宽度的调控被对界面的控制所取代。反偏时,通过金属-半导体接触界面的电流随等效势垒的高度指数变化。由于这个非线性效应,器件的开关电流比率可以达到相当高的值；最后,传统的电压控制器件被由外应力或应变控制的器件所代替。这类新型器件将有可能与传统的互补金属-氧化物-半导体器件实现新颖的互补功能和应用。

　　当氧化锌纳米线器件受到应变时,存在两种效应可能影响载流子传输过程：一种效应是压阻效应。导致这个效应的原因是受到应变时,半导体材料内的能带和载流子浓度会发生变化,导带态密度也有可能发生改变。这个效应在纳米线两端的作用是对称的且没有极性的变化,因此不能产生晶体管的功能。压阻效应是半导体材料中常见的性质,并不只局限于纤锌矿结构材料,例如硅和砷化镓中也都存在压阻效应。另一种效应是压电效应,这是由具有非中心对称结构的晶体中离子的极化导致的。由于此过程中产生的压电势存在极性差异,此效应对器件的源漏极两端局域接触具有反对称或者非对称作用。一般来说,负压电势增高金属与 n 型半导体间局域接触的势垒高度,这可能将欧姆接触转变为肖特基接触,或将肖特基接触转变为近似"绝缘"的接触;另一方面,正压电势降低金属与 n 型半导体局域接触的势垒高度,将肖特基接触转变为欧姆接触。不过势垒高度改变的程度还依赖纳米线的掺杂类型和掺杂浓度。由于压电电荷分布在纳米线的两端,因此将直接影响该处区域接触的性质。目前来说,压电电子学效应还局限于纤锌矿结构材料,如氧化锌、氮化镓、硫化镉和氮化铟等。需要指出的是,压电势的极性可以通过调整应变在拉伸和压缩类型之间变化来转换,因此压电电子学器件可以通过简单地反转施加在器件上应变的极性来实现从源极控制到漏极控制器件的转变[10-16]。

3.2 压电势对金属-半导体接触的影响

当金属和 n 型半导体形成接触时,若金属材料的功函数大于半导体材料的电子亲和势,则金属-半导体(M-S)接触界面处形成肖特基势垒(SB)($e\phi_{SB}$)[图 3.2 (a)]。只有当外加于金属端的正电压(对于 n 型半导体)大于阈值(ϕ_1)时,电流才能单向地通过此势垒。当界面因受到光激发而产生光生电子空穴对时,新生的导带电子将趋向远离接触区域,而新生的价带空穴将趋向金属侧朝界面靠近。界面附近聚集的空穴会改变局域的电势分布,进而导致等效肖特基势垒降低而增加电导率[图 3.2(b)]。

当压电半导体受到应变时,界面上半导体一侧的负压电势使得局域肖特基势垒高度增加到 $e\phi'$[图 3.2(c)][10],而正压电势将降低肖特基势垒的高度。压电势的作用是利用内建电场有效地改变局域接触特性从而对金属-半导体接触区域的载流子传输过程进行调控。此内建电场依赖于材料的晶向和应变的极性。由于通过转换应变类型(拉伸或者压缩)可以改变压电势的极性,因此局域接触的特性可由应变的大小和极性来调控[11]。因而,通过界面的载流子传输特性可由压电势有效控制。压电势起着类似于传统晶体管中门极电压的作用。这就是压电电子学的核心。

另一方面,当金半接触(即金属-半导体接触)受到光子能量大于半导体带隙的光激发时,接触区域附近会产生光生电子空穴对。界面自由电荷的存在有效地降低了肖特基势垒的高度。因此压电势可以增高局域肖特基势垒高度而激光辐射可以有效降低局域肖特基势垒高度。上述两种效应可以互补地来控制界面载流子传

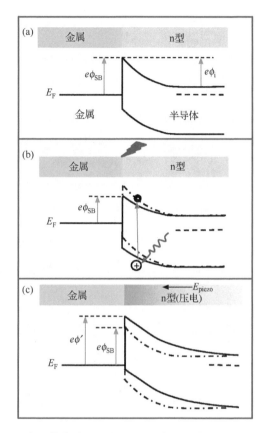

图 3.2　金属-半导体肖特基接触界面受激光辐射和压电电场作用时的能带图。(a) 金属-半导体肖特基接触能带；(b) 金属-半导体肖特基接触受到光子能量大于带隙的光激发时的能带，这对应于将肖特基势垒高度降低；(c) 半导体受到形变时的金属-半导体肖特基接触能带。在半导体中产生的压电势具有极性，这种情况中与金属接触端为低压电势端[10]

输。这就是压电效应和光激发之间的耦合效应[5]。

3.3　压电势对 p-n 结的影响

　　p 型半导体和 n 型半导体形成 p-n 结时，结区 p 型半导体中的空穴和 n 型半导体中的电子趋于重新分布以平衡局域电场，而结区电子和空穴的相互扩散与复合过程也导致形成电荷耗尽区[图 3.3(a)]。由于压电电荷可以几乎不被局部残余的自由电荷所屏蔽，电荷耗尽区的存在可以显著地增强压电效应的影响。如图 3.3(a)所示，若 p 型压电半导体材料受到应变时，在掺杂相对较低的情况下，结区的负压电电荷不能被局域自由载流子完全屏蔽而得以保持。负压电势将稍稍提

升结区能带而导致能带稍微倾斜。另一方面,若应变发生极性改变[图3.3(b)],
则界面附近的正压电电荷使得结区能带结构产生一个凹陷。对局域能带的改变也
可能会有效地形成空穴阱,从而导致电子空穴的复合率明显增加[10],这对改善发
光二极管(LED)的效率十分有利[12]。此外,倾斜的能带也会改变向结区移动的载
流子的迁移率。

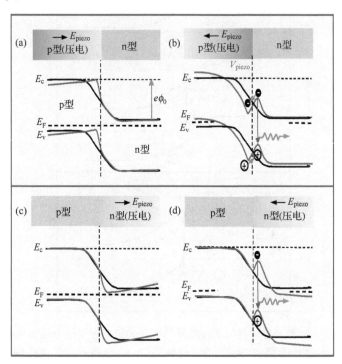

图 3.3　两种带隙相近的半导体 p-n 结在压电电场作用下的能
带图。四种可能的情况下的能带,黑色和红色曲线分别代表结
区不存在和存在压电电场的情况。其中,n 型和 p 型半导体带
隙假设是相等的。极性反转的效应也在能带图中显示出来[10]

　　同理可得,若 n 型区是压电半导体材料,则压电效应亦可以导致类似的能带变
化,如图 3.3(c)(d)所示。应用压电电荷对界面或结区的能带结构进行调节可以
引起局域能带结构的本质变化,并进而有效地控制器件性能。
　　如图 3.4 所示,对由带隙明显不同的两种半导体材料组成的 p-n 结,局域压电
电荷同样可以显著地影响能带结构,从而有效地调控通过界面的载流子传输行
为[13]。以图 3.4(e)为例,由于带隙不同而产生的界面势垒可以被压电电荷降低,
从而使得电子可以较容易地从界面处通过。而对于图 3.4(f)中的情况而言,界面
势垒的高度和宽度由于压电电荷的作用而增加。在图 3.4(b)中,对空穴的局域俘

获明显增加,这对发光二极管的应用非常有利。但图 3.4(a) 中的情况却可能对发光二极管效率产生负效应。因此结区压电电荷的存在对某些光电子过程非常有用。

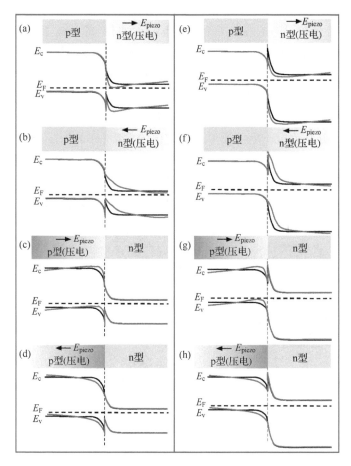

图 3.4 描述压电电场对异质 p-n 结影响的能带图。图中的黑色和红色曲线分别代表了结区有无压电电场时 8 种可能的能带结构情况。压电电场极性反转时的情况也在能带图中进行了表示[13]

3.4 压电电子学效应的理论框架

由于压电电子学晶体管中包含压电半导体材料,因此我们需要考虑半导体物理和压电理论两方面的基本支配方程来讨论压电电子学效应。压电电子学的基本方程包括静电方程、电流密度方程和连续性方程。这些方程用于描述半导体中载流子的静态分布和动态传输行为[14]。此外压电电子学基本方程还包括描述材料受动态应变时的压电现象的压电方程[15]。

泊松方程是用来描述电荷的静电场分布的基本方程：

$$\nabla^2 \psi_i = -\frac{\rho(\boldsymbol{r})}{\varepsilon_s} \tag{3.1}$$

式中，ψ_i 为电势分布，$\rho(\boldsymbol{r})$ 为电荷密度分布，ε_s 为材料的介电常数。

将电场、电荷密度和局域电流关联起来的电流密度方程为

$$\begin{cases} \boldsymbol{J}_n = q\mu_n n\boldsymbol{E} + qD_n \nabla n \\ \boldsymbol{J}_p = q\mu_p p\boldsymbol{E} - qD_p \nabla p \\ \boldsymbol{J}_{cond} = \boldsymbol{J}_n + \boldsymbol{J}_p \end{cases} \tag{3.2}$$

式中，$\boldsymbol{J}_n$ 和 $\boldsymbol{J}_p$ 分别为电子电流密度和空穴电流密度；q 为电子电荷的绝对值；μ_n 和 μ_p 为电子迁移率和空穴迁移率，n 和 p 分别为自由电子和空穴的浓度；D_n 和 D_p 分别为电子和空穴的扩散系数；$\boldsymbol{E}$ 为电场强度；$\boldsymbol{J}_{cond}$ 为总电流密度。

用以描述电场作用下的载流子输运过程的连续性方程为

$$\begin{cases} \dfrac{\partial n}{\partial t} = G_n - U_n + \dfrac{1}{q} \boldsymbol{\nabla} \cdot \boldsymbol{J}_n \\ \dfrac{\partial p}{\partial t} = G_p - U_p - \dfrac{1}{q} \boldsymbol{\nabla} \cdot \boldsymbol{J}_p \end{cases} \tag{3.3}$$

式中，G_n 和 G_p 分别为电子和空穴产生率，U_n 和 U_p 分别为电子和空穴复合率。

材料的压电行为由极化矢量 $\boldsymbol{P}$ 描述。对小的均匀机械应变 S_{jk}[15]，极化矢量 $\boldsymbol{P}$ 与应变张量 $\boldsymbol{S}$ 之间的关系为

$$(\boldsymbol{P})_i = (\boldsymbol{e})_{ijk}(\boldsymbol{S})_{jk} \tag{3.4}$$

式中，$(\boldsymbol{e})_{ijk}$ 为三阶压电张量。根据传统压电和弹性力学理论[15]，压电本构方程可写为

$$\begin{cases} \boldsymbol{\sigma} = c_E \boldsymbol{S} - e^T \boldsymbol{E} \\ \boldsymbol{D} = e\boldsymbol{S} + k\boldsymbol{E} \end{cases} \tag{3.5}$$

其中，$\boldsymbol{\sigma}$ 为应力张量，$\boldsymbol{E}$ 为电场强度，$\boldsymbol{D}$ 为电位移矢量，c_E 为弹性系数张量，k 为介电常数张量。

3.5　一维简化模型的解析解

在实际器件模型中，上述方程可在特定的边界条件下求解。为描述基本物理图像，简化起见，我们考虑一维压电电子学器件中源漏电极端均为欧姆接触，这意味着我们可以将载流子浓度和电势的狄利克雷（Dirichlet）边界条件（第一类边界条件）应用于器件的边界上[14]。我们同时假定器件所受应变垂直于金半接触界面，因此器件中不存在切应变。

3.5.1　压电 p-n 结

p-n 结是现代电子器件中最基本的单元。肖克利(Shockley)理论给出了描述 p-n 结伏安特性的基本理论。为更好理解压电 p-n 结,我们用肖克利理论来描述其中的半导体物理机理[14]。简化起见,我们假设 p 型区域为非压电材料,n 型区域为压电材料。当沿着 c 轴方向生长的氧化锌受到沿此方向的压缩应力时,正压电电荷在 p-n 结界面的 n 型材料一侧产生。经典压电理论将块体材料中的压电电荷看作表面电荷,这是由于压电极化电荷的分布区域远小于块体晶体的尺度,因此可以假设压电电荷分布在厚度为 0 的表面区域。但是上述假设却不适用于纳米器件或微米器件。基于此,我们假设压电电荷分布在微纳器件中 p-n 结界面附近宽度为 W_{piezo} 的区域内[图 3.5(a)]。

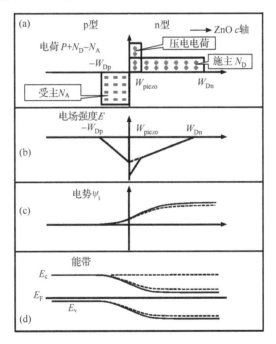

图 3.5　结区存在压电电荷的压电 p-n 结,当外加偏压 $V=0$(处于热平衡)时的:(a) 压电电荷、受主和施主区域电荷分布;(b) 电场分布;(c) 电势分布;(d) 存在压电电荷时的能带图。虚线表示没有压电电荷情况下的电场、电势和能带分布,实线是 n 型区域存在压电势时的情况

如图 3.5(a)所示,我们将应用突变结模型来进行讨论。此模型中 p-n 结内掺杂浓度从受主杂质浓度 N_A 突变到施主杂质浓度 N_D。假设由于结区电子和空穴扩散形成的电荷耗尽区,其分布为矩形形状。我们首先计算 p-n 结中的电场和电

势分布。对一维器件，泊松方程[式(3.1)]可简化为

$$-\frac{\mathrm{d}^2\psi_i}{\mathrm{d}x^2} = \frac{\mathrm{d}E}{\mathrm{d}x} = \frac{\rho(x)}{\varepsilon_s} = \frac{1}{\varepsilon_s}[qN_D(x) - qn(x) - qN_A(x) + qp(x) + q\rho_{piezo}(x)]$$

(3.6)

式中，$N_D(x)$ 为施主浓度，$N_A(x)$ 为受主浓度，$\rho_{piezo}(x)$ 为极化电荷密度（以电子电荷作为单位）。W_{Dp} 和 W_{Dn} 分别为耗尽层在 p 型区域和 n 型区域中的宽度。则结区的电场分布可通过将以上方程积得到，如图 3.5(b)所示：

$$E(x) = -\frac{qN_A(x + W_{Dp})}{\varepsilon_s}, \quad \text{当} -W_{Dp} \leqslant x \leqslant 0 \text{ 时}$$

(3.7a)

$$E(x) = -\frac{q[N_D(W_{Dn} - x) + \rho_{piezo}(W_{piezo} - x)]}{\varepsilon_s}, \quad \text{当} 0 \leqslant x \leqslant W_{piezo} \text{ 时}$$

(3.7b)

$$E(x) = -\frac{qN_D}{\varepsilon_s}(W_{Dn} - x), \quad \text{当} W_{piezo} \leqslant x \leqslant W_{Dn} \text{ 时}$$

(3.7c)

最大电场强度存在于 $x = 0$ 处且由下式给出：

$$|E_m| = \frac{q(N_D W_{Dn} + \rho_{piezo} W_{piezo})}{\varepsilon_s}$$

(3.8)

电势分布 $\psi_i(x)$ 为[图 3.5(c)]

$$\psi_i(x) = \frac{qN_A(x + W_{Dp})^2}{2\varepsilon_s}, \quad \text{当} -W_{Dp} \leqslant x \leqslant 0 \text{ 时}$$

(3.9a)

$$\psi_i(x) = \psi_i(0) + \frac{q}{\varepsilon_s}\left[N_D\left(W_{Dn} - \frac{x}{2}\right)x + \rho_{piezo}\left(W_{piezo} - \frac{x}{2}\right)x\right],$$
$$\text{当} 0 \leqslant x \leqslant W_{piezo} \text{ 时}$$

(3.9b)

$$\psi_i(x) = \psi_i(W_{piezo}) - \frac{qN_D}{\varepsilon_s}\left(W_{Dn} - \frac{W_{piezo}}{2}\right)W_{piezo} + \frac{qN_D}{\varepsilon_s}\left(W_{Dn} - \frac{x}{2}\right)x,$$
$$\text{当} W_{piezo} \leqslant x \leqslant W_{Dn} \text{ 时}$$

(3.9c)

则内建电势 ψ_{bi} 为

$$\psi_{bi} = \frac{q}{2\varepsilon_s}(N_A W_{Dp}^2 + \rho_{piezo} W_{piezo}^2 + N_D W_{Dn}^2)$$

(3.10)

式(3.10)给出了因拉伸或压缩应变产生的压电电荷引起的内建电势的变化。界面处压电电荷的极性由应变的拉伸或压缩类型来确定。这个结果清晰地表明压电势可以引起半导体能带相对于费米能级的改变。

接下来我们应用肖克利理论来分析压电 p-n 结伏安特性。我们基于以下四个假设对理想 p-n 结进行建模：①压电 p-n 结具有突变的耗尽层；②压电半导体为非简并因此可以应用玻尔兹曼近似；③注入的少数载流子（简称少子）浓度小于多子浓度，因此可以应用小注入假设；④耗尽层内没有载流子产生复合电流，通过 p-n 结区的电子电流和空穴电流保持不变。若压电电荷分布区的宽度远小于耗尽层宽

度,即 $W_\text{piezo} \ll W_\text{Dn}$,则可以将压电电荷对氧化锌能带的影响看作微扰。总电流密度可以通过求解式(3.2)来获得[14]:

$$J = J_\text{p} + J_\text{n} = J_0 \left[\exp\left(\frac{qV}{kT}\right) - 1 \right] \tag{3.11}$$

式中,饱和电流密度 $J_0 \equiv \dfrac{qD_\text{p}p_\text{n0}}{L_\text{p}} + \dfrac{qD_\text{n}n_\text{p0}}{L_\text{n}}$,$p_\text{n0}$ 为热平衡条件时 n 型半导体中的空穴浓度;n_p0 为热平衡条件时 p 型半导体中的电子浓度;L_p 和 L_n 分别是空穴和电子的扩散长度。

本征载流子密度 n_i 为

$$n_\text{i} = N_\text{c} \exp\left(-\frac{E_\text{c} - E_\text{i}}{kT}\right) \tag{3.12}$$

式中,N_c 是导带内的等效态密度,E_i 为本征费米能级,E_c 为导带底。

对 n 型半导体中施主浓度为 N_D 的单边突变结的简化情况,即局域具有 $p_\text{n0} \gg n_\text{p0}$ 时,则有 $J_0 \approx \dfrac{qD_\text{p}p_\text{n0}}{L_\text{p}}$,其中 $p_\text{n0} = n_\text{i} \exp\left(\dfrac{E_\text{i} - E_\text{F}}{kT}\right)$,所以总电流密度为

$$J = J_0 \left[\exp\left(\frac{qV}{kT}\right) - 1 \right] = \frac{qD_\text{p}n_\text{i}}{L_\text{p}} \exp\left(\frac{E_\text{i} - E_\text{F}}{kT}\right)\left[\exp\left(\frac{qV}{kT}\right) - 1 \right] \tag{3.13}$$

若定义 J_c0 与 E_F0 为没有压电势存在时的饱和电流密度和费米能级,则

$$J_\text{c0} = \frac{qD_\text{p}n_\text{i}}{L_\text{p}} \exp\left(\frac{E_\text{i} - E_\text{F0}}{kT}\right) \tag{3.14}$$

根据式(3.9a)、(3.9b)、(3.9c)和(3.10),压电势存在时的费米能级 E_F 为

$$E_\text{F} = E_\text{F0} - \frac{q^2 \rho_\text{piezo} W_\text{piezo}^2}{2\varepsilon_\text{s}} \tag{3.15}$$

将式(3.14)、式(3.15)代入式(3.13),我们可得压电 p-n 结的伏安特性为[9]

$$J = J_\text{c0} \exp\left(\frac{q^2 \rho_\text{piezo} W_\text{piezo}^2}{2\varepsilon_\text{s}kT}\right)\left[\exp\left(\frac{qV}{kT}\right) - 1 \right] \tag{3.16}$$

这意味着流过 p-n 结的电流与局域压电电荷之间为指数函数关系,而压电电荷的极性依赖于应变的类型。因此,可以通过改变应变的大小和类型(对应拉伸和压缩应变)来调控传输电流。这是基于 p-n 结的压电晶体管的工作机制。

3.5.2　金属-半导体接触

金属-半导体接触是电子器件中一种重要的结构。与对压电 p-n 结的分析类似,当金属和半导体之间形成肖特基势垒时,其电荷分布可以简化成如图3.6(a)所示。假设半导体材料为 n 型掺杂,为简化起见,我们忽略表面态和其他非理想因素。受应变时,界面处产生的压电电荷不仅改变肖特基势垒的高度,也会改变其宽度。与在半导体中引入不同掺杂而改变肖特基势垒高度不同(器件制成后就不能再改变),压电势可以对制成的器件通过改变应变而连续调节肖特基势垒高度。

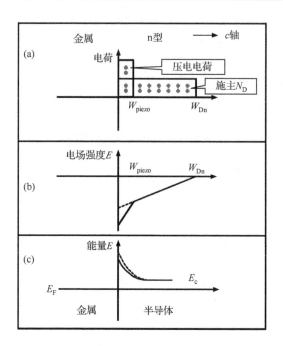

图 3.6　理想的金属-半导体肖特基接触,当接触区域存在压电电荷且外加偏压 $V=0$(处于热平衡)时的:(a) 空间电荷分布;(b) 电场分布;(c) 存在压电电荷影响时的能带图。虚线表示没有压电电荷情况时的电场和能带结构,实线是 n 型半导体内存在压电势时的情况

关于金半肖特基接触主要有几种理论,包括热电子发射理论、扩散理论和热电子发射-扩散理论等[14]。尽管我们在本书采用扩散理论作为具体讨论的例子以清楚地描述压电电子学效应,但所采用的方法和过程也可直接应用于热电子发射理论和热电子发射-扩散理论等模型中。

金半肖特基结的载流子传输由多子控制。则电流密度方程[式(3.2)]可改写为[14]

$$J = J_n = q\mu_n nE + qD_n \frac{\mathrm{d}n}{\mathrm{d}x} \tag{3.17}$$

式中, $E = \dfrac{\mathrm{d}\psi_i}{\mathrm{d}x} = \dfrac{\mathrm{d}E_c}{\mathrm{d}x}$。

根据肖特基提出的扩散理论,正偏条件下(金属端接正偏压)的解为[14]

$$J_n \approx J_D \exp\left(-\frac{q\phi_{Bn}}{kT}\right)\left[\exp\left(\frac{qV}{kT}\right)-1\right] \tag{3.18}$$

式中, $J_D = \dfrac{q^2 D_n N_c}{kT}\sqrt{\dfrac{2qN_D(\psi_{bi}-V)}{\varepsilon_s}}\exp\left(-\dfrac{q\phi_{Bn}}{kT}\right)$ 是饱和电流密度。定义 J_{D0} 为无压电电荷时的饱和电流密度:

$$J_{D0} = \frac{q^2 D_n N_c}{kT} \sqrt{\frac{2q N_D (\psi_{bi0} - V)}{\varepsilon_s}} \exp\left(-\frac{\phi_{Bn0}}{kT}\right) \qquad (3.19)$$

其中，ψ_{bi0} 和 ϕ_{Bn0} 分别为无压电电荷时的内建电势和肖特基势垒高度。在我们的例子中，压电电荷的影响可以考虑为对导带边 E_c 的微扰。压电电荷导致的等效肖特基势垒高度的改变可以由电势分布方程［式（3.9a）、式（3.9b）、式（3.9c）和式(3.10)］导出：

$$\phi_{Bn} = \phi_{Bn0} - \frac{q^2 \rho_{piezo} W_{piezo}^2}{2\varepsilon_s} \qquad (3.20)$$

则电流密度可改写为[9]

$$J_n \approx J_{D0} \exp\left(\frac{q^2 \rho_{piezo} W_{piezo}^2}{2\varepsilon_s kT}\right) \left[\exp\left(\frac{qV}{kT}\right) - 1\right] \qquad (3.21)$$

这意味着流过金半肖特基结的电流是局域压电电荷的指数函数，而压电电荷的极性依赖于应变的类型。因此，传输电流可以有效地被应变的大小和类型（对应拉伸和压缩应变）调控。这就是基于金半肖特基结的压电晶体管的工作机制。

3.5.3　金属-纤锌矿结构半导体接触

现在我们把 3.5.2 小节中的结果扩展到金属与纤锌矿结构半导体接触这一特例中，例如金-氧化锌或银-氧化锌接触的情况。对沿 c 轴生长的氧化锌纳米线，其压电系数矩阵为：$(e)_{ijk} = \begin{bmatrix} 0 & 0 & 0 & 0 & e_{15} & 0 \\ 0 & 0 & 0 & e_{15} & 0 & 0 \\ e_{31} & e_{31} & e_{33} & 0 & 0 & 0 \end{bmatrix}$。如果纳米线沿着 c 轴的应变为 s_{33}，压电极化矢量可以从式（3.4）和式（3.5）得到：

$$P_z = e_{33} s_{33} = q \rho_{piezo} W_{piezo} \qquad (3.22)$$

则电流密度为

$$J = J_{D0} \exp\left(\frac{q e_{33} s_{33} W_{piezo}}{2\varepsilon_s kT}\right) \left[\exp\left(\frac{qV}{kT}\right) - 1\right] \qquad (3.23)$$

这个结果清楚地显示出流过金半界面的电流与应变呈指数关系，这意味着传输电流的开关状态可以用应变来控制。

数值计算中用到的材料参数分别为：压电系数 $e_{33} = 1.22$ C/m^2；相对介电常数 $\varepsilon_s = 8.91$；压电电荷分布区的宽度 $W_{piezo} = 0.25$ nm；温度 $T = 300$ K。如图 3.7(a) 所示，通过金半界面的 J/J_{D0} 随外加电压函数与应变之间的关系，清楚地表明了应变对传输电流的调节效应。当外加正向偏置电压固定于 $V = 0.5$ V 时，随着应变从 -1% 增加到 1%，J/J_{D0} 相应地减小［图 3.7(b)］。理论结果与之前的实验结果定性符合[16]。对于反向偏置情况，此模型中电流变化主要由肖特基势垒变化决定。

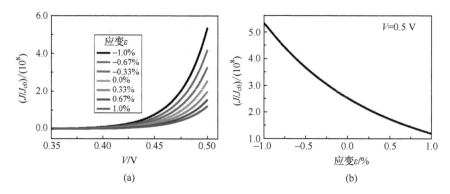

图 3.7　接触区域存在压电电荷时，理想金属-半导体肖特基接触的伏安特性：
(a) 应变从 −1‰ 到 1‰ 变化时的伏安曲线；(b) 在固定正向偏压 0.5 V 下，相对电
流密度与应变之间的函数关系

3.6　压电电子学器件的数值模拟

3.6.1　压电 p-n 结

一维简化模型解析解给出了理解压电势如何调控载流子传输性质的定性结
果。对于更一般的情况，我们可以对压电电子学器件的基本方程进行数值求解。
下面以考虑耗尽层载流子复合的情况为例来讨论数值模拟压电 p-n 结的基本
方法。

我们首先研究受均匀应变的压电 p-n 结的直流特性。压电电荷分布可以从
式(3.4)和式(3.5)数值求解而得。然后，静电方程、传输与扩散方程以及连续性方
程可用 COMSOL 软件包进行求解。p-n 结的端面电极接触假设为欧姆接触，则狄
利克雷(Dirichlet)边界条件适用于器件边界上载流子浓度和电势[17]。图 3.8(a)
所示为用于计算的一种压电电子学器件：压电电子学纳米线 p-n 结。

为了与 p-n 结二极管进行合理的比较，掺杂浓度函数 N 可以由高斯函数来
近似：

$$N = N_{Dn} + N_{Dn\,max}e^{-\left(\frac{x-l}{ch}\right)^2} - N_{Ap\,max}e^{-\left(\frac{x}{ch}\right)^2} \qquad (3.24)$$

式中，N_{Dn} 为由本征缺陷引起的 n 型背景掺杂浓度，$N_{Dn\,max}$ 为最大施主掺杂浓度；
$N_{Ap\,max}$ 为最大受主掺杂浓度；l 是氧化锌纳米线的长度；ch 调节和控制着掺杂浓度
的宽度范围。设 N 在 p 型区域为负值，在 n 型区域为正值。

在上述模型中没有外加光激发，因此电子和空穴产生率为 $G_n = G_p = 0$。电子
空穴的复合过程有两种重要的复合机制，包括带间直接复合以及借助俘获中心的
复合过程（称为 Shockley-Read-Hall 复合）[14]。带间直接复合涉及从导带到价带

的能量传递过程,可以通过辐射过程(光子发射)或者将能量传递给其他自由电子或空穴的过程(俄歇过程)来完成。Shockley-Read-Hall 复合是半导体材料中通过禁带内的杂质或缺陷作为复合中心的一种常见的复合过程。本模型可以根据不同复合过程进行计算,这里以 Shockley-Read-Hall 复合为例:

$$U_p = U_n = U_{SRH} = \frac{np - n_i^2}{\tau_p(n + n_i) + \tau_n(p + n_i)} \tag{3.25}$$

式中,τ_p 和 τ_n 是载流子寿命。因此基本半导体方程[式(3.1)和式(3.3)]可以写为

$$\begin{cases} \varepsilon_s \mathbf{\nabla}^2 \psi_i = -q(p - n + N + \rho_{piezo}) \\ -\mathbf{\nabla} \cdot \mathbf{J}_n = -qU_{SRH} \\ -\mathbf{\nabla} \cdot \mathbf{J}_p = qU_{SRH} \end{cases} \tag{3.26}$$

在与金属电极形成接触的边界条件中,静电势是恒量。我们假设接触区具有无限大的复合速度且无自由电荷。则在外加电压下,电极上的静电势等于准费米能级对应的电势加上外加电压 V。电极上的静电势和载流子浓度为[14,18]

$$\psi = V + \frac{q}{kT}\ln\left(\frac{\dfrac{N}{2} + \sqrt{\left(\dfrac{N}{2}\right)^2 + n_i^2}}{n_i}\right) \tag{3.27a}$$

$$n = \frac{N}{2} + \sqrt{\left(\frac{N}{2}\right)^2 + n_i^2} \tag{3.27b}$$

$$p = -\frac{N}{2} + \sqrt{\left(\frac{N}{2}\right)^2 + n_i^2} \tag{3.27c}$$

因此我们可以通过求解上述的半导体基本方程来获得电极处静电势和载流子浓度对应的边界条件。

在模拟中,我们选择氧化锌作为压电半导体材料。纳米线器件的长度和半径分别为 100 nm 和 10 nm。由于我们假定 p 型区域为非压电材料,因此 p 型区域不局限于纤锌矿结构材料。为简化分析起见,我们忽略了 p 型材料与氧化锌之间的带隙差别。p 型区域长度为 20 nm,n 型氧化锌长度为 80 nm。相对介电常数为 $\kappa_\perp^r = 7.77$ 和 $\kappa_{/\!/}^r = 8.91$;本征载流子浓度为 $n_i = 1.0 \times 10^6$ cm^{-3};电子迁移率和空穴迁移率分别为 $\mu_n = 200$ cm^2/(V·s) 和 $\mu_p = 180$ cm^2/(V·s);电子和空穴寿命分别为 $\tau_p = 0.1$ μs 和 $\tau_n = 0.1$ μs;本征缺陷引起的 n 型背景掺杂浓度为 $N_{Dn} = 1 \times 10^{15}$ cm^{-3};最大施主掺杂浓度为 $N_{Dn\,max} = 1 \times 10^{17}$ cm^{-3};最大受主掺杂浓度为 $N_{Ap\,max} = 1 \times 10^{17}$ cm^{-3};控制掺杂浓度范围的常数为 $ch = 4.66$ nm;温度为 $T = 300$ K。如图 3.8(a)中红色和蓝色区域所示,我们假设压电电荷均匀分布在 n 型区两端宽度为 0.25 nm 的区域内。为了易于标记坐标,z 轴的定义如图 3.8(a),$z = 0$ 对应于 p 型区域的一端,p-n 结位于 $z = 20$ nm 处,n 型区域端结束位置为 $z = 100$ nm。

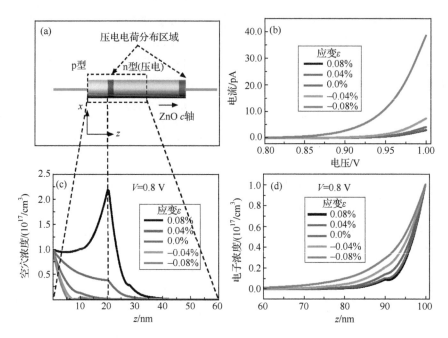

图 3.8　(a) 氧化锌纳米线压电电子学 p-n 结的示意图。(b) 数值模拟的器件伏
安关系曲线。外加正偏电压 $V=0.8$ V，应变从 -0.08% 到 0.08% 变化情况下，
(c)器件中的空穴分布和(d)器件中的电子分布[9]

　　不同应变下器件的伏安特性如图 3.8(b)所示。对本模型中负应变（压缩应
变）的情况，处于 p-n 结界面处的正压电电荷吸引电子向 p-n 结界面处聚集，从而
导致 p-n 结附近的内建电势减少。因此，在固定偏压下，相应的饱和电流密度增
加；反之，对正应变（拉伸应变）情况，产生于 p-n 结界面处的负压电电荷吸引空穴
向p-n结界面区域聚集，从而导致 p-n 结附近的内建电势增加和相应的饱和电流密
度的减小。图 3.8(c)所示为当外加电压 $V=0.8$ V，应变在 -0.08% 到 0.08% 之
间变化时空穴浓度的分布情况。这组结果清晰地显示出压电电荷对空穴分布的影
响。受拉伸应变时，空穴浓度在 p-n 结界面处由于负压电电荷聚集而出现一个峰
值；当受压缩应变时，p-n 结区的局域正压电电荷使空穴远离结区，使得该峰消失。
与之对应的图 3.8(d)所示为当外加电压 $V=0.8$ V，应变在 -0.08% 到 0.08% 之
间变化时器件中的电子分布变化，显示这种情况下电子浓度有略微增加的趋势。
这是由于右侧电极($z=100$ nm)为欧姆接触时压电电荷被完全屏蔽。p-n结附近
的电子浓度很低，所以 p-n 结处的压电电荷控制了电流传输过程。因此，压电电子
学效应是器件两端产生的压电电荷调节和控制载流子在器件内重新分布的结果。
　　使用上述的模型，我们也研究了不同掺杂浓度下器件的直流特性和载流子浓
度分布。假设应变固定于 -0.08% 并且 n 型背景掺杂浓度 N_{Dn} 设为 $1\times$

$10^{15}\,\mathrm{cm}^{-3}$。令 $N_{\mathrm{Dn\,max}} = N_{\mathrm{Ap\,max}}$，并且将最大施主杂质浓度 $N_{\mathrm{Dn\,max}}$ 从 $1\times10^{16}\,\mathrm{cm}^{-3}$ 增加到 $9\times10^{16}\,\mathrm{cm}^{-3}$，对应的伏安曲线绘于图 3.9(a) 中。当耗尽区宽度固定时，内建电势随 $N_{\mathrm{D\,max}}$ 增加而增加，因此二极管开启的阈值电压也随之增加，导致伏安曲线的"开启点"向高电压方向移动。接下来如果固定 $N_{\mathrm{Dn\,max}} = N_{\mathrm{Ap\,max}} = 1\times10^{17}\,\mathrm{cm}^{-3}$，$N_{\mathrm{Dn}}$ 从 $5\times10^{13}\,\mathrm{cm}^{-3}$ 增加到 $1\times10^{15}\,\mathrm{cm}^{-3}$，则伏安曲线变化较小，如图 3.9(b) 所示。数值模拟结果表明，本模型中器件的直流特性依赖于施主和受主的掺杂浓度。此外，图 3.9(c) 和图 3.9(d) 中显示了外加正向偏压 $V=0.8\,\mathrm{V}$ 时，对应不同最大施主杂质浓度的沿器件长度方向的空穴和电子分布。

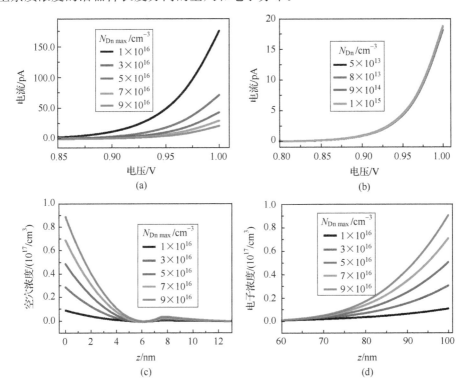

图 3.9　(a) 改变最大施主杂质浓度时，计算所得的压电 p-n 结的伏安关系曲线；(b) n 型背景掺杂浓度变化时的伏安关系曲线；(c) 外加正向偏压 $V=0.8\,\mathrm{V}$ 时，对应不同最大施主杂质浓度的沿器件长度方向的空穴分布；(d) 外加正向偏压 $V=0.8\,\mathrm{V}$ 时，对应不同最大施主杂质浓度的沿器件长度方向的电子分布[9]

3.6.2　压电晶体管

在我们的实验研究中，典型的具有金属-半导体-金属结构的氧化锌纳米线器件是压电晶体管。应用有限元方法，我们求解了在沿着纳米线长度方向(c 轴)产生应变的具有金属-半导体-金属结构的氧化锌纳米线器件的基本方程。金属-半导体-金属结构的氧化锌纳米线器件有多种类型,包括不同的金半接触和杂质分布类型,例如金半接触可以制成欧姆接触或肖特基接触;杂质分布可以是矩形区域分布或者是高斯分布等。我们的计算对器件性质做了如下假设:忽略了氧化锌的表面态;电极上的静电势为常数;纳米线为 n 型掺杂而无 p 型掺杂;掺杂浓度 N 由高斯分布近似描述;平衡时金属电极上的电子浓度不受传输电流的影响;电极上具有无限大的复合率,而且没有自由电荷。虽然为了清楚地阐述压电势对载流子传输过程的调控,我们以金属-半导体-金属氧化锌纳米器件的简化模型作为例子,此处提出的计算原理依然可以应用于更为复杂的情况,例如材料具有不同的表面态、任意的掺杂分布形状以及设计不同的压电半导体材料等。

压电方程[式(3.4)]可以首先通过 COMSOL 软件包求解。然后在压电电荷分布已知的条件下,可以对静电方程以及传输与扩散方程进行求解。掺杂浓度函数 N 用高斯分布函数近似描述为

$$N = N_{Dn} + N_{Dn\,max}\,e^{-\left(\frac{x-l}{ch}\right)^2} \tag{3.28}$$

电极上的静电势对应的边界条件为

$$\psi = V - \chi_{ZnO} - \frac{E_g}{2} + \frac{q}{kT}\ln\left[\frac{\frac{N}{2} + \sqrt{\left(\frac{N}{2}\right)^2 + n_i^2}}{n_i}\right] \tag{3.29}$$

式中,氧化锌的电子亲和势 χ_{ZnO} 为 4.5 eV;带宽 E_g 为 3.4 eV。假设电极上的载流子浓度保持热平衡时的值不变,电极上载流子浓度的边界条件则可以由式(3.27b)求得。

在接触区域存在压电电荷的情况下,我们计算了金属-半导体-金属结构氧化锌纳米器件在应变从 -0.39% 到 0.39% 变化时的直流特性。图 3.10(a)给出了压电氧化锌纳米器件的结构示意图。令 $l = 50$ nm,这是纳米线的半长度。器件的伏安关系曲线如图 3.10(b)所示。在负应变(压缩应变)情况下,正负压电电荷分别处于左侧和右侧的金半接触区,如图 3.10(a)所示。这些压电电荷分别在相应电极上降低和增高了局域的肖特基势垒高度。当左边电极承受外加的正电压时,右边的反偏肖特基结接触控制了器件的直流特性,且该电极处的肖特基势垒由于压电电荷的存在而升高。所以相比于器件中无应变的情况,流经器件的电流减少。反之,在正应变(拉伸应变)情况下,当所加偏压与上述情况相同时,同理,仍然是右侧的反偏肖特基结接触控制了器件的直流特性。由于此时该电极肖特基势垒受到压电电荷的影响而降低,流经器件的电流比无应变情况下增加。该器件在应变为 0.39% 时处于"开启"状态,在应变为 -0.39% 时为"关闭"状态。因此,压电势可以起到门极门电压的作用,在金半界面上调节或控制压电晶体管的电流。压电电子学器件可以通过转换应变而实现器件在"开启"和"关闭"状态之间的切换,

这就是压电电子学场效应晶体管。

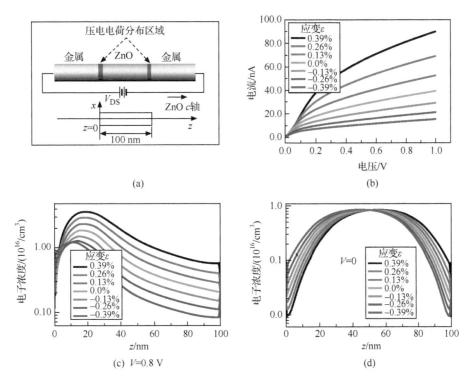

(a)

(b)

(c) $V=0.8\ V$

(d)

图 3.10 (a)压电电子学器件:ZnO 纳米线晶体管的原理图;(b) 应变变化情况下(从 -0.39% 到 0.39%),数值模拟的伏安曲线;(c) 外加电压 $V=0.8\ V$ 时,n 型区域的电子分布;(d) $V=0$,n 型区域的电子分布[9]

图 3.10(c)显示了外加电压 $V=0.8\ V$ 时沿着器件长度方向的电子浓度分布。外加电压时,压电电荷会影响电子浓度峰值的高度和位置。如图 3.10(d)所示,无偏压时,当应变从 -0.39% 变到 0.39%,不仅电子浓度峰值的幅度会发生改变,电子浓度峰值也从 44.2 nm 移动到 55.8 nm 位置。

此外,我们还研究了不同掺杂浓度下器件的直流特性和载流子浓度分布。为了研究最大施主杂质浓度和最大受主浓度的变化如何影响器件的直流特性,我们令应变固定为 -0.08%,n 型背景掺杂浓度 N_{Dn} 为 $1\times10^{15}\ cm^{-3}$。当最大施主杂质浓度 $N_{Dn\ max}$ 从 $1\times10^{16}\ cm^{-3}$ 增加到 $9\times10^{16}\ cm^{-3}$ 时,电流相应地增加[图 3.11(a)]。如果固定 $N_{Dn\ max}=N_{Ap\ max}=1\times10^{17}\ cm^{-3}$,则当背景掺杂浓度 N_{Dn} 从 $1\times10^{13}\ cm^{-3}$ 增加到 $1\times10^{15}\ cm^{-3}$ 时,电流亦随之增加[图 3.11(b)]。数值结果表明压电晶体管的直流特性变化依赖于掺杂浓度的改变。图 3.11(c)和图 3.11(d)中所示为在外加电压 0.8 V 和 0 V 时对应不同最大施主杂质浓度的电子浓度分布。

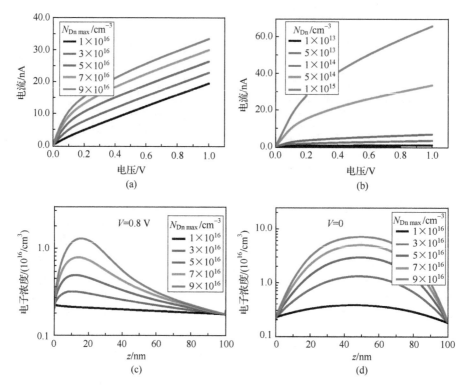

图 3.11　氧化锌压电电子学纳米线晶体管的直流特性。(a) 最大施主杂质浓度变化时压电金属-半导体-金属结构纳米线晶体管的伏安关系曲线;(b) n 型背景掺杂浓度变化时的伏安关系曲线;(c) 当外加电压 $V=0.8$ V 时,对应不同最大施主杂质浓度,器件的计算电子浓度分布;(d) $V=0$ 时,对应不同最大施主杂质浓度,器件的计算电子浓度分布

3.7　总　　结

通过引入压电势这个概念,我们研究了金属-半导体接触和 p-n 结中的载流子传输特性,给出了压电电子学的理论框架[9]。简化条件下推导出的解析解有助于描述压电电子学器件的主要物理图像,而对于实际器件的数值模拟计算研究则有助于理解压电晶体管的传输特性。本章阐述的理论不仅建立了压电电子学坚实的物理学基础,而且也可以为指导压电电子学器件设计的实验研究提供理论支持。

参 考 文 献

[1]　Wang Z L, Song J H. Piezoelectric Nanogenerators Based on Zinc Oxide Nanowire Arrays. Science, 2006, 312: 242-246.

[2] Wang X D, Song J H, Liu J, Wang Z L. Direct-Current Nanogenerator Driven by Ultrasonic Waves. Science, 2007, 316: 102-105.

[3] Qin Y, Wang X D, Wang Z L. Microfibre-Nanowire Hybrid Structure for Energy Scavenging. Nature, 2008, 451: 809-813.

[4] Wang X D, Zhou J, Song J H, Liu J, Xu N S, Wang Z L. Piezoelectric Field Effect Transistor and Nanoforce Sensor Based on a Single ZnO Nanowire. Nano Letters, 2006, 6 (12): 2768-2772.

[5] He J H, Hsin C H, Chen L J, Wang Z L. Piezoelectric Gated Diode of a Single ZnO Nanowire. Advanced Materials, 2007, 19 (6): 781-784.

[6] Lao C S, Kuang Q, Wang Z L, Park M C, Deng Y L. Polymer Functionalized Piezoelectric-FET as Humidity/Chemical Nanosensors. Applied Physics Letters, 2007, 90 (26): 262107.

[7] Hu Y F, Chang Y L, Fei P, Snyder R L, Wang Z L. Designing the Electric Transport Characteristics of ZnO Micro/Nanowire Devices by Coupling Piezoelectric and Photoexcitation Effects. ACS Nano, 2010, 4 (2): 1234-1240.

[8] Hu Y F, Zhang Y, Chang Y L, Snyder R L, Wang Z L. Optimizing the Power Output of a ZnO Photocell by Piezopotential. ACS Nano, 2010, 4 (7): 4220-4224.

[9] Zhang Y, Liu Y, Wang Z L. Fundamental Theory of Piezotronics. Advanced Materials, 2011, 23(27):3004-3013.

[10] Wang Z L. Piezopotential Gated Nanowire Devices: Piezotronics and Piezo-Phototronics. Nano Today, 2010, 5: 540-552.

[11] Zhou J, Fei P, Gu Y D, Mai W J, Gao Y F, Yang R S, Bao G, Wang Z L. Piezoelectric-Potential-Controlled Polarity-Reversible Schottky Diodes and Switches of ZnO Wires. Nano Letters, 2008, 8(11): 3973-3977.

[12] Yang Q, Wang W H, Xu S, Wang Z L. Enhancing Light Emission of ZnO Microwire-Based Diodes by Piezo-Phototronic Effect. Nano Letters, 2011, 11 (9): 4012-4017.

[13] Wang Z L. Progress in Piezotronics and Piezo-Phototronics. Advanced Materials, 2012, DOI: 10. 1002/adma. 201104365.

[14] Sze S M. Physics of semiconductor devices. 2nd ed. New York: John Wiley & Sons, 1981. Schottky W. Halbleitertheorie der Sperrschicht. Naturwissenschaften, 1938, 26 (52): 843-843. Bethe H A. Theory of the Boundary Layer of Crystal Rectifiers. MIT Radiation Lab Report. 1942,43:12. Crowell C R, Sze S M. Current Transport in Metal-Semiconductor Barriers. Solid-State Electronics, 1966, 9(11-12): 1035-1048.

[15] Ikeda T. Fundamentals of Piezoelectricity. Oxford: Oxford University Press, 1996.

[16] Wu W, Wei Y, Wang Z L. Strain-Gated Piezotronic Logic Nanodevices. Advanced Materials, 2010, 22(42):4711-4715.

[17] Semiconductor Diode. http://www.comsol.com/showroom/gallery/114/. [2012-09-10].

[18] Selberherr S. Analysis and Simulation of Semiconductor Devices. Vienna: Springer-Verlag, 1984.

第 4 章　压电电子学晶体管

4.1　压电电子学应变传感器

近年来微纳机电系统(MEMS/NEMS)领域的研究得到了快速进展,微纳机电系统也在实现超快、高灵敏和低功耗器件等方面显示出巨大的应用潜力。多种基于纳米线[1]和碳纳米管(CNT)[2,3]的传感器已经被制备出来并用于纳米和微米尺度的应变/应力与压力测量。通常这些器件利用了相关材料的压阻性质,即在小形变下材料的电导变化与应变之间呈线性关系[1]。碳纳米管是在这方面研究最广泛的纳米材料,应变灵敏系数高达 850 的基于碳纳米管的应变传感器也已经成为现实[4]。

在本章的第一节,我们将展示一种基于单根氧化锌压电细线(PFW)(包括纳米线和微米线)的完全封装的应变传感器的制备和应用。此应变传感器是将氧化锌压电细线平放固定在聚苯乙烯(PS)基底上制备而成。因为器件两端的肖特基势垒高度(SBH)可以随应变变化而改变,因此器件的伏安特性可由应变直接调制。压电细线两端肖特基接触的势垒高度存在较大的差异。由于压电电子学效应而导致肖特基势垒高度随应变改变而线性变化,因此器件的伏安特性对应变变化非常敏感。相关的实验数据可以用热离子发射扩散模型来很好地描述。实验中我们获得了高达 1250 的应变灵敏系数,这比之前基于碳纳米管的应变传感器所达到的最佳结果高出 25%。这些基于氧化锌压电细线研制的应变传感器可以应用于细胞生物学、生物医学、微机电系统器件和结构监测等众多领域。

4.1.1　传感器的制备和测量

图 4.1(a)为这种应变传感器件的示意图[5]。器件中选用的超长氧化锌 压电细线是通过高温热蒸发过程合成制备得到的。这些线的直径通常为 $2\sim6~\mu m$,长度则从几百微米到几毫米不等。我们选择较大尺寸的氧化锌线是为了易于在光学显微镜下进行操作。此处的原理和方法同样适用于纳米线器件。典型的聚苯乙烯基底长度约为 3 cm,宽度约为 5 mm,厚度约为 1 mm。依次经过超声作用下去离子水和乙醇的清洗,用氮气吹干,放置在加热炉中 80℃ 干燥 30 min 后,聚苯乙烯基底就可以用来作为器件基底了。我们先在光学显微镜下利用探针台将氧化锌压电细线平放在聚苯乙烯基底上。接着用银浆覆盖在压电细线两端并将其固定在基

底上,同时银浆也被用来作为源漏电极。最后用远薄于聚苯乙烯基底厚度的聚二甲基硅氧烷(PDMS)薄层来封装整个器件。聚二甲基硅氧烷不仅提高了银浆与聚苯乙烯基底间的附着性,同时还防止了器件暴露在空气中时氧化锌线被污染或腐蚀。随后将整个器件在80℃退火12 h。这样柔性透明且封装良好的应变传感器器件就制备完成了。图 4.1(b)中应变传感器的光学照片显示了一根平直的两端固定在基底上的氧化锌线。

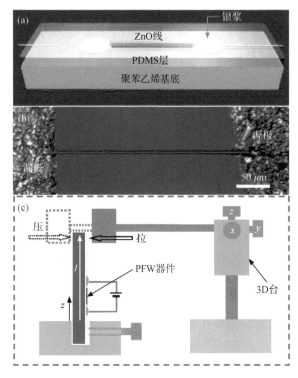

图 4.1 (a)基于单根氧化锌压电细线的应变传感器示意图;(b)应变传感器的光学图像;(c)表征应变传感器性能的测量系统示意图

对应变传感器受应变时的伏安特性在空气环境和室温条件下进行了表征,图 4.1(c)为测量系统的示意图。器件一端固定在样品架上,另一端则可以自由地被弯曲。整个样品架固定在气垫式防振光学工作台上。移动分辨率为1 μm的x-y-z三轴机械位移台被用来弯曲传感器的自由端以产生压缩或拉伸应变。连续三角波形扫描电压同时加在氧化锌线器件上以测量器件形变过程中的伏安特性。为了研究该传感器的稳定性和响应特性,频率和振幅可控的谐振器被用来周期地弯曲传感器。同时在源极和漏极之间施加固定的偏置电压。

由于聚二甲基硅氧烷层的杨氏模量(E=360~870 kPa)远小于聚苯乙烯基底的杨氏模量(E=3~3.5 GPa),且银浆电极的面积和厚度远小于聚苯乙烯板,因此固定在聚苯乙烯基底外表面上的聚二甲基硅氧烷层和银浆电极不会显著影响聚苯乙烯薄膜的力学特性。所以，取决于聚苯乙烯基底的弯曲方向，氧化锌压电细线将受到单纯的拉伸或压缩应变。氧化锌压电细线受到的应变可近似等于器件所处聚苯乙烯基底外表面上 z 处的应变。

4.1.2　压电纳米线内应变的计算

为便于推导，我们将坐标原点设在膜一侧截面的中心，且 z 轴平行于线长 l 的方向，x 轴平行于薄膜宽度 w 的方向。为了确定基底受外力 f_y 弯曲时纳米线的形变情况，我们只需要计算应变张量的 ε_{zz} 分量，其中 $\varepsilon_{zz} = \Delta L_{\text{wire}}/L_{\text{wire}}$。同时 $\sigma_{zz} = -f_y/I_{xx} y(l-z)$，$\sigma_{xx} = \sigma_{yy} = 0$，式中 I_{xx} 为梁截面的几何惯性矩。因此，$\Delta L_{\text{wire}}/L_{\text{wire}} = \varepsilon_{zz} = \sigma_{zz}/E$。相比于测量弯曲力 f_y，在实验中测量基底的横向最大偏转 $D_{\max}$ 更加方便，且 $D_{\max}$ 和 f_y 之间的关系为 $D_{\max} = f_y l^3/3EI_{xx}$。所以，

$$\varepsilon_{zz} = -3\frac{y}{l}\frac{D_{\max}}{l}\Big(1 - \frac{z}{l}\Big) \tag{4.1}$$

在这里定义 a 为基底的半膜厚度，y 方向为沿着基底厚度的方向。则 $y = \pm a$ 对应于压电细线被固定在基底薄膜两侧外表面的情况，此处 y 的正负号取决于所处位置为梁的压缩面还是拉伸面。$z = z_0$ 是膜基底固定端与氧化锌压电细线中点之间的垂直距离。实际中由于基底的长度远大于氧化锌压电细线的长度（$l \gg L$），因此假设氧化锌压电细线中应变均匀是一个很好的近似。

4.1.3　传感器的机电特性表征

在进行器件的机电特性表征测量前，我们首先测量了传感器无形变情况下的伏安特性。我们测量了超过 250 个不同器件的伏安特性。非线性伏安特性是在半导体器件测量中经常观测到的现象[6,7]。通常，非线性特性是由器件中半导体和金属电极之间形成的肖特基势垒导致的。伏安曲线的具体形状取决于源极和漏极处不同的界面特性造成的不同的肖特基势垒高度。本研究中，我们只关注两端肖特基接触势垒高度迥异的压电细线器件。这些器件的伏安曲线具有相当不对称的形状。图 4.2(a) 显示了不同应变下器件的典型伏安特性。在拉伸应变下，伏安曲线上移；反之，在压缩应变下，伏安曲线下移。当无应变时，伏安曲线完全恢复到初始状态。

我们对传感器的稳定性和响应特性进行了仔细研究。图 4.3(a) 和图 4.3(b) 显示了固定偏压为 2 V 时，在多个周期反复压缩和拉伸（频率为 2 Hz）下传感器的电流响应。从结果中可以看到，器件电流随压缩应变的增加而减小，随拉伸应变增加而增大，这与图 4.2(a) 中观察到的现象一致。值得注意的是，在每个应变周期中，电流可以达到几乎相同的变化幅值，并且当应变消失时电流可以完全恢复到初始状态。这说明制得的传感器具有很高的可重复性和很好的稳定性。从实验结果

中可以得出器件的响应时间约为 10 ms。

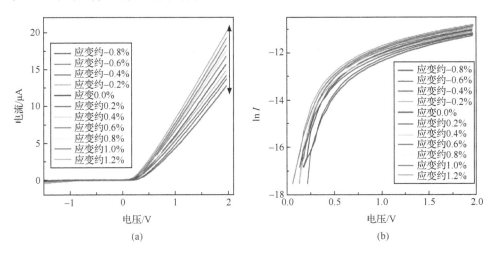

图 4.2　(a) 受不同应变时器件的典型伏安特性；(b) 利用(a)中数据绘制的
正偏电流对数曲线[5]

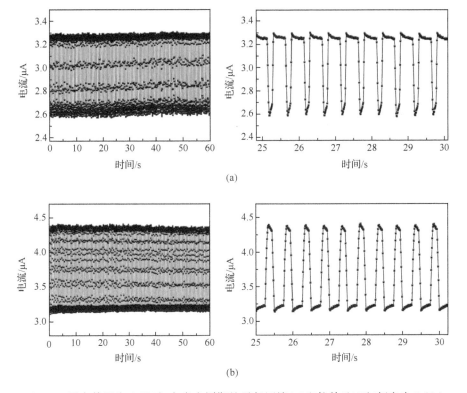

图 4.3　固定偏压为 2 V 时，在多个周期的反复压缩(a)和拉伸(b)下(频率为 2 Hz)
传感器的电流响应

4.1.4 应用热电子发射-扩散理论的数据分析

从图 4.2(a)中的伏安曲线可以清楚地看出器件两端存在高度明显不同的肖特基势垒。金属/半导体界面肖特基势垒的存在对于金属-半导体-金属(M-S-M)结构的电流传输性质起着至关重要的作用[8]。只通过简单观察器件的伏安曲线,我们无法确定势垒的特性以及是处于反向偏置还是正向偏置状态。通过定量模拟分析伏安曲线来确定金属-半导体-金属结构的电流传输性质非常重要[6]。如图 4.4(a)所示,通过深入分析伏安曲线的形状,我们的器件可以看作是由单根氧化锌线夹在两个相反的肖特基势垒之间构成的。我们假设漏极势垒高度 $\phi_D(eV)$ 明显高于源极势垒高度。在固定偏置电压 V 下,原位扫描表面电势显微镜的测量结果表明压降主要落在反向偏置的肖特基势垒上[9]。在本例中,当一个较大的电压 V 加在漏极和源极之间且漏极接正时,压降主要落在反向偏置的源极肖特基势垒 $\phi_S(eV)$ 上,用 V_S 表示。假设 $V_S \approx V$。如果考虑测量在室温下进行并且氧化锌压电细线中的掺杂浓度较低,则势垒主要的载流子传输机制是热电子发射和扩散,而隧穿效应的贡献可以被忽略。因此,受图 4.2(b)中 $\ln I\text{-}V$ 曲线形状的启发并根据经典热电子发射-扩散理论(适用条件 $V \gg 3kT/q \sim 77~\text{mV}$),当反向偏压为 V,温度为 T 时,通过反向偏置肖特基势垒 ϕ_S 的电流可以表示为[8]

$$I = SA^{**} T^2 \exp\left(-\frac{\phi_S}{kT}\right) \exp\left(\frac{\sqrt[4]{q^7 N_D(V + V_{bi} - kT/q)/(8\pi^2 \varepsilon_S^3)}}{kT}\right) \quad (4.2)$$

式中,S 为源极肖特基势垒面积,A^{**} 为有效理查森常量,q 为电子电荷,k 为玻尔兹曼常量,N_D 是施主掺杂浓度,V_{bi} 是结区内建电势,ε_S 是氧化锌的介电常数。图 4.4(b)中的 $\ln I\text{-}V$ 曲线定量地表明反向偏置肖特基势垒的 $\ln I$ 随 $V^{1/4}$ 变化,而不同于正偏肖特基势垒的 $\ln I$ 随 V 变化的规律。因此,式(4.2)可用于精确拟合实验观测的 $\ln I\text{-}V$ 曲线并获得相应的拟合参数。此结果不仅表明热电子发射和扩散是我们器件中起主导作用的载流子传输过程,也可被用于推导出肖特基势垒高度,详细描述如下。

假设 S、A^{**}、T、N_D 在小形变条件下不随应变变化[10],原则上可以通过电流对数 $\ln I\text{-}V$ 的关系推导出 ϕ_S,如图 4.4(b)所示。因此肖特基势垒的变化可由下式确定:

$$\ln[I(\varepsilon_{zz})/I(0)] = -\Delta\phi_S/kT \quad (4.3)$$

式中,$I(\varepsilon_{zz})$ 和 $I(0)$ 分别对应于固定偏压下存在和不存在应变时通过压电细线的电流。图 4.4(c)中对应于偏压分别为 1.5 V 和 2 V 时的结果,表明肖特基势垒的变化 $\Delta\phi_S$ 与应变之间呈近似线性关系。同时,可以观察到 $\Delta\phi_S$ 对偏压 V 的选择不太敏感。

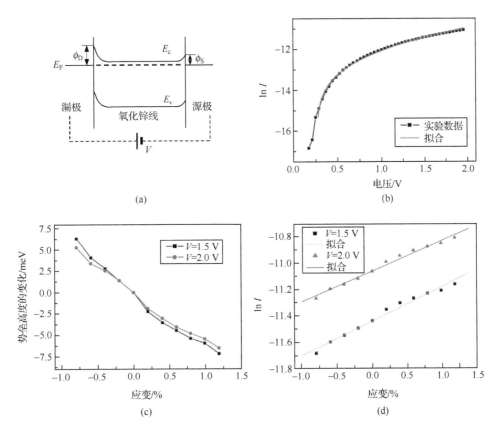

(a)　　　　　　　　　　　　　　　(b)

(c)　　　　　　　　　　　　　　　(d)

图 4.4　(a) PFW 漏极和源极接触的反对称肖特基势垒能带图,其中为便于讨论,忽略了漏源之间的外加电压引起的能带偏移;(b) 应用热电子发射-扩散理论在给定应变条件下,对反偏肖特基势垒的 $\ln I$-V 数据进行拟合,黑色点线为图 4.2(b) 中应变为零时的实验数据,红线为拟合曲线;(c) 漏源之间偏压 V 分别为 1.5 V 和 2.0 V 条件下,基于热电子发射-扩散模型导出的肖特基势垒高度变化与应变之间的函数关系;(d) 在固定偏压分别为 1.5 V 和 2.0 V 条件下,对数电流(单位为安培)与应变之间的函数关系

　　在上述计算中,我们假设外加电压完全落在反向偏置的源极肖特基势垒上。而在实际中 $V_S < V$。因此计算得到的 $\Delta\phi_S$ 值会因为偏压 V 的选择而轻微改变,不过 $\Delta\phi_S$ 与应变之间的近似线性关系受影响不大。图 4.4(d) 显示了固定偏压 V 为 1.5 V 和 2.0 V 时,$\ln I$ 的改变与应变之间的函数关系。$\ln I$ 的变化与应变之间呈现出近似线性关系。

4.1.5　压阻和压电效应效果的区分

　　有研究报道,在砷化镓[11]、氮化镓[12]和氮化铝镓[13]等材料形成的肖特基势垒中,由于能带结构的变化和压电效应,肖特基势垒高度会随应力/应变而改变。实验和计算表明,半导体材料的带隙也可随应变/应力改变而变化[13]。类似地,氧化锌形成的肖特基势垒高度随应变的变化也可以看作是能带结构变化(如压阻效应)和压电电子学效应组合影响的结果。在简化的肖特基接触模型中,能带结构变化的影响可以等效地表征为受应变时半导体(氧化锌)电子亲和势的变化,用符号$\Delta\phi_{\text{S-bs}}$来表示。

压电极化电荷对肖特基势垒高度的影响来源于在极化散度不为零的金属-半导体界面及半导体内的耗尽区附近等界面处由极化导致的表面电荷[14]。在半导体耗尽区附近对应的极化改变可能会被导带电子所屏蔽。另一方面,通过改变界面态或者金属中的电子电荷,金属-半导体界面处的极化强度的变化也可以被部分地中和[14]。这种效应将改变界面处的费米能级并因此影响肖特基势垒的高度。由压电极化电荷引起的肖特基势垒高度的变化可以近似为

$$\Delta\phi_{\text{S-pz}} = \frac{\sigma_{\text{pz}}}{D}\Big(1 + \frac{1}{2q_s d}\Big)^{-1} \tag{4.4}$$

式中,σ_{pz}为压电极化强度电荷面密度(以电子电荷为单位);D为肖特基势垒处半导体带隙中处在费米能级的二维界面态密度;d为耗尽层宽度。与界面处带隙态相关的是一个二维屏蔽参数q_s,$q_s = (2\pi q^2/k_0)D$,其中q为电子电荷;k_0是氧化锌的介电常数。因此氧化锌传感器中肖特基势垒高度的总变化可以表示为

$$\Delta\phi_{\text{S}} = \Delta\phi_{\text{S-bs}} + \Delta\phi_{\text{S-pz}} \tag{4.5}$$

在我们的研究中,$\Delta\phi_{\text{S}}$随拉伸应变增加而减小,随压缩应变增加而增大。实验观测到的应变变化对肖特基势垒高度的影响是$\Delta\phi_{\text{S-bs}}$和$\Delta\phi_{\text{S-pz}}$共同作用的结果。实验中,若应变一直保持,则能带结构的变化对于肖特基势垒高度的影响一直存在且保持不变;而如果考虑到载流子的屏蔽效应,则压电效应的贡献可能表现为一个随时间轻微衰减的过程。造成这一现象的原因可能是由于氧化锌中杂质和空位态对载流子的俘获效应导致电导率的缓慢变化。这和氧化锌材料的导电性在紫外光照射后出现缓慢恢复的现象十分类似。对这一现象的全面理解仍需要做进一步研究。

4.1.6 压电电子学效应引起的应变系数剧增

实际应用中应变传感器的性能主要由应变灵敏系数来表征,其定义是归一化电流(I)与应变(ε)曲线的斜率:$[\Delta I(\varepsilon)/I(0)]/\Delta\varepsilon$。实验中观测到我们的传感器的最大应变系数为1250[图4.5(b)],超过了传统金属应变计的应变系数(1~5)和最先进的掺杂硅应变传感器的应变系数(约200),甚至也高于目前所报道的碳纳米管的最大应变系数(约1000)。图4.5(a)显示了另一个器件随应变变化的伏安曲线,这与图4.2(a)中的结果很相似。图4.5(a)中的插图表明$\ln I$随应变线性变化。图4.5(b)所示的应变系数与应变之间的函数关系也与计算结果相符[15]。

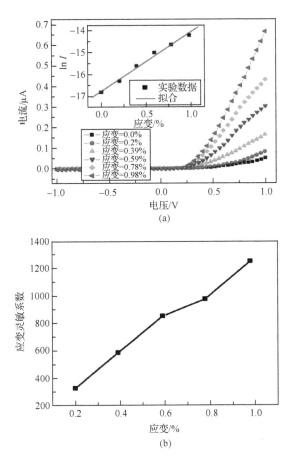

图 4.5　(a) 不同应变条件下另一个传感器的伏安特性。插图为 $\ln I$（电流单位为安培）与应变之间的依赖关系；(b) 从 (a) 中导出的应变灵敏系数与应变之间的函数关系

实际测量中，一些器件的应变系数较低。这可能是由于压电效应取决于氧化锌线的 c 轴方向，从而导致在这些器件中 $\Delta\phi_{S\text{-}bs}$ 和 $\Delta\phi_{S\text{-}pz}$ 具有相反的符号。实验中制得器件的氧化锌线沿 c 方向或是沿 $-c$ 方向的概率各为 50%。

4.2　压电二极管

本节中我们将介绍一种基于单根氧化锌压电细线（纳米线或微米线）的新型柔性压电电子学开关器件[16]。其工作机制是依靠压电势导致的源漏电极处的肖特基势垒高度的不对称变化。而源极和漏极电极肖特基势垒高度变化的不对称性是由应变产生的沿压电细线分布的压电势所造成的，这已经用热电子发射-扩散理论作了定量分析。这里我们展示了开关比约为 120 的新型压电电子学开关器件。这项工作给出了利用应变控制压电半导体耦合过程来设计制备新型二极管和开关器件的新方法。

4.2.1　压电电子学效应引起的欧姆接触到肖特基接触的转变

此研究中,器件通过将超长氧化锌压电细线平置于厚度远大于氧化锌线直径的聚苯乙烯基底上制得,如图 4.6 中顶部插图所示。简单地说,我们在光学显微镜下使用探针台将高温物理气相沉积过程合成的单根氧化锌压电细线(典型的直径约几微米,长度约几百微米到数毫米)平放在聚苯乙烯基底上(典型长度约 3 cm,宽度约 5 mm,厚度为 1 mm)。接着用银浆将压电细线两端紧固在基底上,银浆同时也被用作源极和漏极电极。待银浆干燥后,一薄层的聚二甲基硅氧烷(PDMS)被用来封装器件。最终我们完成了柔性透明且封装良好的应变传感器的器件制备。

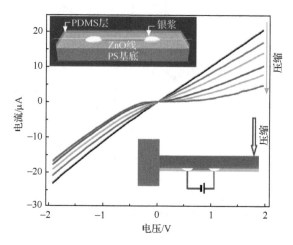

图 4.6　不同压缩应变条件下,传感器典型的伏安特性(1 号器件)。黑线为无应变条件下的伏安曲线,蓝色箭头方向指向外加压缩应变幅值增加的方向;顶插图所示为单根氧化锌压电细线器件示意图,底插图所示为机电测量系统示意图

器件机电性能的研究在室温和空气环境中进行。图 4.6 中底插图为测量系统的示意图。器件一端固定在样品架上,另一端能自由弯曲。分辨率为 1 μm 的三维机械位移台被用来弯曲传感器的自由端,从而在传感器中产生压缩应变。在器件的形变过程中,计算机控制的测量系统同时对器件的伏安特性进行测量。

在对器件的机电特性进行测量之前,我们首先测量了传感器无形变情况下的伏安特性。通过对两百多个相同条件下制备的器件的伏安特性的测量,我们发现大多数器件具有非线性的伏安特性。在之前的工作中,我们的研究集中在无形变情况下具有整流伏安特性的器件,并且报道了以此为基础构建的柔性压电电子学应变传感器。在本研究中,我们只关注具有对称或近似对称伏安特性的器件。这些器件中的两端接触有可能都是欧姆接触或是两端对称的肖特基接触。图 4.6 中展示了不同压缩应变下典型的器件伏安特性。当压缩应变增加时,正偏压和负偏压下器件的电流均减小。最后得到一个倒置的二极管伏安曲线。有些器件在压缩应变下则表现出向上的二极管伏安特性。统计结果表明在压缩应变下具备倒置和正置二极管伏安特性的器件比率接近 1∶1。

　　图 4.7(a)所示为另一个器件在拉伸—释放—压缩—释放周期应变激励下的电流响应。蓝线和黑线分别为电流响应和外加扫描电压随时间的变化曲线。

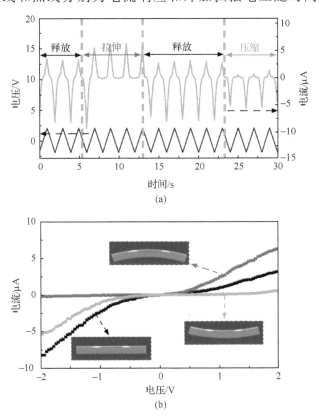

图 4.7　(a) 器件受重复拉伸—释放—压缩—释放周期性应变作用时的电流响应(2 号器件)。蓝线和黑线分别是电流响应和外加扫描电压随时间的变化曲线,从这两组曲线可以得到器件伏安特性随时间的变化曲线;(b) 不同应变条件下的伏安特性:无应变(黑线)、压缩应变(绿线)和拉伸应变(红线);插图所示为各种应变条件下器件的形变情况[16]

图 4.7(b)所示为每个应变状态下器件相应的伏安特性。当器件处于拉伸应变时，可观察到器件具有向上弯曲的类似二极管的伏安特性（红线）；当器件处于压缩应变时，可观察到器件具有向下弯曲的类似二极管的伏安特性（绿线）；当应变释放时，器件恢复到初始的伏安曲线（黑线）。进一步的研究表明，观测到的这些伏安特性的变化是由应变产生的而不是由不良或不稳定接触导致的。

He 等首次报道了这种在应变下器件伏安特性从对称或接近对称向整流类型转变的新现象[17]。当使用金/钛涂层的钨探针弯曲一端固定的氧化锌纳米线时，氧化锌纳米线的伏安曲线从线性特性改变为具有整流比例为 8.7：1 的特性。他们提出氧化锌纳米线的电性传输由应变引起的压电势形成的势垒控制。当氧化锌纳米线器件弯曲时，外表面被拉伸而具有正压电势，内表面被压缩而具有负压电势。因此在氧化锌纳米线的直径方向存在一个压电势落差[17]。探针与纳米线的拉伸表面接触。但在我们的例子中，氧化锌压电细线两端被固定在聚苯乙烯基底上。由于器件的应变类型由聚苯乙烯基底的弯曲方向决定，因而氧化锌压电细线的内外表面均处于相同的拉伸或压缩应变下，所以线内压电势的分布是沿压电细线的轴向方向而不是沿直径方向。

4.2.2　肖特基势垒变化的定量分析

压电极化对肖特基势垒高度的影响来源于极化在金属-半导体界面上产生的电荷。这些电荷将使界面附近的局域费米能级发生偏移并改变局域导带结构。因此，能带结构和压电极化效应都将影响肖特基势垒高度并进而影响器件的传输性质，详细阐述如下。

图 4.8(a)所示为不同压缩应变下器件的伏安特性。在正偏压和负偏压下器件的电流都被抑制，最后在应变约为 -2.14% 时器件呈现出向上弯曲的二极管类型伏安特性。图中的初始伏安曲线（黑线）清楚地显示出由于不同的界面特性，在器件接触处形成了具有不同势垒高度的肖特基势垒。因此，本器件的结构可以被等效为由单根氧化锌压电细线夹在背靠背的源极肖特基势垒间构成，且势垒高度为 ϕ_S (eV) 和 $\phi_D(\phi_D < \phi_S)$，如图 4.8(a)中插图所示。

根据原位扫描表面电势显微镜的测量结果，在固定偏置电压 V 下，器件电路中的压降主要落在反向偏置的肖特基势垒上。在我们的例子中，当一个正偏压加在漏极和源极之间且漏极端接正时，压降主要落在源极的反向偏置肖特基势垒 ϕ_S 上，用 V_S 表示；当正偏压加在漏极和源极且源极端接正时，压降主要发生在漏极的反向偏置肖特基势垒 ϕ_D 上，用 V_D 表示。为了简化讨论，我们定义正电压加在漏极并假设大部分的压降落在反向偏置的源极肖特基势垒上，则 $V_S \approx V$。考虑到测量是在室温下进行，并且氧化锌压电细线中的掺杂水平较低，因此势垒上主导的载流子传输机制为热电子发射和扩散，而隧穿过程的贡献则可以被忽略。因此对一个

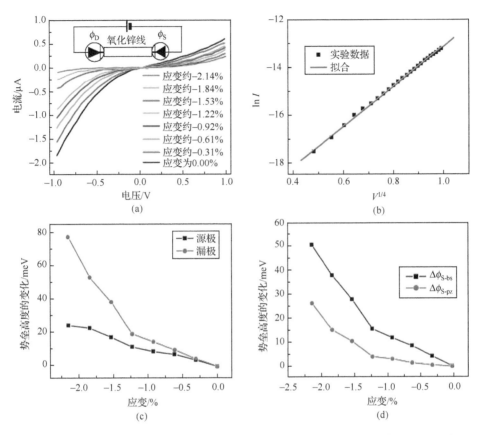

图 4.8　(a) 不同压缩应变下传感器的伏安特性。电流下降表明肖特基势垒高度增加。
插图为该器件的夹层模型示意图,即两个背靠背肖特基二极管连接到一根氧化锌线的两
端;(b)利用(a)中黑线所提供的数据绘制的 $\ln I$ 作为 $V^{1/4}$ 的函数。红线是根据式(4.3)进
行的拟合;(c) 利用热电子发射-扩散模型得出的肖特基势垒高度变化作为应变的函数,
黑色和红色曲线分别对应漏源偏压为 $V=1$ V 和 -1 V 时,源极和漏极的肖特基势垒高
度变化;(d)分别推导出的能带结构(黑色曲线)和压电效应(红色曲线)对肖特基势垒高
度变化的贡献

在电压 V 和温度 T 下的反向偏置肖特基势垒来说,基于经典热电子发射-扩散理
论(对 $V \gg 3\,kT/q \sim 77$ mV 的情况)可知,通过反偏势垒 ϕ_S 的电流可以由式(4.2)
描述。为验证式(4.2)是否可以准确地描述所观察到的现象,我们使用图 4.8(a)
中黑线所提供的数据绘制了 $\ln I$ 作为 V 和 $V^{1/4}$ 的函数的图。如图 4.8(b)所示,
$\ln I$-$V^{1/4}$ 曲线呈现出明显的线性关系。这不仅表明热电子发射-扩散模型是器件中
载流子输运的主物理机制,而且也提供了从实验数据中获取肖特基势垒高度的方
法,详细说明如下。

假设 S、A^*、T 和 N_D 已知,原则上 ϕ_S 可以从 $\ln I\text{-}V$ 关系中求得[12]。则由应变引起的肖特基势垒高度的改变可由下式确定[10,12]:

$$\ln[I(\varepsilon_{zz})/I(0)] \sim \Delta A^{**}/A^{**} - \Delta\phi_S/kT \tag{4.6}$$

式中,$I(\varepsilon_{zz})$ 和 $I(0)$ 分别为当固定偏压为 V_a 时有应变和无应变情况下通过压电细线的电流。因为 A^{**} 对应变的依赖关系仅源于有效质量对应变的依赖关系,所以上式中的第一项远小于第二项而可以在后面的讨论中被忽略。图 4.8(c)中黑线所示为偏置电压为 1.0 V 时 $\Delta\phi_S$ 随应变变化的改变。类似地,偏置电压为 -1.0 V 时,$\Delta\phi_D$ 随应变变化的改变也绘制于图 4.8(c)中(红线)。上述结果显示源漏极接触处的肖特基势垒高度均随压缩应变的增加而增加。

受应变时,银/氧化锌/银器件结构中的肖特基势垒高度的变化受应变导致的能带结构变化和压电极化的综合影响[16]。能带结构变化对源极和漏极接触处的肖特基势垒高度改变的贡献分别表示为 $\Delta\phi_{S\text{-}bs}$ 和 $\Delta\phi_{D\text{-}bs}$。如上所述,氧化锌压电细线所受的轴向应变沿其整个长度均匀分布。因此如果两端接触相同,我们可以假设 $\Delta\phi_{S\text{-}bs} = \Delta\phi_{D\text{-}bs}$。则压电效应对肖特基势垒高度改变的贡献可以描述如下。

如上所述,器件中氧化锌压电细线所受的轴向应变沿其长度方向均匀分布。在应变下,氧化锌内的阳离子和阴离子沿应变方向极化而形成压电电荷引致的极化。需要指出的是,这些压电离子电荷不能自由移动。它们可以被外部电子屏蔽,但不能被完全中和[16]。这意味着即使当氧化锌具有适中的导电性时,虽然压电电荷的影响处在一个较低的水平,但是仍然存在。压电极化对肖特基势垒高度的影响可以定性描述如下:当受到沿压电细线长度方向的恒定应变 ε_z,线内沿长轴方向产生的轴向极化 P_z 为 $P_z = \varepsilon_z e_{33}$,其中 e_{33} 是压电张量的分量[18]。沿线的长度 L 方向产生的电势差近似约为 $V_p^+ - V_p^- = |\varepsilon_z| L e_{33}$。因此该电势对源漏极的肖特基势垒高度的调制效果幅度相同但极性相反($V_p^+ = -V_p^-$),可以分别表示为 $\Delta\phi_{S\text{-}pz}$ 和 $\Delta\phi_{D\text{-}pz}(= -\Delta\phi_{S\text{-}pz})$。所以在源极和漏极接触上,由应变引起的肖特基势垒高度的总变化为

$$源极 \quad \Delta\phi_S = \Delta\phi_{S\text{-}bs} + \Delta\phi_{S\text{-}pz} \tag{4.7}$$

$$漏极 \quad \Delta\phi_D = \Delta\phi_{S\text{-}bs} - \Delta\phi_{S\text{-}pz} \tag{4.8}$$

则可得 $\Delta\phi_{S\text{-}bs} = (\Delta\phi_S + \Delta\phi_D)/2$ 和 $\Delta\phi_{S\text{-}pz} = (\Delta\phi_S - \Delta\phi_D)/2$;图 4.8(d)所示的 $\Delta\phi_{S\text{-}bs}$ 和 $\Delta\phi_{S\text{-}pz}$ 作为应变的函数均在小应变下呈线性关系并在大应变下具有非线性特性。研究表明带隙变化和压电极化在小应变下均与应变呈近似线性关系。而大应变下的非线性效应则需要更复杂的理论来进行分析。

4.2.3　压电电子学二极管工作机制

接下来,用能带示意图来说明压电极化如何影响源漏接触处的肖特基势垒[16]。图 4.9(a)所示为氧化锌 c 轴指向源极的器件在无应变时的能带图。当该

器件受到压缩应变时,漏极具有高的压电电位[见图 4.9(b)],导致源极的肖特基势垒升高;另一方面,如图 4.9(c)所示,通过改变聚苯乙烯基底的弯曲方向,器件受到的应变类型从压缩应变转变到拉伸应变,使得压电细线中的压电势极性发生反转,这导致漏极肖特基势垒升高。如果能带结构的变化对肖特基势垒的调制作用明显小于压电势变化的影响,则应变类型的反向将导致器件整流极性的反转,这正是图 4.7(b)中所示实验观察到的现象。

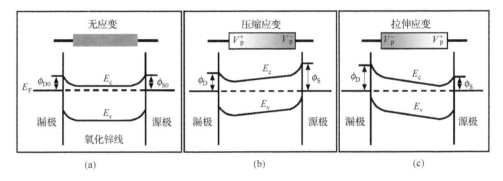

图 4.9　压电细线分别处于(a)无应变、(b)压缩应变和(c)拉伸应变情况下源极和漏极接触的肖特基势垒的能带图。这些图表明了由改变应变或线的取向导致的压电势的极性转变对局域能带结构和肖特基势垒高度的影响[18]

此外,压电势的分布不仅取决于应变的极性[压缩($\varepsilon_z<0$);拉伸($\varepsilon_z>0$)],而且还取决于压电细线的 c 轴取向。简单改变线的方向即可产生反向的压电势分布,从而使得观察到的二极管极性发生反转。由于在器件制备中,压电细线的 c 轴取向是随机的,因此在压缩应变下器件具有向上和向下弯曲的二极管伏安特性的概率接近 1∶1。

4.2.4　压电电子学机电开关

我们的器件可以作为一种有效的机电开关。图 4.10 中插图所示为 4 号器件在无应变(黑线)和有应变(红线)情况下的伏安特性。当无应变时,器件具有对称的伏安特性;而当器件发生应变时,其具有整流伏安特性。上述变化是高度可逆的。当固定偏压为 -2 V 时,器件中无应变和有应变时对应的电流分别约为 6 μA(定义为"开启"状态)和 0.05 μA(定义为"关闭"状态)。当固定偏压为 -2 V 时,通过对器件周期性地弯曲和释放,我们可以得到一个电流通断比高达 120 的机电开关器件(图 4.10)。

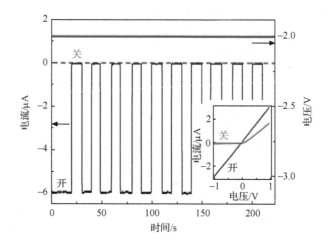

图 4.10   固定偏压为－2 V 时，4 号器件在周期性弯曲-释放作用下的电流响应，显示开关比约为 120。插图中显示了 4 号器件在无应变(黑线)和有应变(红线)时的伏安特性

4.3   基于垂直纳米线的压电晶体管

本节中我们将使用垂直排列的氧化锌纳米线来制备以应变作为栅极门控信号的压电电子学晶体管阵列器件[19]。每根顶端具有金触点的氧化锌纳米线作为晶体管。器件中的压敏门极是纳米线顶端的金-氧化锌肖特基结，另一端则是银-氧化锌结。在正反向偏置压电晶体管中都观测到了压电电子学效应。我们利用接触模式下的导电原子力显微镜对各种应变条件下晶体管的电传输特性进行了研究。实验中观测到的伏安特性具有很好的稳定性和可重复性。通过纳米线的电流成功地被纳米线所受的外力调节与控制。

4.3.1   反向偏置接触

实验中的氧化锌纳米线是利用金纳米颗粒作催化剂通过蓝宝石基底上的氮化镓薄膜外延生长制得的。金纳米颗粒位于制得的纳米线顶端并将作为器件中的电接触。为了保证测得的电学特性来自于单根氧化锌纳米线，我们选择对低长宽比和低密度的纳米线阵列进行了测量。

这个实验中的压电晶体管有两个结：金-氧化锌和银-氧化锌。当器件受到外加偏置电压时，其中一个结处于正向偏置而另一个处于反向偏置。如果金-氧化锌肖特基结处于反向偏置，则金接触连接到负电压而银浆电极连接到正电压。在这种模式下，由于相对于正向偏置结，电路中压降主要消耗在反偏结，所以对伏安特性的压电电子学效应影响主要来自于金-氧化锌结。

晶体管的伏安特性通过导电原子力显微镜进行表征。图 4.11(a)所示为本测量装置的示意图。导电原子力显微镜探针被用来实现对晶体管的纳米尺度接触。原子力显微镜的探针被接地并且偏置电压加在样品台底部。压电晶体管的结构为银-氧化锌-金,且银-氧化锌结没有受到应力。器件的源极为制得的导电氧化锌层上的银浆涂层,漏极则为纳米线顶端形成的金接触。晶体管中的"门压"则由原子力显微镜探针对纳米线施加的轴向力所引起的线内压电势来充当。通过纳米线的电流由导电原子力显微镜系统进行测量。在测量过程中,通过调整悬臂所受的偏压,不同的压缩力被施加在纳米线上。其中原子力显微镜针尖和样品之间的接触力大小与悬臂的偏转电压之间呈线性关系。

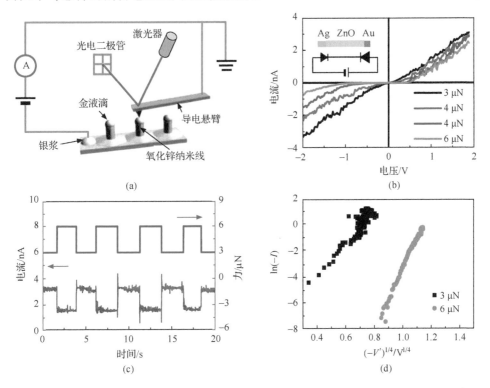

图 4.11 (a) 用于纳米尺度定位和电学测量的导电原子力显微镜系统的示意图;(b) 具有双肖特基结的器件在不同压缩下的典型伏安特性;(c) 压力脉冲从 3 μN 到 6 μN 情况下的电流响应,蓝线为外加压力,红线为对应电流;(d) 利用图(b)中负偏压区间的数据绘制的 $\ln(-I)$ 与 $(-V)^{1/4}$ 之间的函数曲线,I 的单位为 nA

在氧化锌纳米线晶体管中我们观测到随应变变化的伏安特性。图 4.11(b)中显示了不同压缩力下晶体管典型的整流特性。在克服了原子力显微镜针尖与金接触之间的接触电阻的影响后,施加在晶体管上的压力从 3 μN 变化到 6 μN。如图 4.11(b)所示,当压缩力增加时晶体管中的电流下降。施加 3 μN 的力使器件受较低的应变时,器件的伏安特性呈对称、近似线性特征[图 4.11(b)中黑线]。随着压力增加,伏安曲线从对称形状变化到非对称形状;当压力提高到 6 μN 时,器件的伏安曲线变成了类似单个肖特基二极管的特性。因此,通过纳米线的电流可被纳米线所受外力的大小调控。

我们也对固定偏压下器件受周期性外力脉冲时的电流响应进行了测量。图 4.11(c)显示了 −2 V 偏压下器件对外力脉冲的动态响应,其中蓝线代表施加在晶体管上于 3 μN 到 6 μN 之间交替变化的作用力,红线代表了器件相应的电流响应信号。实验结果表明外力对电流的影响是可逆的。在 −2 V 固定偏压下,当在纳米线上施加 6 μN 作用力后,电流从 3.6 nA 降到 0.5 nA,可以认为二者分别是晶体管开关的"开启"和"关闭"状态。器件的电流开关比约为 7.2,这可以通过进一步增加应变来调整其数值。

图 4.11(b)中插图显示了该晶体管的器件结构和等效电路。该晶体管可以等效为两个背对背肖特基结。对背对背肖特基结而言,电路中的压降主要落在反偏肖特基结上。反向电流对反偏电压的依赖关系则遵循式(4.2)。为验证此模型可被用来描述观察到的现象,我们使用图 4.11(b)($V<0$)中的数据绘出了 $\ln(-I)$ 作为 $(-V)^{1/4}$ 函数的图形。在两个典型压力(3 μN 和 6 μN)的作用下,两幅图均显示如预期的良好线性特征。这说明反偏结主导器件传输特性的解释是合理的。

4.3.2　正向偏置接触

在正偏模式中压电肖特基结(金-氧化锌)处于正向偏置。正电压被加在金接触和银浆之间。在这种模式中,银-氧化锌结处于反向偏置。若其势垒较高,则电路中压降主要落在此结上。为了消除这种影响,通过对器件在 600 K 下空气中退火 12 h 获得了银-氧化锌结势垒高度较低的器件。图 4.12(a)所示为典型器件中氧化锌纳米线的扫描电镜图像(30°倾斜视图)。这些纳米线明显较短。此器件中的氧化锌纳米线更像是短纳米柱,其直径约为 35 nm。图 4.12(b)所示为从正视扫描电镜图像中得到的纳米线直径分布。

图 4.12(c)所示为不同应变下的器件伏安特性。负电压下器件中通过的电流非常小,而正电压下器件中的电流则可以达到几个纳安。当外部压力从 100 nN 变化到 500 nN 时,器件电流急剧增加,因此该器件的工作特性类似一个单肖特基结二极管。这表明金-氧化锌结形成的肖特基势垒较高并支配了器件的性能。图 4.12(c)中插图所示为器件的结构示意图及等效电路。

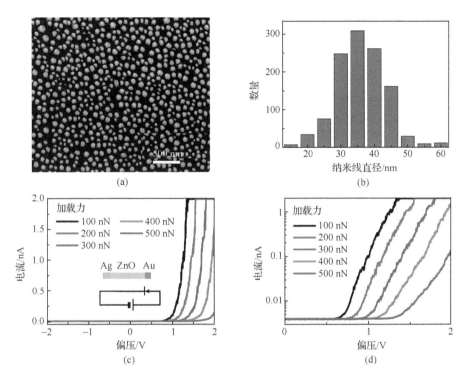

图 4.12　(a)用于单肖特基结器件的氧化锌纳米线;(b)纳米线的直径分布;(c)不同压缩力下单肖特基结器件的伏安特性;(d)半对数坐标中绘制的伏安特性曲线

对理想肖特基二极管,正向偏置下的伏安特性可以由下式描述[8]:

$$I_{\mathrm{f}} = AA^{**}T^2\exp\left(-\frac{\phi_{\mathrm{B}}}{k_{\mathrm{B}}T}\right)\exp\left(\frac{qV_{\mathrm{f}}}{nk_{\mathrm{B}}T}-1\right) \qquad (4.9)$$

式中,V_{f} 为正偏肖特基二极管所受电压,n 为二极管理想因子[19]。数学上,电流的对数 $\ln I_{\mathrm{f}}$ 与二极管上的压降 V_{f} 之间具有线性关系,可以表示为 $\ln I_{\mathrm{f}} \propto V_{\mathrm{f}}$。

图 4.12(d)显示了对数坐标下该晶体管的正向伏安特性。良好的线性拟合表明正向电流与电压间呈指数关系,这说明器件中主要的载流子输运过程可由热电子发射-扩散模型描述。

4.3.3　两端口压电电子学晶体管器件

压电电子学效应可以被用来解释正反偏模式中器件伏安特性对应力的依赖关系。图 4.13(a)(b)示出了氧化锌纳米线压电电子学效应的机制。氧化锌具有非中心对称的纤锌矿晶体结构[图 4.13(a)]。为简单起见,我们将氧化锌纳米线看作绝缘体以采用有限元方法计算线内的电势分布。图 4.13(b)中的色带对应了计算得出的沿 c 轴生长的氧化锌纳米线受到沿纳米线长度方向的不同压缩应力(从

左到右分别为 0 nN、100 nN、200 nN)时的压电势分布。纳米线的直径为 50 nm,
长度为 100 nm。压电势的计算采用了 COMSOL Multiphysics(4.2a 版本)中默认
的压电氧化锌的以下材料参数:压电常数 $d_{33} = -5.43 \times 10^{-12}$ C/N,相对介电常数
$\varepsilon_r = 10.204$,弹性系数 210 GPa,同时假设氧化锌中没有掺杂。如图 4.13(b)所
示,压电势对应力的依赖率约为 5 mV/nN。如果纳米线为 n 型掺杂或含有空位,
压电势将驱动自由电子从器件一端移动到另一端以屏蔽晶体中的局域压电势而达
到新的平衡。由于氧化锌纳米线内的掺杂程度有限,压电势仅被部分屏蔽。被部
分屏蔽的压电势会改变结区的局域费米能级和表面附近的导带形状。压电势通过
改变肖特基结区半导体侧的费米能级和导带来影响肖特基势垒高度。在此处,氧
化锌纳米线顶端被金接触包裹,底部则连接到制得的氧化锌导电层。压电电子学
效应主要影响着金-氧化锌肖特基结。

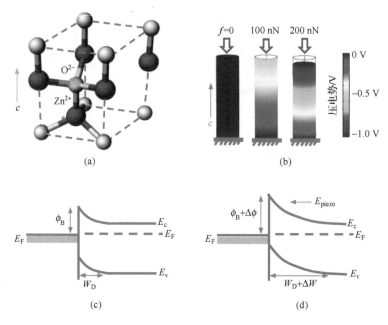

图 4.13　(a)氧化锌纤锌矿晶体结构示意图;红色和灰色球分别代表锌
原子和氧原子;(b)有限元法计算得到的直径为 50 nm,长为 100 nm 的
氧化锌纳米线受到不同的单轴压力(0 nN、100 nN、200 nN)时的压电势
分布;(c)金属-半导体界面形成的肖特基势垒;(d)压电势对(0001)面
上的金属-半导体结肖特基势垒高度的影响

　　我们可以用图 4.13(c)(d)中所示的能带图来简化对压电电子学效应的描述。
如图 4.13(c)所示,势垒高度 ϕ_B 由金属费米能级与 n 型半导体带边间的电势差来
定量衡量。如果半导体具有压电性质,如氧化锌,且晶体 c 轴指向金-氧化锌结区,
则如图 4.13(d)所示,晶体受应变将产生压电势。由于导致载流子重新分布,压电

势将改变局域接触的特性。基于 c 面的氮化镓上生长的垂直氧化锌纳米线沿着 c 轴方向生长。如图 4.13(d)所示，当施加外力时，在金和氧化锌纳米线之间的肖特基结处产生的负压电势使耗尽层拓宽，从而提高了肖特基势垒高度。应变引起的压电势有效地改变了局域接触特性并调控着金属-半导体界面的载流子传输过程。

4.4　总　　结

综上所述，我们展示了一种基于压电电子学效应的新型的完全封装的应变传感器器件[5]。该应变传感器由平放固定于柔性聚苯乙烯基底上的氧化锌压电细线被聚二甲基硅氧烷薄膜封装而成。制得的传感器显示了优良的稳定性、快速响应性和高达 1250 的应变系数。器件的伏安特性可以通过改变肖特基势垒高度而调控，且肖特基势垒高度的改变与应变变化呈线性关系。肖特基势垒高度的变化基于压阻效应和压电电子学效应的共同作用，但后者的贡献起着主导作用。在本章中展示的基于柔性基底的应变传感器可以应用于细胞生物学、生物医疗、微机电系统器件、结构监测乃至地震监测等领域里的应力应变测量。

利用应变引起氧化锌线的传输性能变化，我们展示了一种基于压电二极管的具有开关比约为 120 的开关器件[18]。压电细线平置于基底并被完全封装。这种设计也可以很容易地被拓展应用到制备纳米线器件领域，且制得的纳米线器件预期会有超高的灵敏度。压电势的存在不仅是纳米发电机和压电电子学器件的工作基础，而且也可用于制备新型压电二极管和开关器件。这些新型器件具备高灵敏度、低成本、柔性和完全封装等特性，具有广阔的应用前景。

在使用垂直纳米线阵列制备的应变门控压电电子学晶体管中，传统晶体管中的门电极被晶体内部由应变产生的压电势所代替。对于器件中传输电流的控制也发生在纳米线和上下电极间的接触界面上。这一设计显示了利用分立竖直纳米线制备垂直晶体管阵列的可能性。阵列中的每根纳米线晶体管都可通过纳米线顶部的机械压力或压强来独立控制。此类压电电子学晶体管阵列是一种全新的设计，在应变、压力、压强等的高分辨成像领域将会有重要的应用。

参 考 文 献

[1] Toriyama T, Funai D, Sugiyama S J. Piezoresistance Measurement on Single Crystal Silicon Nanowires. Journal of Applied Physics, 2003, 93 (1): 561.

[2] Tombler T W, Zhou C W, Alexseyev L, Kong J, Dai H J, Liu L, Jayanthi C S, Tang M J, Wu S Y. Reversible Electromechanical Characteristics of Carbon Nanotubes under Local-Probe Manipulation. Nature, 2000, 405: 769-772.

[3] Stampfer C, Helbling T, Obergfell D, Schöberle B, Tripp M K, Jungen A, Roth S, Bright V M, Hierold C. Fabrication of Single-Walled Carbon-Nanotube-Based Pressure Sensors. Nano Letters, 2006,

6 (2): 233-237.

[4] Grow R J, Wang Q, Cao J, Wang D W, Dai H J. Piezoresistance of Carbon Nanotubes on Deformable Thin-Film Membranes. Applied Physics Letters, 2005, 86 (9): 093104.

[5] Zhou J, Gu Y D, Fei P, Mai W J, Gao Y F, Yang R S, Bao G, Wang Z L. Flexible Piezotronic Strain Sensor. Nano Letters, 2008, 8 (9): 3035-3040.

[6] Zhang Z Y, Jin C H, Liang X L, Chen Q, Peng L M. Current-Voltage Characteristics and Parameter Retrieval of Semiconducting Nanowires. Applied Physics Letters, 2006, 88 (7): 073102.

[7] Zhang Z Y, Yao K, Liu Y, Jin C H, Liang X L, Chen Q, Peng L M. Quantitative Analysis of Current-Voltage Characteristics of Semiconducting Nanowires: Decoupling of Contact Effects. Advanced Functional Materials, 2007, 17 (14): 2478-2489.

[8] Sze S M. Physics of Semiconductor Devices. 2nd ed. New York: John Wiley & Sons, 1981.

[9] Fan Z Y, Lu J G. Electrical Properties of ZnO Nanowire Field Effect Transistors Characterized with Scanning Probes. Applied Physics Letters, 2005, 86 (3): 032111.

[10] Liu Y, Kauser Z, Ruden P P, Hassan Z, Lee Y C, Ng S S, Yam F K. Effect of Hydrostatic Pressure on the Barrier Height of Ni Schottky Contacts on n-AlGaN. Applied Physics Letters, 2006, 88 (2): 022109.

[11] Shan W, Li M F, Yu P Y, Hansen W L, Walukiewicz W. Pressure Dependence of Schottky Barrier Height at the Pt/GaAs interface. Applied Physics Letters, 1988, 53 (11): 974-976.

[12] Liu Y, Kauser M Z, Nathan M I, Ruden P P, Dogan S, Morkoc H, Park S S, Lee K Y. Effects of Hydrostatic and Uniaxial Stress on the Schottky Barrier Heights of Ga-Polarity and n-Polarity n-GaN. Applied Physics Letters, 2004, 84 (12): 2112-2114.

[13] Dridi Z, Bouhafs B, Ruterana P. Pressure Dependence of Energy Band Gaps for $Al_x Ga_{1-x} N$, $In_x Ga_{1-x} N$ and $In_x Al_{1-x} N$. New Journal of Physics, 2002, 4: 94. 1-94. 15.

[14] Chung K W, Wang Z, Costa J C, Williamson P, Ruden P P, Nathan M I. Barrier Height Change in GaAs Schottky Diodes Induced by Piezoelectric Effect. Applied Physics Letters, 1991, 59 (10): 1191-1193.

[15] Liu Y, Kauser M Z, Schroepfer D D, Ruden P P, Xie J, Moon Y T, Onojima N, Morkoc H, Son K A, Nathan M I. Effect of Hydrostatic Pressure on the Current-Voltage Characteristics of GaN/AlGaN/GaN Heterostructure Devices. Journal Applied Physics, 2006, 99 (11): 113706.

[16] Zhou J, Fei P, Gu Y D, Mai W J, Gao Y F, Yang R S, Bao G, Wang Z L. Piezoelectric-Potential-Controlled Polarity-Reversible Schottky Diodes and Switches of ZnO Wires. Nano Letters, 2008, 8 (11): 3973-3977.

[17] He J H, Hsin C H, Chen L J, Wang Z L. Piezoelectric Gated Diode of a Single ZnO Nanowire. Advanced Materials, 2007, 19 (6): 781-784.

[18] Nye J F. Physical Properties of Crystal. London: Oxford University Press, 1955.

[19] Han W H, Zhou Y S, Zhang Y, Chen C Y, Lin L, Wang X, Wang S H, Wang Z L. Strain-Gated Piezotronic Transistors Based on Vertical Zinc Oxide Nanowires. ACS Nano, 2012, 6 (5): 3760-3766.

第5章　压电电子学逻辑电路及运算操作

自供能[1]自主智能纳米系统应包括超敏感纳米线（NW）传感器[2-5]，实现数据存储处理及决策的集成高性能存储器和逻辑运算部件[6-12]，以及支持可持续和自给自足的独立操作的能源收集单元[1,13-21]。现有的半导体纳米线逻辑器件都是基于电信号作为栅极门控信号的场效应晶体管，其功能是通过调节导电沟道的宽度来成为逻辑单元的驱动电路和有源负载[22]。此外，现有的逻辑单元器件都是"静态"并几乎完全通过电信号触发或启动的，而"动态"可移动的机械驱动激励是通过其他可能由不同材料构成的异质单元器件来完成的。

在本章中，我们将展示仅用氧化锌纳米线来设计制备基于压电电子学效应的压电触发的机电逻辑操作，以实现集成的机电耦合控制的逻辑运算[23]。利用受外加形变时氧化锌纳米线内产生的压电势，我们制备出应变门控晶体管（SGT），并基于此实现了如反相器、与非门（NAND）、或非门（NOR）和异或门（XOR）等通用逻辑器件以执行压电电子学逻辑运算。这些压电电子学器件有望与纳机电系统（NEMS）技术集成，以在便携式电子产品、医疗科学和国防科技等重要的应用领域实现高级复杂的功能操作；例如，执行传感与驱动的纳米机器人，在微流体[24]领域控制流体流动的电路和用于智能控制操作的其他微纳系统等。

5.1　应变门控晶体管

在出现应变时氧化锌纳米线中产生的压电势可以有效地起到门电压的作用。这个现象已被用于构造各种压电电子学纳米器件[25,26,28]。在这些器件中机电耦合和控制动作可以由单一材料构建的单一结构单元来实现。由于压电效应而引起的非移动离子的极化，机械应变可以在氧化锌纳米线中产生压电势。此外压电势还可以作为"控制器"来调控器件中载流子的传输行为，这是应变门控电子器件的基本原理，在此基础上我们制备出了基于氧化锌纳米线的机电开关器件[28]。

5.1.1　器件制备

应变门控晶体管（SGT）由两端源漏电极被金属接触固定在聚合物基底上的单根氧化锌纳米线制成［图 5.1(a)］。应变门控反相器则由两根平置固定在 Dura-Lar 薄膜上的 ZnO 纳米线构成。Dura-Lar 薄膜厚度为 0.5 mm。器件中通过物理气相沉积方法合成的氧化锌纳米线通常的尺寸为直径约 300 nm、长度约 400 μm

[图 5.1(a)]。Dura-Lar 薄膜首先用丙酮、异丙醇和去离子水超声清洗,之后用氮气吹干待用。氧化锌纳米线在光学显微镜(Leica Microsystems 公司)下用探针台(Cascade Microtech 公司)操作平置在 Dura-Lar 薄膜表面上。银浆(Ted Pella 公司)被加在氧化锌纳米线两端以形成电气接触。

　　由于基底决定了整个器件结构的力学性能,当基底发生弯曲时,氧化锌纳米线受到纯的拉伸或压缩应变。利用氧化锌纳米线中产生的压电势,纳米线应变门控晶体管的门控输入是外加应变而不再是一个电信号。图 5.1(a)中显示了在进一步组装成逻辑器件之前,单个氧化锌纳米线应变门控晶体管受到不同应变门控信号时的源漏伏安传输特性(I_{DS}-V_{DS})。定义当漏极接正电压时纳米线应变门控晶体管处于正偏工作状态[图 5.1(a)]。

　　对应变门控晶体管而言,外部机械扰动引致的应变(ε_G)作为门控输入信号控制着纳米线应变门控晶体管的"开"/"关"状态。当纳米线被拉伸或压缩时分别产生正或负应变。固定源漏偏压 V_{DS} 下的 I_{DS}-ε_G 转移特性曲线表明,源漏电流 I_{DS} 随门应变信号 ε_G 增大而增大,且门应变阈值 ε_T 约为 0.08%[图 5.1(b)],这表明应变门控晶体管的工作类似一个 n 沟道增强型场效应晶体管。门应变阈值 ε_T 由 I_{DS}-ε_G曲线的最大斜率切线在 ε_G 轴上的截距来确定[参见图 5.1(b)黑色虚线]。在漏极偏压 $V_{DS}=1$ V 时的 I_{DS}-ε_G 转移特性曲线(图 5.2)表明纳米线应变门控晶体管具有伪跨导峰值 $g_m=dI_{DS}(V_{DS})/d\varepsilon_G$,对应于应变变化 $\Delta\varepsilon_G$ 为 1%时流经器件的源漏电流变化为 6 μA。纳米线应变门控晶体管的开关电流 I_{on} 和 I_{off} 可以在 $\varepsilon_{G(on)}=\varepsilon_G-0.3\%$ 和 $\varepsilon_{G(off)}=\varepsilon_G+0.7\%$ 处获得。这样当门控信号(ε_G)超过门应变阈值(ε_T)的量达到门控信号摆动的 70%以上时即可以使氧化锌纳米线应变门控晶体管进入

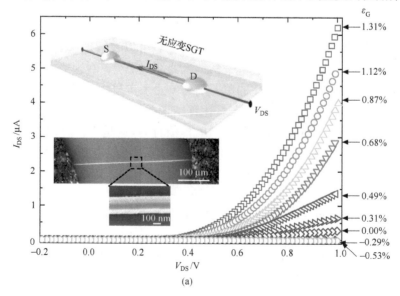

(a)

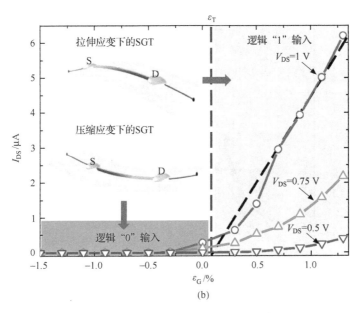

图 5.1　单根氧化锌纳米线应变门控晶体管(SGT)。(a) 受到的应变从 −0.53% 以 0.2% 为步长变化到 1.31% 时氧化锌应变门控晶体管器件的 I_{DS}-V_{DS} 输出特性；顶插图为无应变单根氧化锌纳米线应变门控晶体管受偏压时的示意图，当正偏压加在漏极上时电流从漏极流向源极。底插图为氧化锌应变门控晶体管主要功能部分的顶视扫描电镜图。线长度为 70 μm，直径为 300 nm。氧化锌纳米线两端用银浆固定。(b) 同一氧化锌应变门控晶体管器件在不同偏压(V_{DS} 分别为 1 V、0.75 V 和 0.5 V)下的 I_{DS}-ε_G 传输特性。门应变阈值 ε_T 由 I_{DS}-ε_G 曲线的最大斜率切线在 ε_G 轴上的截距确定为 0.08%(见黑色虚线)。插图顶端为氧化锌应变门控晶体管在拉伸应变下的示意图及对应的 I_{DS}-ε_G 特性曲线(浅蓝色区域)，这是应变门控晶体管的逻辑"1"应变输入区域。插图底端为氧化锌应变门控晶体管在压缩应变下的示意图及对应的 I_{DS}-ε_G 特性曲线(红色区域)，这是应变门控晶体管的逻辑"0"应变输入区域。纳米线中形变产生的压电势在红色部分区域为负而在黄色区域为正[23]

"开启"状态，而门控信号(ε_G)低于门应变阈值(ε_T)的量达到门控信号摆动的 30% 以上的区域则定义为器件的"关闭"状态范围，如图 5.3 所示。基于此定义，我们可以得到在源漏电压 V_{DS} = 1 V 时，器件的开启电流 I_{on} = 3.38 μA，关闭电流 I_{off} = 0.03 μA，由此获得的电流开关比 I_{on}/I_{off} 为 112，这可以与之前的电信号作为栅极门压的锗/硅纳米线器件中报道的数值相媲美[22]。通过 I_{DS}-ε_G 曲线(图 5.2)我们也可展望通过集成纳米机电转换单元来实现基于氧化锌纳米线应变门控晶体管的机电放大器[6]。

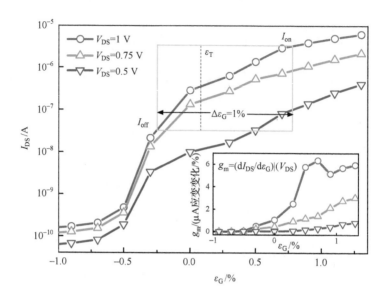

图 5.2　氧化锌纳米线应变门控晶体管器件在三个不同偏压(V_{DS} 分别为 1 V、0.75 V 和 0.5 V)下的 I_{DS}-ε_G 特性。蓝色方框定义了 1% 门控应变窗口。开启和关闭电流分别在 $\varepsilon_{G(on)}=\varepsilon_G-0.3\%$ 和 $\varepsilon_{G(off)}=\varepsilon_G+0.7\%$ 处得到，所以当门控信号(ε_G)超过门应变阈值(ε_T)的量达到门控信号摆动的 70% 以上时，即可以使氧化锌纳米线应变门控晶体管进入"开启"状态；而门控信号(ε_G)低于门应变阈值(ε_T)的量达到门控信号摆动的 30% 以上的区域，则定义为器件的"关闭"状态范围。插图中从上到下分别是1 V、0.75 V 和 0.5 V 偏压下氧化锌纳米线应变门控晶体管的伪跨导[23]

5.1.2　基本原理

应变门控晶体管的工作原理可以通过器件的能带结构图来说明。一个无应变氧化锌纳米线与两端源漏电极之间形成势垒高度分别为 ϕ_S 和 ϕ_D($\phi_S\neq\phi_D$)的肖特基接触[图 5.3(a)]。由于电路中大部分压降落在反向偏置结上，为示意起见，我们将氧化锌纳米线中的费米能级画成平的，这适用于我们的器件[28]。当漏极正偏时，源极和漏极的准费米能级($E_{F,S}$)和($E_{F,D}$)之间的差值为 eV_{bias}，其中 V_{bias} 是外加偏压大小[图 5.3(b)]。外部施加的机械应变(ε_G)会引起氧化锌纳米线内的能带结构变化和压电电势场的产生[28]。能带结构的变化导致压阻效应，这一效应在源极和漏极接触上产生了非极性和对称的影响。由于氧化锌具有沿 c 轴方向的极性结构，沿轴向(c 轴)发生的形变会使得纳米线内产生沿纳米线生长方向(c 轴方向)的阳离子和阴离子间的极化，导致纳米线内产生从 V^+ 到 V^- 的压电势分布(图 5.3)。这个压电势的分布对器件的漏极和源极肖特基势垒高度的变化具有不对称效应。拉伸应变下源极肖特基势垒高度从 ϕ_S 减至 $\phi_S'\cong\phi_S-\Delta E_P$ [图 5.3(c)]，

其中 ΔE_P 是应变的函数,代表了由局域产生的压电势造成的势垒高度变化,因此这种情况下器件中的源漏电流 I_{DS} 增加。受压缩应变时,应变门控晶体管内的压电势极性反向,因此源极肖特基势垒高度从 ϕ_S 增加到 $\phi_S'' \cong \phi_S + \Delta E_P'$ [图 5.3(d)],其中 $\Delta E_P'$ 表示这种情况下源极肖特基势垒高度受压电势影响而造成的变化,从而导致 I_{DS} 显著减少。因此,当源漏偏压 V_{DS} 保持不变时,随着应变 ε_G 从压缩区域变化至拉伸区域,源漏电流 I_{DS} 可以有效地从"关闭"态变至"开启"态。这就是应变门控晶体管的基本工作原理。

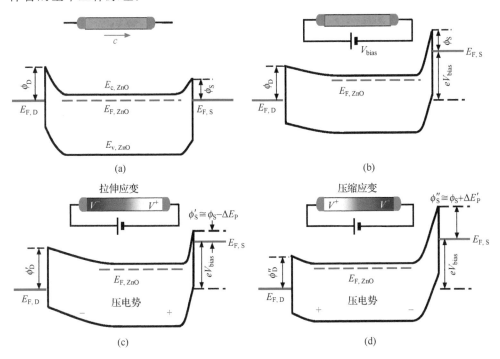

图 5.3　不同条件下氧化锌纳米线应变门控晶体管的能带结构图,用以说明应变门控晶体管的原理。纳米线的晶体 c 轴方向从漏极指向源极。(a)平衡条件下氧化锌纳米线应变门控晶体管的能带结构,源极和漏极两端具有不同的势垒高度且分别为 ϕ_S 和 ϕ_D;(b)氧化锌纳米线应变门控晶体管源极和漏极的准费米能级($E_{F,S}$)和($E_{F,D}$)因所加偏压 V_{bias} 而产生差异;(c)器件受拉伸应变时源端的肖特基势垒高度从 ϕ_S 减少到 $\phi_S' \cong \phi_S - \Delta E_P$;(d)器件受压缩应变时源端的肖特基势垒高度从 ϕ_S 增加到 $\phi_S'' \cong \phi_S + \Delta E_P'$ [23]

5.2　应变门控反相器

通过将两个 n 型氧化锌纳米线应变门控晶体管背靠背地封装集成在同一柔性基底的上下表面,我们可以制得压电电子学应变门控互补逻辑门器件。我们的第一个例子是氧化锌纳米线应变门控反相器（SGI）（图 5.4）。当基底向下弯曲时[图 5.4(a1)]，1 号应变门控晶体管受到大小在 0.05％～1.5％之间的拉伸应变，与此同时 2 号应变门控晶体管受到一个大小相同的压缩应变，因此这两个应变门控晶体管处于互补的电气"开启"和"关闭"状态。对应地，如果基底向上弯曲[图 5.4(a3)]，则这两个应变门控晶体管分别处于互补的"关闭"和"开启"状态。因此这两个应变门控晶体管的工作行为与传统的互补金属-氧化物-半导体（CMOS）反相器中的 n 沟道金属-氧化物-半导体（NMOS）和 p 沟道金属-氧化物-半导体晶体管（PMOS）的互补工作模式类似[29]。

通过测量绘制输出电压与对应门控应变之间的关系，我们可以得到纳米线应变门控反相器的应变-电压传输特性（SVTC）和噪声容限[图 5.4(b)]。V_{OH} 和 V_{OL} 给出应变门控反相器的高低输出电压。理想值为 $V_{OH}=V_{DS}=1$ V 和 $V_{OL}=0$ V，实验观测值分别为 $V_{OH}=0.98$ V 和 $V_{OL}=0.0001$ V，这是由于处于"开启"状态的应变门控晶体管上也会有一定的压降而使得 V_{OH} 的测量值略小于外加偏压 1 V。应变门控反相器的逻辑摆幅（$V_{OH}-V_{OL}$）为 0.98 V，决定了应变门控反相器的输出在逻辑高低状态间切换的开关阈值应变 ε_I 可以从图 5.4(b)中确定为 C 点，对应应变值为 -0.6%。图 5.4(b)中连接原点和 C 点的虚线斜率为 1。为了表征门应变输入对应变门控反相器输出的影响，通过确定伪单位增益点 A（应变值为 -0.8%）和 B（应变值为 -0.38%），我们可以得到产生输出信号为逻辑"1"的最大输入应变 ε_{IL}，以及导致输出信号为逻辑"0"的最小输入应变 ε_{IH}[图 5.4(b)]。应变-电压传输特性曲线（红线）在点 A 和 B 的斜率均为 -1。当输入应变处于 $\varepsilon<\varepsilon_{IL}(=-0.8\%)$ 的区间时[图 5.4(b)紫色区域]，应变门控反相器对应的逻辑输出为"1"。而当输入应变处于 $\varepsilon>\varepsilon_{IH}(=-0.38\%)$ 的区间时[图 5.4(b)蓝色区域]，应变门控反相器对应的逻辑输出为"0"。ε_{IL} 和 ε_{IH} 呈现负值可能是由于制备应变门控反相器的过程中在器件内无意地引入了一些初始应变[30]。在逻辑低输入区[图 5.4(b)紫色区域]，1 号应变门控反相器处于"开启"状态而 2 号应变门控反相器处于"关闭"状态；在逻辑高输入区域[图 5.4(b)蓝色区域]，1 号应变门控反相器处于"关闭"状态而 2 号应变门控反相器处于"开启"状态。应变门控反相器的响应时间取决于具体应用过程中施加的应变速率。氧化锌纳米线应变门控反相器的瞬态特性也可以得到进一步研究。由于应变门控逻辑器件的设计的目的在于与周围的环境产生互动作用，而周围环境中多为低频机械信号，所以应变门控逻辑器件的目标应用不同于传统的追求更快处理速度的硅器件。例如在纳米机器人、传感器和微机械等应用中，只要应变门控逻辑器件能够及时响应并处理机械信号，那么开关频率就不是问题的关键。应变门控晶体管将实现对传统的 CMOS 技术的互补应用。此外，不同于传统的 CMOS 反相器，由于氧化锌纳米线应变门控晶体管中没有门电极，因此应变门控反相器中的门极漏电流可以被忽略。

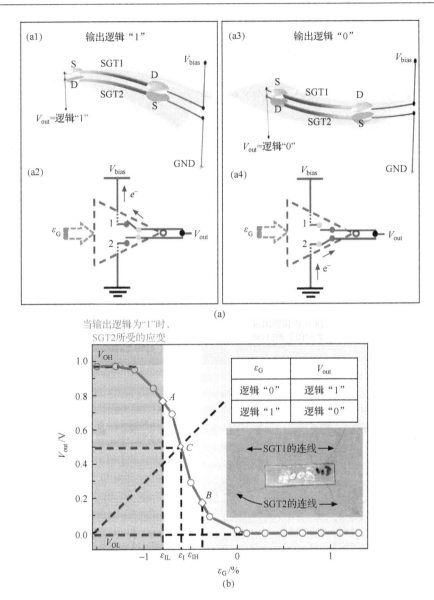

图 5.4　氧化锌纳米线应变门控反相器。（a1）～（a4）对输入应变响应并进行逻辑运算的氧化锌纳米线应变门控反相器的示意图和对应的符号。氧化锌纳米线应变门控反相器应变输入的定义由 2 号应变门控晶体管所受的应变定义。当氧化锌纳米线应变门控反相器应变输入逻辑为“0”时，1 号应变门控晶体管（SGT1）处于“开启”状态而 2 号应变门控晶体管（SGT2）处于“关闭”状态，则应变门控反相器电输出为“1”。GND 端为接地端；当应变门控反相器应变输入逻辑为“1”时，1 号应变门控晶体管处于“关闭”状态而 2 号应变门控晶体管处于“开启”状态，则应变门控反相器电输出为“0”。每个应变门控晶体管的 c 轴方向和压电势极性如图 5.1(b)所定义。(b) 偏压 V_{DS} 为 1 V 时的氧化锌纳米线应变门控反相器的应变电压转换特性（SVTC）和噪声容限。连接原点和 C 点的虚线斜率为 1。应变电压转换特性曲线（红线）在点 A 和 B 的斜率均为 −1。插图是氧化锌纳米线应变门控反相器的光学照片，由两个应变门控晶体管和四根连接导线构成[23]

5.3　压电电子学逻辑运算

5.3.1　与非门和或非门(NAND 和 NOR)

　　基于纳米线应变门控与非门和或非门的逻辑运算是通过将两个受所施加应变单独门控的纳米线应变门控晶体管按照特定连线规则集成实现的[图 5.5(a1)和 5.5(a2)中所示为与非门；图 5.5(b1)和 5.5(b2)中所示为或非门]。与非门和或非门的输出电压与输入门应变之间的关系如图 5.5(a3)(与非门)和图 5.5(b3)(或非

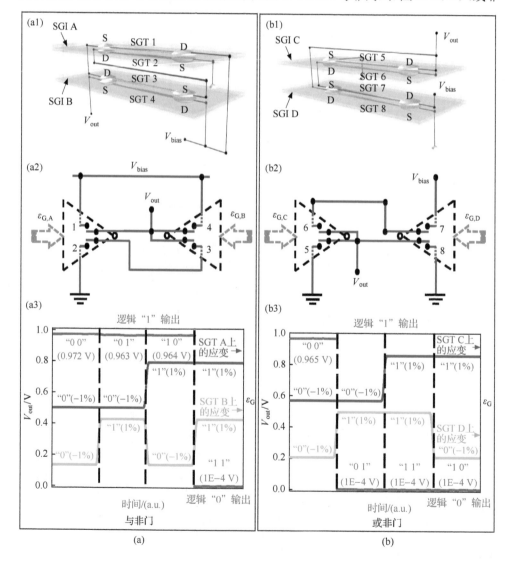

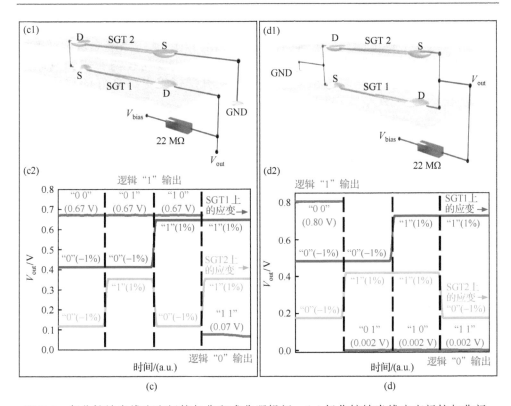

图 5.5 氧化锌纳米线应变门控与非和或非逻辑门。(a)氧化锌纳米线应变门控与非门：(a1)氧化锌纳米线应变门控与非门的示意图。氧化锌纳米线应变门控与非门通过集成 A 和 B 两个应变门控反相器实现。应变门控反相器 A 的应变输入由 2 号应变门控晶体管所受的应变定义，应变门控反相器 B 的应变输入由 3 号应变门控晶体管所受的应变定义；(a2)中的线路图显示了如何将两个氧化锌纳米线应变门控反相器连接成为氧化锌纳米线应变门控与非门；(a3)氧化锌纳米线应变门控与非门的逻辑运算和真值表。红线是与非门的电信号输出；蓝线和绿线分别是应变门控反相器 A 和 B 的应变输入。输入曲线的"1"和"0"分别代表输入逻辑的高低。对输出而言，引号中第一个数字对应应变门控反相器 A 上的应变输入，第二个数字对应应变门控反相器 B 上的应变输入。括号中的数值对应输入输出信号的实际大小。上述规则同样适用于或非和异或逻辑门。(b)氧化锌纳米线应变门控或非门。(b1)氧化锌纳米线应变门控或非门的示意图。氧化锌纳米线应变门控或非门通过集成 C 和 D 两个应变门控反相器实现。应变门控反相器 C 的应变输入由 5 号应变门控晶体管所受的应变定义，应变门控反相器 D 的应变输入由 8 号应变门控晶体管所受的应变定义；(b2)中的线路图显示了如何将两个氧化锌纳米线应变门控反相器连接成为氧化锌纳米线应变门控或非门；(b3)氧化锌纳米线应变门控或非门的逻辑运算和真值表。红线是或门的电信号输出；蓝线和绿线分别是应变门控反相器 C 和 D 的应变输入。(c1)将两根氧化锌纳米线串联构成的具有阻性负载的氧化锌纳米线与非门的示意图，其中 22 MΩ 电阻作为上拉电阻。(c2)具有阻性负载的氧化锌纳米线与非门的逻辑运算和真值表。蓝线和绿线分别是 1 号和 2 号应变门控晶体管的应变输入。(d1)将两根氧化锌纳米线并联构成的具有阻性负载的氧化锌纳米线或非门的示意图，其中 22 MΩ 电阻作为上拉电阻。(d2)具有阻性负载的氧化锌纳米线或非门的逻辑运算和真值表。蓝线和绿线分别是 1 号和 2 号应变门控晶体管的应变输入[23]

门)所示。氧化锌纳米线应变门控与非门和或非门的开关操作中具有两种状态转换特性,如表 5.1 和表 5.2 所列。同时也可以看出,相比于集成无源负载的纳米线应变门控与非门和或非门,具有有源负载的纳米线应变门控与非门和或非门[图 5.5(a3)和 5.5(b3)]表现出诸如更大的逻辑摆幅等更为良好的整体性能[图 5.5(c)和 5.5(d)]。

表 5.1 氧化锌纳米线应变门控与非门的开关操作

应变门控晶体管	"0 0" ← "1 1"		"0 1" ⇄ "1 1"		"1 0" ⇄ "1 1"	
SGT 1	开	关	开	关	关	关
SGT 2	关	开	关	开	开	开
SGT 3	关	开	开	开	关	开
SGT 4	开	关	开	关	开	关

注:氧化锌纳米线应变门控与非门的开关操作具有两种状态转换特性。一种情况是所有四个应变门控晶体管"开"/"关"状态均发生改变,如表 5.1 中前两列所示(用紫色代表)。另外一种情况是只有其中两个应变门控晶体管改变"开"/"关"状态,如表 5.1 中后四列所示(用绿色代表)。引号中的两个数字代表氧化锌纳米线应变门控与非门中应变门控反相器的应变输入逻辑的高低。

表 5.2 氧化锌纳米线应变门控或非门的开关操作

应变门控晶体管	"0 0" ← "1 1"		"0 0" ⇄ "1 0"		"0 0" ⇄ "0 1"	
SGT 5	关	开	关	开	关	关
SGT 6	开	关	开	关	开	开
SGT 7	开	关	开	关	开	关
SGT 8	关	开	关	开	关	开

注:氧化锌纳米线应变门控或非门的开关操作具有两种状态转换特性。一种情况是所有四个应变门控晶体管均改变"开"/"关"状态,如表中前两列所示(用紫色代表)。另外一种情况是只有其中两个应变门控晶体管改变"开"/"关"状态,如表中后四列所示(用绿色代表)。引号中的两个数字代表氧化锌纳米线应变门控或非门中应变门控反相器的应变输入逻辑高低。

5.3.2 异或门(XOR)

通过将两个应变门控晶体管并联连接,我们也实现了氧化锌纳米线应变门控异或逻辑运算[图 5.6(a)]。图 5.6(a)中 1 号应变门控晶体管的漏极与输入电压 V_A 连接,而 2 号应变门控晶体管的漏极则连接 V_A 的逻辑互补电压信号 $V_{\bar{A}}$。若 2 号应变门控晶体管的应变门控输入逻辑是 B,则 1 号应变门控晶体管的应变门控输入逻辑为 $\bar{B}$。此处与纳米线应变门控反相器中不同的电路连线使得器件具有不同的逻辑功能。当基底向上或向下弯曲时,器件的电信号输出是 V_A 或 $V_{\bar{A}}$,而器件总的输出逻辑表达式为 $V_{\text{out}} = \bar{B}V_A + BV_{\bar{A}}$。这表明器件的输入和输出之间满足异或逻辑。如图 5.6(b)所示为异或门的输出电压与输入门控应变之间的关系。

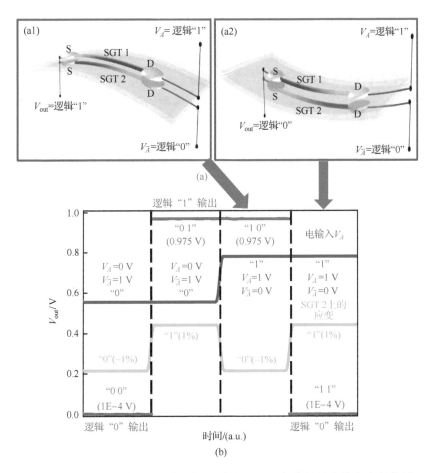

图 5.6　氧化锌纳米线应变门控异或逻辑门。(a) 氧化锌纳米线应变门控异或逻辑门对应变和电信号输入做逻辑运算的示意图。(a1) 当 2 号应变门控晶体管的应变输入逻辑为"0"且 1 号应变门控晶体管的电信号输入 V_A 逻辑为"1"时，则 1 号应变门控晶体管处于"开启"状态，2 号应变门控晶体管处于"关闭"状态。因此异或门的电信号输出逻辑为"1"；(a2) 当 2 号应变门控晶体管的应变输入逻辑为"1"且 1 号应变门控晶体管的电信号输入 $V_{\bar{A}}$ 逻辑为"0"，则 1 号应变门控晶体管处于"关闭"状态而 2 号应变门控晶体管处于"开启"状态。因此异或门的电信号输出逻辑为"0"。(b) 氧化锌纳米线应变门控异或门的逻辑运算和真值表。红线是异或门的电信号输出；蓝线和绿线分别是 1 号和 2 号应变门控晶体管的电输入和应变输入[23]

　　如果将图 5.6(a) 中的 1 号和 2 号应变门控晶体管的漏极分别与任意独立的信号输入 D_1 和 D_0 而不是互补逻辑（V_A 和 $V_{\bar{A}}$）连接，则上述异或门（XOR）转变成了一个 2：1 多路调制器（MUX），控制位 B 是 2 号应变门控晶体管的应变逻辑输入。类似地,一个 $n : 1$ 多路调制器使我们能够选择从 n 个输入中选择任一路信号并将其导至输出端。当 B 为逻辑"1"时,1 号应变门控晶体管处于"关闭"状态,则输出由连接到 2 号应变门控晶体管漏电极的输入信号决定;反之,当 B 为逻辑"0"时,2 号应变门控晶体管处于"关闭"状态,则输出由连接到 1 号应变门控晶体管漏电极的输入信号决定。如果将输入 D_1 和 D_0 作为输出端并将多路调制器的输出作为输入端,则该器件就成为了一个多路解调器(DEMUX)。根据上述基本结构,该电路可以很容易扩展以制造更大规模的多路调制器。基于上述构造的纳米线应变门控多路调制器和多路解调器将是机电信号处理领域至关重要的逻辑元件。

5.4 总 结

利用氧化锌纳米线受外加形变时在线内产生的压电势而具有的门控效应,我们制备了应变门控晶体管(SGT),并利用这一基本单元进一步首次制得了可以进行通用逻辑运算的与非门、或非门和异或门等基于压电电子学原理的逻辑操作[23]。与传统的 CMOS 逻辑单元不同的是,基于应变门控晶体管的逻辑单元由机械激励触发且仅由 n 型氧化锌纳米线构成而无需 p 型半导体元件。这类新型机电逻辑元件可与纳机电系统(NEMS)技术集成以在纳米机器人、微流技术和微纳系统等领域实现高级和复杂的功能。最近,我们已经实现了自供能自主智能纳米系统中能源收集和传感探测这两个重要的组成部分的集成[31]。氧化锌压电电子学逻辑器件可进一步与超灵敏的氧化锌纳米传感器和基于氧化锌纳米线的发电机集成,从而实现自给自足的基于全纳米线的多功能自供能自主智能纳米系统。

参 考 文 献

[1] Wang Z L, Song J H. Piezoelectric Nanogenerators Based on Zinc Oxide Nanowire Arrays. Science, 2006, 312: 242-246.

[2] Patolsky F, Zheng G F, Lieber C M. Fabrication of Silicon Nanowire Devices for Ultrasensitive, Label-Free, Real-Time Detection of Biological and Chemical Species. Nature Protocols, 2006, 1: 1711-1724.

[3] Cui Y, Wei Q Q, Park H K, Lieber C M. Nanowire Nanosensors for Highly Sensitive and Selective Detection of Biological and Chemical Species. Science, 2001, 293: 1289-1292.

[4] Stern E, Klemic J F, Routenberg D A, Wyrembak P N, Turner-Evans D B, Hamilton A D, LaVan D A, Fahmy T M, Reed M A. Label-Free Immunodetection with CMOS-Compatible Semiconducting Nanowires. Nature, 2007, 445: 519-522.

[5] Yeh P H, Li Z, Wang Z L. Schottky-Gated Probe-Free ZnO Nanowire Biosensor. Advanced Materials, 2009, 21 (48): 4975-4978.

[6] Masmanidis S C, Karabalin R B, De Vlaminck I, Borghs G, Freeman M R, Roukes M L. Multifunctional Nanomechanical Systems via Tunably Coupled Piezoelectric Actuation. Science, 2007, 317: 780-783.

[7] Bachtold A, Hadley P, Nakanishi T, Dekker C. Logic Circuits with Carbon Nanotube Transistors. Science, 2001, 294: 1317-1320.

[8] Huang Y, Duan X F, Cui Y, Lauhon L J, Kim K H, Lieber C M. Logic Gates and Computation from Assembled Nanowire Building Blocks. Science, 2001, 294: 1313-1317.

[9] Chen Z H, Appenzeller J, Lin Y M, Sippel-Oakley J, Rinzler A G, Tang J Y, Wind S J, Solomon P M, Avouris P. An Integrated Logic Circuit Assembled on a Single Carbon Nanotube. Science, 2006, 311: 1735-1735.

[10] Thelander C, Nilsson H A, Jensen L E, Samuelson L. Nanowire Single-Electron Memory. Nano Letters, 2005, 5 (4): 635-638.

[11] Rueckes T, Kim K, Joselevich E, Tseng G Y, Cheung C L, Lieber C M. Carbon Nanotube-Based Nonvolatile Random Access Memory for Molecular Computing. Science, 2000, 289: 94-97.

[12] Lee S H, Jung Y, Agarwal R. Highly Scalable Non-Volatile and Ultra-Low-Power Phase-Change Nanowire Memory. Nature Nanotechnology, 2007, 2: 626-630.

[13] Dresselhaus M S, Chen G, Tang M Y, Yang R G, Lee H, Wang D Z, Ren Z F, Fleurial J P, Gogna P. New Directions for Low-Dimensional Thermoelectric Materials. Advanced Materials, 2007, 19(8): 1043-1053.

[14] Tian B Z, Zheng X L, Kempa T J, Fang Y, Yu N F, Yu G H, Huang J L, Lieber C M. Coaxial silicon nanowires as solar cells and nanoelectronic power sources. Nature, 2007, 449: 885-889.

[15] Law M, Greene L E, Johnson J C, Saykally R, Yang P D. Nanowire Dye-Sensitized Solar Cells. Nature Materials, 2005, 4: 455-459.

[16] Wang X D, Song J H, Liu J, Wang Z L. Direct-Current Nanogenerator Driven by Ultrasonic Waves. Science, 2007, 316: 102-105.

[17] Qin Y, Wang X D, Wang Z L. Microfibre-Nanowire Hybrid Structure for Energy Scavenging. Nature, 2008, 451: 809-813.

[18] Yang R S, Qin Y, Dai L M, Wang Z L. Power Generation with Laterally Packaged Piezoelectric Fine Wires. Nature Nanotechnology, 2009, 4: 34-39.

[19] Chang C E, Tran V H, Wang J B, Fuh Y K, Lin L W. Direct-Write Piezoelectric Polymeric Nanogenerator with High Energy Conversion Efficiency. Nano Letters, 2010, 10 (2): 726-731.

[20] Pan C F, Wu H, Wang C, Wang B, Zhang L, Cheng Z D, Hu P, Pan W, Zhou Z Y, Yang X, Zhu J. Nanowire-Based High-Performance "Micro Fuel Cells": One Nanowire, One Fuel Cell. Advanced Materials, 2008, 20 (9): 1644-1648.

[21] Ekinci K L, Roukes M L. Nanoelectromechanical systems. Review of Scientific Instruments, 2005, 76 (6): 061101.

[22] Xiang J, Lu W, Hu Y J, Wu Y, Yan H, Lieber C M. Ge/Si Nanowire Heterostructures as High-Performance Field-Effect Transistors. Nature, 2006, 441: 489-493.

[23] Wu W Z, Wei Y G, Wang Z L. Strain-Gated Piezotronic Logic Nanodevices. Advanced Materials, 2010, 22 (42): 4711-4715.

[24] Thorsen T, Maerkl S J, Quake S R. Microfluidic Large-Scale Integration. Science, 2002, 298: 580-584.

[25] Wang Z L. Towards Self-Powered Nanosystems: From Nanogenerators to Nanopiezotronics. Advanced Functional Materials, 2008, 18 (22): 3553-3567.

[26] Wang Z L. ZnO Nanowire and Nanobelt Platform for Nanotechnology. Materials Science and Engineering Report, 2009, 64 (3-4): 33-71.

[27] Nanopiezotronics was Elected to be the Top 10 Emerging Technologies by MIT Technology Review T10 in 2009. http://www. technologyreview. com/article/412192/tr10-nanopiezoelectronics/. [2012-09-10]

[28] Zhou J, Fei P, Gu Y D, Mai W J, Gao Y F, Yang R S, Bao G, Wang Z L. Piezoelectric-Potential-Controlled Polarity-Reversible Schottky Diodes and Switches of ZnO Wires. Nano Letters, 2008, 8(11): 3973-3977.

[29] Allen P E, Holberg D R. CMOS Analog Circuit Design. 2nd ed. London: Oxford University Press, 2002.

[30] Gao Z Y, Zhou J, Gu Y D, Fei P, Hao Y, Bao G, Wang Z L. Effects of Piezoelectric Potential on the Transport Characteristics of Metal-ZnO Nanowire-Metal Field Effect Transistor. Journal of Applied Physics, 2009, 105 (11): 113707.

[31] Xu S, Qin Y, Xu C, Wei Y G, Yang R S, Wang Z L. Self-Powered Nanowire Devices. Nature Nanotechnology, 2010, 5: 366-373.

第6章　压电电子学机电存储器

近年来,在实现更小尺寸的新型非易失性阻性存储器元件[1-5]来制备具有高密度、低成本、超快读写访问速度和长存储保持时间[6]等特性的超高密度存储器[7,8]及逻辑器件等应用[9,10]领域中,将两端口回滞阻性开关器件与场效应晶体管互补结合的概念和设计思路吸引了众多的研究关注。值得注意的是,现存已有的非易失性阻性存储器都是基于电性切换电阻变化的方法来实现存储、读取功能的,具体机制包括:在材料内形成导电通道[5,11],由电荷转移引起的构型变化[12],电化学过程[13]及电场辅助的带电离子漂移扩散等过程[3,4,7,14]。这些机制、过程可以发生在多种氧化物和离子导体中[15,16]。现存的这些器件是用电信号编程而不适合与非电类型的激励/触发直接互动作用。

实现电子器件与机械信号之间的直接互动作用在诸如人机接口、纳米机器人的传感/激励和智能微纳机电系统(MEMS/NEMS)等应用中具有重要的意义[18],在本章中我们将介绍首次制得的基于压电电子学氧化锌纳米线的压电调制阻性开关器件,以及如何通过机电调制编程来实现对存储单元的读/写访问[17]。利用压电效应下受外加应变在半导体/金属界面产生的极化电荷的调制作用,我们可以实现可控调制存储单元的电阻开关特性,并首次实现了对施加在存储单元上的机械应变信号的逻辑水平进行记录和读取,将其与纳机电系统(NEMS)技术集成后,在实现智能和自给自足的多维操作微纳系统等领域具有重要的应用潜力[15,16]。

6.1　器件制备

图 6.1(a1)中插图所示为压电调制阻性存储器(PRM)的基本结构。器件由平置在柔性聚对苯二甲酸乙二醇酯(PET)基底(DuPont,厚度 1.25 mm)上的单根氧化锌压电电子学纳米线及其两端由光刻制备的金电极构成。压电调制阻性存储器元件的两端电极分别被标为漏极(D)和源极(S)。用于压电调制阻性存储器的单晶氧化锌纳米线通过物理气相沉积过程合成[17],通常直径为 500 nm,长度为 50 μm[参见图 6.1(a1)插图]。通过将聚对苯二甲酸乙二醇酯基底单向抹过生长在氧化铝基片上的氧化锌纳米线阵列,可以将大量纳米线转移并整齐排列在作为接收基底的聚对苯二甲酸乙二醇酯上。经过光刻制得电极图案后,再通过电子束蒸发 350 nm 厚的金膜,我们可以将制得的电极对齐在转移的氧化锌纳米线上。经过标准的剥离(lift-off)步骤后,基底上大量的氧化锌纳米线两端制得了规整对

齐的金电极(图 6.2)。金电极与氧化锌纳米线之间形成的肖特基接触对压电电子学器件的正常工作至关重要。最后,对整个器件用聚二甲基硅氧烷(PDMS)薄层进一步封装以增强器件的机械强度。

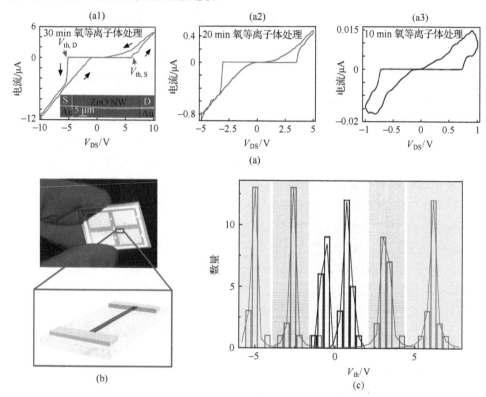

图 6.1　氧等离子体处理对氧化锌压电调制阻性存储器元件电学性质的影响。(a) 在氧等离子体处理分别为 30 min、20 min、10 min 后,氧化锌压电调制阻性存储器元件的伏安特性。扫描频率为 0.1 Hz。(a1) 插图为氧化锌压电调制阻性存储器元件的原子力显微镜(AFM)图像。(b) 经印刷转移的氧化锌纳米线和用光刻制模形成电极后的制得的大尺寸氧化锌压电调制阻性存储器元件阵列的光学照片。(c) 经不同时间长度氧等离子体处理后的氧化锌压电调制阻性存储器元件的 $V_{th,S}$ 和 $V_{th,D}$ 统计值;红、蓝、黑线分别对应氧化锌压电调制阻性存储器元件经 30 min、20 min 和 10 min 氧等离子体处理的情况[17]

　　在进一步进行器件表征前,我们对压电调制阻性存储器元件进行了 30 min 的氧等离子体处理。为了研究预处理对器件性能的影响以及压电调制阻性存储器的工作原理,我们使用等离子清洗系统(South Bay Technology 公司,PC-150)分别对多组元件进行了氩和氧等离子体处理。在氩和氧等离子体处理过程中,腔体压强均保持在 170 mTorr,正向功率是 30 W,反射功率为 0 W。研究中不同组的压电调制阻性存储器元件的等离子体处理持续时间从 10 min 到 30 min 不等。

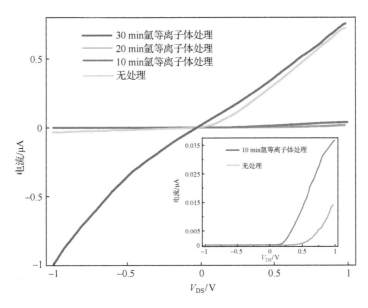

图 6.2　经氩等离子体处理后的压电调制阻性存储器元件的伏安曲线。相对于未处理的情况，随着氩等离子体处理时间的增加，压电调制阻性存储器元件的阈值电压下降，电导增加。经 30 min 氩等离子体处理后的压电调制阻性存储器元件的伏安曲线中整流特征消失。插图所示为未作处理的和经 10 min 氩等离子体处理的压电调制阻性存储器元件的伏安曲线放大图

6.2　机电存储器原理

　　当基底发生形变时，由于整个元件结构的力学性质由基底所决定，所以纳米线上将产生拉伸或压缩应变[图 6.1(b)]。如无特殊说明，所有器件的伏安特性均是在室温下以 0.1 Hz 的频率扫描测得的。当单个氧化锌压电调制阻性存储器元件（经 30 min 氧等离子体处理）未受外加应变时，从其代表性的回滞伏安曲线中可以观察到以下一些关键特征[图 6.1(a1)]。其一，在偏置电压从 0 V 增加到 10 V 的过程中，压电调制阻性存储器元件的输出电流在偏压为 5.73 V 时突然增加，我们定义该处为阈值电压 $V_{th,S}$。在阈值电压点 $V_{th,S}$ 器件从高阻状态（HRS）突然转变切换到低阻状态（LRS）；其二，在电压向负值继续减少的过程中，器件重新由低阻状态切换转回高阻关闭状态；其三，当偏置电压超过一定负值[在图 6.1(a1)中 $V_{th,D} = -5$ V]时，器件再次转变到低阻开启的状态，而当随后减少负偏置电压的幅度大小时，器件重新回到高阻关闭状态。图 6.1(a1)中的箭头标明了整个回滞曲线中的电压扫描顺序方向。由于此处观测到的压电调制阻性存储器元件的整体阻性开关特性与所加偏压的极性无关，因此器件呈现出无极性阻性开关特征[6]

[图 6.1(a1)]。这也可以从器件结构的对称性来理解。从器件的伏安特性中我们还可以观察到器件具有整流特性,这有助于减少存储器元件之间的串扰并有助于解决在大型超高密度器件等潜在应用领域中的潜通路问题[18,19]。此外,整流伏安特性也说明压电调制阻性存储器元件中的金属-半导体-金属(M-S-M)结构可用背对背肖特基势垒与纳米线串联的电路模型来等效,并且器件的低阻状态由其中一个金/氧化锌界面处的肖特基类型电流传输来确定,相关细节将在下文做详细讨论。

值得注意的是,压电调制阻性存储器元件的伏安特性明显不同于以前观察到的基于单根氧化锌纳米线的压电电子学器件[17,18](图 6.2 橘色线),这可能是由于经过氧等离子体预处理的原因,详细的阐述如下。为了研究预处理对压电调制阻性存储器元件性能的影响,我们对经过不同等离子体预处理的六组压电调制阻性存储器元件进行了电学表征。前三组器件分别用氧等离子体处理了 30 min、20 min 和 10 min,其典型的伏安特性曲线如图 6.1(a1)～(a3)所示。其余三组分别用氩气等离子处理了 30 min、20 min 和 10 min。图 6.2 显示了各组器件典型的伏安特性。为做对比,没有经过等离子体处理的压电调制阻性存储器元件(初始压电调制阻性存储器元件)对应的伏安曲线也在图 6.2 中给出。可以清楚地看到这些器件在伏安特性的形状、阈值电压和电流范围等方面均存在显著差异。随着氧等离子体处理时间的增加,压电调制阻性存储器元件的阈值电压相应地增加,伏安特性中的回滞特征也显著增强[图 6.1(a1)～(a3)]。经氩等离子体处理的压电调制阻性存储器元件相对于初始元件阈值电压下降,电导增加,并最终在伏安特性中失去整流特征。对于这些由相同实验条件下生长合成的氧化锌纳米线制得的压电调制阻性存储器元件,实验中观察的伏安特性上的显著变化主要是由纳米线内氧空位对氧化锌纳米线和金属电极之间的肖特基接触的影响所造成的[20]。已报道的压电电子学器件和此处的初始压电调制阻性存储器元件中使用的氧化锌纳米线是在高温氩气氛围中制备合成的[17,26,32]。这个环境下制得的氧化锌纳米线中往往含有大量的氧空位。金属和氧化锌界面处存在的高浓度氧空位以及氧化锌的费米能级被钉扎在接近缺陷能级 $V_O^{\cdot\cdot}$ 的水平可能导致了实验中观察到较低的阈值电压(0.5～0.7 V)[20]。然而当氧化锌纳米线经过额外较长时间的氧等离子体处理后,材料内的氧空位浓度大大降低,这有助于观察到阈值电压的增加以及伏安曲线中回滞特性的产生,如图 6.1(a1)～(a3)所示。

实验中使用三轴线性位移台(Newport 公司,460P-XYZ-05)来对器件施加机械形变。进行电学测量的机控数据采集系统由函数信号发生器(Stanford Research Systems 公司,DS345),低噪电流前置放大器(Stanford Research Systems 公司,SR570)和有信号标志的 BNC 同轴电缆接头(NI BNC2120)连接的屏蔽连接模块组成。压电调制阻性存储器元件每个应变状态下对应的输出电流是在频率为 0.1 Hz 的直流扫描偏压条件下测得的。

我们对以上各组压电调制阻性存储器元件伏安回滞曲线的 $V_{th,S}$ 和 $V_{th,D}$ 分布做了统计分析。结果显示经过不同时长氧等离子体处理的器件的阈值电压分布十分稳定一致。其中经 30 min 处理的器件,$V_{th,S}=6.15\pm0.39$ V,$V_{th,D}=-5.12\pm0.03$ V;经 20 min 处理的器件,$V_{th,S}=3.18\pm0.20$ V,$V_{th,D}=-2.67\pm0.22$ V;经 10 min 处理的器件,$V_{th,S}=0.74\pm0.51$ V,$V_{th,D}=-0.68\pm0.20$ V[图 6.1(c)]。这组统计结果进一步证实了实验中对压电调制阻性存储器元件开关特性设计的可控性。经可控处理过程制得的氧化锌纳米线压电调制阻性存储器元件具有可预测的电学性质,这为在下一步的大规模应用中可重复地组装纳米线结构提供了保障。实验中观测到各组压电调制阻性存储器元件的阈值电压 $V_{th,S}$ 和 $V_{th,D}$ 具有细微差异和不对称性,这可能是由实际制得的氧化锌纳米线几何结构的不均匀性造成的,这可从图 6.1(a1)插图中的原子力显微镜图像观察到。众所周知,金属/半导体界面处的肖特基势垒高度(SBH)可以被接触处的几何形状和有效接触面积等因素影响[21]。此外,界面和表面态也能使肖特基势垒高度发生变化[21]。值得注意的是,随着氧等离子体处理时间增加,压电调制阻性存储器元件逐渐失去非易失性的特征,如图 6.3 中的半对数图所示。在施加正扫描电压(0~1 V)时可以观察到经过 10 min 氧等离子体处理的压电调制阻性存储器元件具有非易失性:器件在小偏压连续扫描(20 周期)时保持了高电导态,这表明这种元件的确具有存储器的记忆效应。而在当前实验中,经过 30 min 氧等离子体处理的压电调制阻性存储器元件没有表现出类似的非易失性。

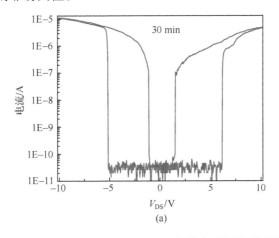

图 6.3 经 30 min(a)、20 min(b)和 10 min(c)氧等离子体处理后的氧化锌压电调制阻性存储器元件的伏安特性

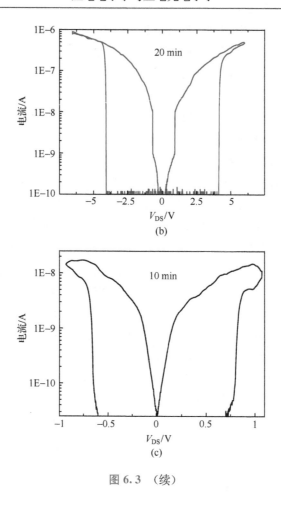

图 6.3　（续）

6.3　温度对存储器性能的影响

　　为了进一步深入了解压电调制阻性存储器元件的开关机制,我们对器件进行了无应变条件下的温度依赖伏安测量。图 6.4(a)所示为从金/氧化锌纳米线/金压电调制阻性存储器元件中获得的典型结果,清楚地表明了器件的回滞伏安开关特性随温度变化的特性。如图 6.4(b)所示,随着温度降低,压电调制阻性存储器元件中反偏肖特基势垒的阈值导通电压线性增加。同时,伴随温度的降低,器件伏安特性中的回滞曲线回路变大[图 6.4(a)]。在较大偏压条件下($V=\pm 10$ V),压电调制阻性存储器元件中的电流幅度几乎恒定,且不随温度变化。

　　尽管对于金属-半导体-金属结构中阻性开关特性的本质及相关的微观载流子传输过程仍然没有统一的认识[1-5],但带电物质的运动对于电流的调制似乎是其中

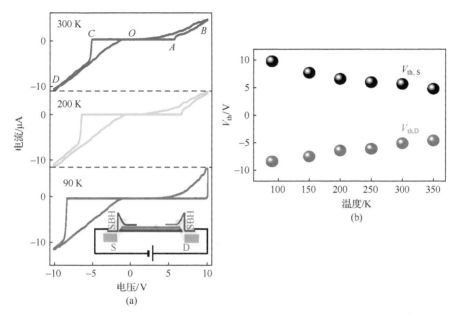

图 6.4 无应变状态下压电调制阻性存储器元件的温度依赖伏安测量。(a) 温度分别为 300 K、200 K、90 K 时,氧化锌压电调制阻性存储器元件的伏安特性。扫描频率是 0.1 Hz。插图为当源极肖特基势垒处于反偏时压电调制阻性存储器元件的偏压条件示意图。(b) 阈值电压与温度之间的依赖关系:$V_{th,S}$(黑色)和 $V_{th,D}$(红色)的绝对值几乎都随温度降低线性增加。随温度的降低,伏安曲线的回滞特征越发明显[17]

的一个主要机制[3]。有研究表明诸如带正电荷的氧空位等缺陷在材料中受外加电场时的漂移和扩散可以改变金属/半导体界面处的电子势垒,这可能是导致观察到的阻性开关特性的原因[4]。氧空位被普遍认为是氧化锌中一类主要的离子缺陷[22]且能够影响氧化锌和金属电极之间的肖特基接触[20]。在实验结果的基础上,我们采用并修正了基于外加电场作用下电离杂质和电子的耦合传输[4]的一般模型,以解释无外加应变下压电调制阻性存储器元件的回滞开关特性。氧空位向界面的漂移和扩散可以有效地降低界面处肖特基势垒高度,而氧空位远离界面的漂移和扩散则使肖特基势垒增高。

以图 6.4(a) 中所示结果为例,在不同温度下测得的器件回滞开关曲线可以通过四个典型区域来表征:① O-A;② A-B-O;③ O-C;④ C-D-O。为方便讨论,假设外加源漏偏压时,加在漏极(D)的电压为正[参见图 6.4(a) 中插图]。压电调制阻性存储器元件中的宏观总电阻为 $R_{PRM} = R_S + R_{NW} + R_D$,其中 R_S 和 R_D 为源极和漏极肖特基势垒的电阻贡献,它们有可能随实验条件的改变而变化;R_{NW} 是氧化锌纳米线的本征电阻。如前所述,基于半导体纳米线金属-半导体-金属结构的伏安特性一般是由反偏的肖特基势垒决定[23-25]。在偏压从 O 到 A 的过程中,漏极处于正偏状态,电路中的压降主要落在反向偏置的源极上。则压电调制阻性存储器元件的总电阻为 $R_{PRM} \sim R_S$(当 R_S 远大于 R_{NW} 和 R_D 时),这就是器件的高阻态。源极处的低电位吸引氧空位朝界面处移动从而改变源极处的接触势垒。当扫描偏压超过 A 点时,源极的肖特基势垒被显著减小,与之对应的是器件从高阻态转换到低阻态。当扫描偏置电压从 A 点经 B 点至 O 点时,B-O 区域(图 6.5 空心圆)对应的 $\ln I$-V 曲线表明 $\ln I$ 与 $V^{1/4}$ 相关,数值拟合的曲线也证实了这点(图 6.5 紫线)。这表明热电子发射-扩散模型主导了反偏源极势垒的传输性质[26]。大偏压下氧空位向源极界面的加速扩散和积累可能是导致观测到的回滞伏安曲线的主要原因。

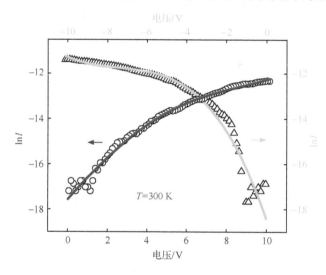

图 6.5　图 6.4 中的压电调制阻性存储器元件在 B-O 和 D-O 区域的伏安特性。数值拟合曲线显示 $\ln I$ 与 $V^{1/4}$ 为线性关系,表明热电子-扩散模型主导了反偏势垒的传输性质

当外置偏压从 O 点转换极性至 C 点时,源极接触变为正向偏置且偏置压降主要落在反偏的漏极接触。此时压电调制阻性存储器元件的总电阻为 $R_{PRM} \sim R_D$,这是器件新的高阻态。漏极附近的氧空位被吸引朝漏极接触移动并积累在反偏的漏极势垒,从而改变界面的接触特性。而此前堆积在源极的氧空位则漂离源极。类似的情况也发生在 O-A 段区域,器件从高阻态到低阻态的状态转换发生在外置偏压超出 C 点后。当扫描偏置电压从 C 点经 D 点到 O 点时,D-O 段的 $\ln I$-V 曲线(图 6.5 空心三角形)同样可以通过 $\ln I$ 与 $V^{1/4}$ 的关系来进行数值拟合(图 6.5 蓝线),表明热电子发射-扩散模型仍然主导着反偏源极势垒的传输性质。

从实验中也可以观察到随着温度从 350 K 降低到 90 K,器件的阈值电压 $V_{th,S}$ 和 $V_{th,D}$ 幅度及高阻态的窗口宽度相应地增加[图 6.4(b)]。对这些现象可以定性理解为带电离子/杂质和电子的漂移与扩散是热激发过程。采用 Mott 和 Gurney

导出的刚性离子模型[27]可以得出氧空位的扩散系数为 $D = D_0 \times \exp(-E_a/kT)$，漂移速度 $v = a \times f \times \exp(-E_a/kT) \times \sinh(qE_a/2kT)$，式中，$E_a$ 为活化能，k 为玻尔兹曼常量，a 为离子在势阱之间跃迁的有效跃迁距离，f 为逃逸频率。温度降低时，需要更大的偏压吸引足够的氧空位朝向各自的反偏势垒，以在实验设置的时间范围内使压电调制阻性存储器元件发生从高阻态到低阻态的转换（偏压信号扫描频率是 0.1 Hz）。

6.4　机电存储器中的压电电子学效应

外部机械扰动导致的应变（ε_G）可以作为输入来编程可控地调节压电调制阻性存储器元件的回滞伏安特性。当氧化锌纳米线受到拉伸/压缩时线内产生正/负应变。如图 6.8(a)所示，当压电调制阻性存储器元件受到应变时，可以观测到一系列有趣的现象。当压电调制阻性存储器元件被拉伸时（$\varepsilon = 1.17\%$），其回滞开关曲线相对于无应变时的曲线朝着负电压端平移了 1.49 V[图 6.8(a)红线]；当压电调制阻性存储器元件被压缩时（$\varepsilon = -0.76\%$），其回滞曲线相对于无应变时的曲线朝着正电压端平移了 1.18 V[图 6.8(a)蓝线]。$V_{th,S+}$，$V_{th,S0}$，$V_{th,S-}$ 和 $V_{th,D+}$，$V_{th,D0}$，$V_{th,D-}$ 分别对应于压电调制阻性存储器元件在拉伸、零和压缩应变下的回滞伏安曲线中的开关阈值电压。我们也可以在半对数坐标中重新绘制这些回滞开关曲线以说明和突出这些曲线的特性（图 6.6）。不同应变下压电调制阻性存储器元件的低高阻态间的电导比率稳定地保持较高水平（约 10^5）（图 6.7），这表明了压电调制阻性存储器元件稳定的性能及其在柔性存储和逻辑运算器件应用中潜在的可行性[19]。压电调制阻性存储器元件具有的整流特性有可能解决潜通路问题及减少器件的静态功耗[19]，这使得构建大规模无源阻性开关器件阵列成为可能。图 6.8(b)所示为不同应变下压电调制阻性存储器元件阈值电压的变化。可以看出 $V_{th,S}$ 和 $V_{th,D}$ 的变化几乎与应变成线性关系，而高阻态的窗口宽度（定义为 $V_{th,Si} - V_{th,Di}$，其中 $i = +, 0, -$）在不同的应变下几乎不变。这种阈值开关电压与应变之间的关系在其他经氧等离子体处理的压电调制阻性存储器元件中也可以观察到。

众所周知，由于具纤锌矿结构的氧化锌晶体具有非中心对称性，外加应变会引起晶体内的离子极化，这可以显著地影响载流子传输[15]。利用氧化锌中的压电电子学效应，一系列的新效应[28]和新应用[23,24,29]已经被观测到和实现[15]。压电电子学效应的基本原理是利用半导体材料中受应变在界面处产生的压电极化电荷对金属-半导体接触的肖特基势垒高度进行有效地调制。接触区局域的导带形状受局域费米能级偏移的影响而发生改变。由压电极化电荷引起的肖特基势垒高度变化

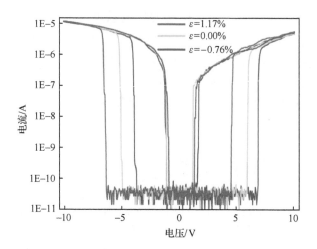

图 6.6 压电调制阻性存储器元件受应变调控的回滞开关曲线，纵轴为半对数坐标下的电流值。回滞伏安曲线的上下分支分布对应受不同应变的压电调制阻性存储器元件的低高阻态。回滞伏安曲线的低高阻态分支间的突变转换发生在各自的阈值开关电压下，由低高阻态之间的一系列曲线表示

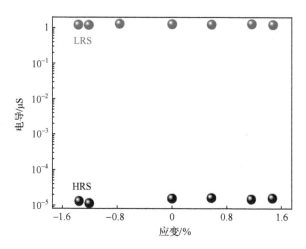

图 6.7 受不同应变的压电调制阻性存储器元件的高低阻态的电导比率。不同应变下高低阻态的电导比率稳定在较高水平（约 10^5），显示压电调制阻性存储器元件具有高度稳定性的性能[17]

可由下式近似给出：$\Delta\phi_B = \dfrac{\sigma_{pol}}{D}\left(1 + \dfrac{1}{2q_s w_d}\right)^{-1}$，这里 σ_{pol} 为极化电荷面密度，其大小与压电极化矢量 $\boldsymbol{P}$ 直接相关；D 为在肖特基势垒处位于半导体带隙中费米能级上的二维界面态密度；q_s 为二维屏蔽参数，w_d 为耗尽层宽度[30]。因此，机械应变可以

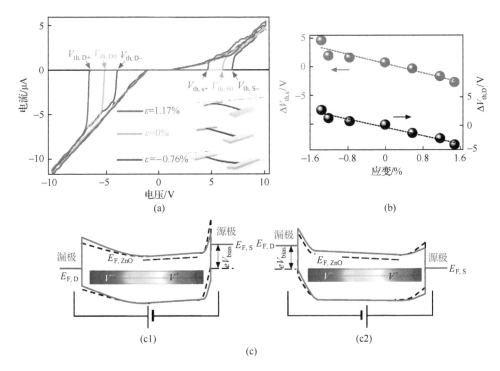

图 6.8　受应变调制的压电调制阻性存储器元件的回滞开关特性。(a)当氧化锌压电调制阻性存储器元件分别受到拉伸应变、零应变和压缩应变的伏安特性。(b)阈值电压与应变的依赖关系，$V_{th,s}$(红线)和 $V_{th,D}$(黑线)的变化均与应变成近似线性关系，回滞曲线的高阻态窗口宽度在不同的应变下保持不变。(c)应力调制下压电调制阻性存储器元件的能带图：(c1)漏极的肖特基势垒为正向偏置；(c2)漏极的肖特基势垒为反向偏置；红色实线所示为受拉伸应变时的能带结构；黑色虚线为无应变下的能带结构；颜色梯度变化表示压电势的分布[17]

有效地改变接触区域的性质以及调制载流子传输过程。基于以上讨论，我们可以利用工作器件的能带图来理解和解释图 6.8(a)~(b)所示的应力对压电调制阻性存储器元件回滞开关特性的调制影响[图 6.8(c)]。如果压电调制阻性存储器元件受到拉伸应变且漏极肖特基势垒处于正向偏置[图 6.8(a)中 $V>0$ 的情况]，则应变导致的正极化电荷产生的正压电势会降低反偏源极处的肖特基势垒高度；相应地，应变导致的负极化电荷产生的负压电势会增高正偏漏极处的肖特基势垒高度[图 6.8(c1)红线]。由于此时器件的伏安特性由反偏的源极所决定，则应变导致的压电势的存在使得器件开关阈值电压从 $V_{th,S0}$ 变为 $V_{th,S+}$，这表明此时只需要一个更小的偏压就可使压电调制阻性存储器元件从高阻态切换到低阻态。对应地，如果漏极肖特基势垒处于反向偏置[图 6.8(a)中 $V<0$ 的情况]，由于应变的极性没有改变，因而在源极和漏极端的压电势仍然分别为负和正极性，因此源极的肖特基势垒高度仍然会减少而漏极的肖特基势垒高度仍会增加[图 6.8(b2)]。在这

种情况下,器件的伏安特性是由反偏的漏极决定的,所以观测到的开关阈值电压从 $V_{\mathrm{th,D0}}$ 移动到 $V_{\mathrm{th,D+}}$,这表明需要更大的偏压来使压电调制阻性存储器元件从高阻态切换到低阻态。同理可以解释压电调制阻性存储器元件在受压缩应变时开关阈值电压从 $V_{\mathrm{th,S0}}$ 移动到 $V_{\mathrm{th,S-}}$ 以及从 $V_{\mathrm{th,D0}}$ 移动到 $V_{\mathrm{th,D-}}$ 等情况。

无应变条件下,如果外加偏压差超过阈值电压,则器件处于低阻状态,同时纳米线内的氧空位浓度可显著地影响纳米线的总电导和源漏极处的肖特基势垒高度[参见图 6.1(a1)～(a3)和图 6.2]。现在我们考虑压电调制阻性存储器元件受应变时的情况,如果接触区域的压电极化电荷为正,则压电势的影响可以等效为一个施加在势垒界面上的正电压,这实际上可以减少用来克服界面肖特基势垒所需的外加偏压的数值。相应地,如果接触区域的压电极化电荷为负,则压电势的影响可以等效为一个施加在势垒界面上的负电压,这导致用来克服界面肖特基势垒所需的外加偏压增加。图 6.8(a)中的数据显示无论外加应变大小和极性如何改变,器件高阻状态的窗口宽度几乎保持不变,这表明在不同应变下观察到的阈值电压的变化主要是受界面处的压电极化电荷影响,而氧空位扩散造成的影响则可以忽略不计。这是由于氧空位分布在整根纳米线内,而压电电荷的分布则局限在势垒界面附近非常窄的区域内(次纳米级尺度)。由于压电电荷作用在氧空位上的扩散力是长程相互作用,因此在界面处由于压电效应导致的空位浓度变化是相当小的。此外,受应变时器件的整个伏安曲线变化可以被看作是沿横坐标"平移"了相当于压电电荷所造成开关电压阈值变化的恒定电压值。对于氧等离子体预处理过的样品,由于纳米线内的氧空位浓度大幅度减少,因此自由载流子电荷对压电电荷的屏蔽影响明显降低,这也使得压电电荷的作用显著增强[31]。因此当纳米线内掺杂水平较低时,固定应变下在漏极和源极处由压电极化电荷导致的开关阈值电压的改变大小相同但极性相反。从实验结果中可知在 0.5%～0.76% 的应变下,界面压电势的大小约为 1.2 V。此外,对氧化锌纳米线做氧等离子体处理也可提高纳米发电机的输出性能[34]。

6.5　可复写的机电存储器

封装制得的压电调制阻性存储器元件可以作为机电存储器,其读/写访问可以通过机械驱动来编程控制。如图 6.9 所示,当对器件施加一串由多个读/写/擦除脉冲组成的脉冲序列时,通过监测器件输出电流的特征模式,我们可以记录和读出器件"存储"的机械应变的极性/逻辑水平。图 6.9 中的数据对应了同一个压电调制阻性存储器元件在不同应变状态下的情况,为了叙述方便,我们将其等效于受拉伸应变(A 元件)、零应变(B 元件)和压缩应变(C 元件)的三个相同的压电调制阻性存储器元件。首先,一个电平处于 $V_{\mathrm{th,S0}}<V_{\mathrm{write1}}<V_{\mathrm{th,S-}}$ 的正写入脉冲(10 ms)

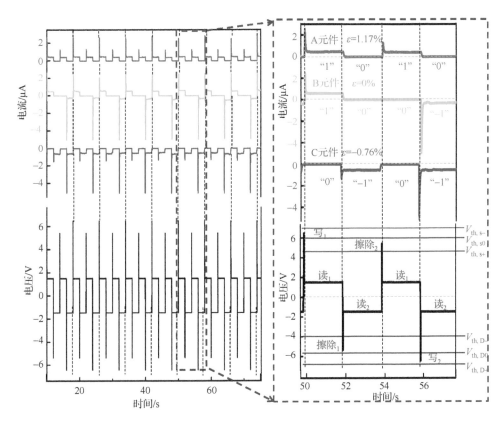

图 6.9 作为机电存储器的压电调制阻性存储器元件的读/写访问过程。读/写/擦除脉冲组成的脉冲序列被加载到压电调制阻性存储器元件上来记录和读出其"存储"的应变的逻辑水平；每个写/擦除脉冲后跟着一个正或负的读脉冲；所加电压幅度为：6.44 V（1 号写信号），1.5 V（1 号读信号），−5.35 V（1 号擦写信号），−1.5 V（2 号读信号），5.37 V（2 号擦写信号）及 −6.42 V（2 号写信号）；当压电调制阻性存储器元件的电阻状态发生改变时，在写/擦除脉冲后的输出读电流中会出现瞬时电流峰[17]

被加在三个压电调制阻性存储器元件上。这个短脉冲使得 A 元件和 B 元件从高阻态切换到低阻态，而 C 元件仍然处于高阻态。随后一个电平处于 $V_{read1} < V_{th,S+}$ 的小偏压读脉冲（2 s）被用来读出三个压电调制阻性存储器元件的状态；接着一个电平处于 $V_{th,D0} < V_{erase1} < V_{th,D}$ 的负擦除脉冲（10 ms）将 A 元件和 B 元件从低阻态重置切换回高阻态，而将 C 单元置为低阻状态。一个电平处于 $V_{read1} > V_{th,D-}$ 的小负电压续读脉冲（2 s）被用于读单元的新状态；在第三步中，一个电平处于 $V_{th,S+} < V_{erase2} < V_{th,S0}$ 的正擦除脉冲（10 ms）再次将 A 元件从高阻态设置切换到低阻态，同时保持 B 元件和 C 元件仍处于高阻态。随后相同的 V_{read1} 脉冲被再次用于读取单元的新状态；最后，一个电平处于 $V_{th,D+} < V_{write2} < V_{th,D0}$ 的负写入脉冲（10 ms）将

A 元件重置回到高阻态,同时设置 B 元件和 C 元件至低阻态,随后相同的 V_{read2} 脉冲被用于读取元件此时的新状态。在以上一系列的脉冲序列作用下,我们对压电调制阻性存储器元件的输出电流波形进行了监测和分析(图 6.9)。如果将正值、零和负值输出电流定义标记为逻辑“1”、“0”和“1”,则输出电流的“1 0 1 0”逻辑模式表明“存储”在器件中的应变为正(拉伸应变);输出电流“1 0 0 −1”和“0 −1 0 −1”逻辑模式则分别代表 B 元件和 C 元件的零应变状态和负应变状态。通过定量分析输出电流的大小也可以获得存储在压电调制阻性存储器元件中的应变的绝对值大小。虽然在应变检测和测量方面已经有大量研究以及相关的商业产品,如半导体微纳机电系统(MEMS/NEMS)压阻式应力计传感器[32,33],但我们展示的压电调制阻性存储器元件和之前这些器件存在本质的不同。压阻效应是一种源于能带结构变化的非极性和非对称的效应,而压电调制阻性存储器元件则基于不对称的压电电子学效应。纤锌矿结构的氧化锌晶体具有沿 c 轴方向的极性结构,沿轴向(c 轴)的应变在纳米线生长方向产生阳离子和阴离子的极化,这导致沿纳米线生长方向由 V^+ 降低到 V^- 的压电势分布。压电势对漏极和源极肖特基势垒变化具有不对称效应。基于压电电子学效应的应变传感器具有比之前报道的器件更高的灵敏度[27]。

6.6　总　结

　　基于压电电子学效应,我们所展示的氧化锌纳米线阻性开关器件的开关特性,可以利用外加形变在半导体/金属界面处产生的极化电荷,得以有效调制和控制。我们进一步首次阐述了如何利用压电电子学效应记录和读取施加在存储单元上的机械应变的逻辑电平[17,18],这在制造新的纳米机电存储器和通过纳机电系统(NEMS)技术进行集成以实现智能和自给自足的多维操作技术等方面具有潜在的应用价值[15,16]。利用近期发展的氧化锌纳米线阵列制备技术,我们可以容易地在工程上设计和实现基于氧化锌纳米线阵列的非易失性阻性开关存储器以应用于柔性电子和压力/压强成像等领域[15]。通过将高密度的阻性存储器单元集成于柔性基底上,也有可能在将来实现非布尔神经计算等新型应用[34,35]。

参 考 文 献

[1] Waser R, Aono M. Nanoionics-Based Resistive Switching Memories. Nature Materials, 2007, 6 (11): 833-840.

[2] Sawa A. Resistive Switching in Transition Metal Oxides. Materials Today, 2008, 11 (6): 28-36.

[3] Strukov D B, Snider G S, Stewart D R, Williams R S. The Missing Memristor Found. Nature, 2008, 453 (7191): 80-83.

[4] Yang J J, Pickett M D, Li X M, Ohlberg D A A, Stewart D R, Williams R S. Memristive Switching

Mechanism for Metal/Oxide/Metal Nanodevices. Nature Nanotechnology, 2008, 3 (7): 429-433.

[5] Choi B J, Jeong D S, Kim S K, Rohde C, Choi S, Oh J H, Kim H J, Hwang C S, Szot K, Waser R, Reichenberg B, Tiedke S. Resistive Switching Mechanism of TiO₂ Thin Films Grown by Atomic-Layer Deposition. Journal of Applied Physics, 2005, 98 (3): 033715.

[6] Jo S H, Kim K H, Lu W. High-Density Crossbar Arrays Based on a Si Memristive System. Nano Letters, 2009, 9 (2): 870-874.

[7] Strukov D B, Likharev K K. Prospects for Terabit-Scale Nanoelectronic Memories. Nanotechnology, 2005, 16 (1): 137-148.

[8] Xia Q F, Robinett W, Cumbie M W, Banerjee N, Cardinali T J, Yang J J, Wu W, Li X M, Tong W M, Strukov D B, Snider G S, Medeiros-Ribeiro G, Williams R S. Memristor-CMOS Hybrid Integrated Circuits for Reconfigurable Logic. Nano Letters, 2009, 9 (10): 3640-3645.

[9] Borghetti J, Snider G S, Kuekes P J, Yang J J, Stewart D R, Williams R S. 'Memristive' Switches Enable 'Stateful' Logic Operations via Material Implication. Nature, 2010, 464 (7290): 873-876.

[10] Waser R, Dittmann R, Staikov G, Szot K. Redox-Based Resistive Switching Memories — Nanoionic Mechanisms, Prospects, and Challenges. Advanced Materials, 2009, 21 (25-26): 2632-2663.

[11] Kwon D H, Kim K M, Jang J H, Jeon J M, Lee M H, Kim G H, Li X S, Park G S, Lee B, Han S, Kim M, Hwang C S. Atomic Structure of Conducting Nanofilaments in TiO₂ Resistive Switching Memory. Nature Nanotechnology, 2010, 5 (2): 148-153.

[12] Chen J, Wang W, Reed M A, Rawlett A M, Price D W, Tour J M. Room-Temperature Negative Differential Resistance in Nanoscale Molecular Junctions. Applied Physics Letters, 2000, 77 (8): 1224-1226.

[13] Baikalov A, Wang Y Q, Shen B, Lorenz B, Tsui S, Sun Y Y, Xue Y Y, Chu C W. Field-Driven Hysteretic and Reversible Resistive Switch at the Ag-Pr₀.₇Ca₀.₃MnO₃ Interface. Applied Physics Letters, 2003, 83 (5): 957-959.

[14] Dong Y J, Yu G H, McAlpine M C, Lu W, Lieber C M. Si/a-Si Core/Shell Nanowires as Nonvolatile Crossbar Switches. Nano Letters, 2008, 8 (2): 386-391.

[15] Seo S, Lee M J, Seo D H, Jeoung E J, Suh D S, Joung Y S, Yoo I K, Hwang I R, Kim S H, Byun I S, Kim J S, Choi J S, Park B H. Reproducible Resistance Switching in Polycrystalline NiO Films. Applied Physics Letters, 2004, 85 (23): 5655-5657.

[16] Szot K, Speier W, Bihlmayer G, Waser R. Switching the Electrical Resistance of Individual Dislocations in Single-Crystalline SrTiO₃. Nature Materials, 2006, 5 (4): 312-320.

[17] Wang Z L. Piezopotential Gated Nanowire Devices: Piezotronics and Piezo-Phototronics. Nano Today, 2010, 5: 540-552.

[18] Wu W Z, Wang Z L. Piezotronic Nanowire-Based Resistive Switches As Programmable Electromechanical Memories. Nano Letters, 2011, 11 (7): 2779-2785.

[19] Pan Z W, Dai Z R, Wang Z L. Nanobelts of Semiconducting Oxides. Science, 2001, 291: 1947-1949.

[20] Wang Z L. Toward Self-Powered Sensor Networks. Nano Today, 2010, 5 (6): 512-514.

[21] Wu W Z, Wei Y G, Wang Z L. Strain-Gated Piezotronic Logic Nanodevices. Advanced Materials, 2010, 22 (42): 4711-4715.

[22] Scott J C. Is There an Immortal Memory? Science, 2004, 304 (5667): 62-63.

[23] Linn E, Rosezin R, Kugeler C, Waser R. Complementary Resistive Switches for Passive Nanocross-

bar Memories. Nature Materials, 2010, 9 (5): 403-406.

[24] Allen M W, Durbin S M. Influence of Oxygen Vacancies on Schottky Contacts to ZnO. Applied Physics Letters, 2008, 92 (12): 12210.

[25] Rhoderick E H, Williams R H. Metal-Semiconductor Contacts. Oxford: Clarendon Press, 1988.

[26] Schmidt-Mendem L, MacManus-Driscoll J L. ZnO-Nanostructures, Defects, and Devices. Materials Today, 2007, 10 (5): 40-48.

[27] Zhou J, Fei P, Gu Y D, Mai W J, Gao Y F, Yang R S, Bao G, Wang Z L. Piezoelectric-Potential-Controlled Polarity-Reversible Schottky Diodes and Switches of ZnO Wires. Nano Letters, 2008, 8(11): 3973-3977.

[28] Zhang Z Y, Yao K, Liu Y, Jin C H, Liang X L, Chen Q, Peng L M. Quantitative Analysis of Current-Voltage Characteristics of Semiconducting Nanowires: Decoupling of Contact Effects. Advanced Functional Materials, 2007, 17 (14): 2478-2489.

[29] Sze S M. Physics of Semiconductor Devices. 2nd ed. New York: John Wiley & Sons, 1981.

[30] Mott N F, Gurney R W. Electronic Processes in Ionic Crystals. 2nd ed. Oxford: Clarendon Press, 1948.

[31] Chung K W, Wang Z, Costa J C, Williamsion F, Ruden P P, Nathan M I. Barrier Height Change in GaAs Schottky Diodes Induced by Piezoelectric Effect. Applied Physics Letters, 1991, 59(10): 1191.

[32] Liu W H, Lee M B, Ding L, Liu J, Wang Z L. Piezopotential Gated Nanowire-Nanotube Hybrid Field Effect Transistor. Nano Letters, 2010, 10 (8): 3084-3089.

[33] Zhang Y, Hu Y F, Xiang S, Wang Z L. Effects of Piezopotential Spatial Distribution on Local Contact Dictated Transport Property of ZnO Micro/Nanowires. Applied Physics Letters, 2010, 97(3): 033509.

[34] Gao Y F, Wang Z L. Equilibrium Potential of Free Charge Carriers in a Bent Piezoelectric Semiconductive Nanowire. Nano Letters, 2009, 9 (3): 1103-1110.

[35] Cao L, Kim T S, Mantell S C, Polla D L. Simulation and Fabrication of Piezoresistive Membrane Type MEMS Strain Sensors. Sensors and Actuators A—Physical, 2000, 80 (3): 273-279.

[36] Mile E, Jourdan G, Duraffourg L, Labarthe S, Marcoux C, Mercier D, Robert P, Andreucci P. Sensitive in Plane Motion Detection of NEMS Through Semiconducting (p+) Piezoresistive Gauge Transducers. IEEE Sensors, 2009, 1-3: 1286-1289.

[37] Wei Y G, Wu W Z, Guo R, Yuan D J, Das S M, Wang Z L. Wafer-Scale High-Throughput Ordered Growth of Vertically Aligned ZnO Nanowire Arrays. Nano Letters, 2010, 10 (9): 3414-3419.

[38] Boahen K. Neuromorphic Microchips. Scientific American, 2005, 292 (5): 56-63.

[39] Jo S H, Chang T, Ebong I, Bhadviya B B, Mazumder P, Lu W. Nanoscale Memristor Device as Synapse in Neuromorphic Systems. Nano Letters, 2010, 10 (4): 1297-1301.

第 7 章　压电光电子学理论

当氧化锌、氮化镓、氮化铟和硫化镉等压电半导体受到外加应力时会在晶体内产生压电势。用晶体内的压电势作为"门"压调节和控制 p-n 结结区载流子产生、传输和复合过程的器件称为压电光电子学器件。界面或结区压电电荷的存在可以显著影响由上述材料制备的发光二极管、光电探测器和太阳能电池等器件的性能。本章中我们将讨论压电光电子学理论。在推导一些简化方程以描述此效应之外，我们也将给出数值计算以用来对压电光电子学器件的特性进行定量的预估和分析[1]。

7.1　压电光电子学效应的理论框架

我们用半导体物理和压电理论来描述由压电半导体材料制备的压电光电子学器件中的物理过程。器件中载流子的静态与动态传输特性以及半导体材料中的光子和电子之间的相互作用由半导体物理理论进行描述[2]。材料受动态应变时的特性则由压电理论来描述[3]。因此静电方程、电流密度方程、连续性方程和压电方程组成分析表征压电光电子学器件的基本支配方程。

压电半导体中电荷的静电特性由泊松方程描述：

$$\mathbf{\nabla}^2 \psi_i = -\frac{\rho(\mathbf{r})}{\varepsilon_s} \tag{7.1}$$

式中，ψ_i、$\rho(\mathbf{r})$ 和 ε_s 分别为电势分布、电荷密度分布和材料的介电常数。

关联电场强度、电荷密度和局域电流三者的漂移和扩散电流密度方程为

$$\begin{cases} \mathbf{J}_n = q\mu_n n \mathbf{E} + q D_n \mathbf{\nabla} n \\ \mathbf{J}_p = q\mu_p p \mathbf{E} - q D_p \mathbf{\nabla} p \\ \mathbf{J} = \mathbf{J}_n + \mathbf{J}_p \end{cases} \tag{7.2}$$

式中，$\mathbf{J}_n$ 和 $\mathbf{J}_p$ 分别为电子电流密度和空穴电流密度，q 为单位电子电荷绝对值，μ_n 和 μ_p 分别为电子和空穴的迁移率，n 和 p 分别为自由电子浓度和自由空穴浓度，D_n 和 D_p 分别为电子和空穴的扩散系数，$\mathbf{E}$ 为电场强度，$\mathbf{J}$ 为总电流密度。

受电场驱动的载流子输运过程由连续性方程描述：

$$\begin{cases} \dfrac{\partial n}{\partial t} = G_n - U_n + \dfrac{1}{q} \mathbf{\nabla} \cdot \mathbf{J}_n \\ \dfrac{\partial p}{\partial t} = G_p - U_p - \dfrac{1}{q} \mathbf{\nabla} \cdot \mathbf{J}_p \end{cases} \tag{7.3}$$

式中,G_n 和 G_p 分别为电子和空穴的产生率,U_n 和 U_p 分别为电子和空穴的复合率。

极化矢量 $\boldsymbol{P}$ 与均匀小机械应变张量 $\boldsymbol{S}$ 之间的关系为

$$(\boldsymbol{P})_i = (\boldsymbol{e})_{ijk}(\boldsymbol{S})_{jk} \tag{7.4}$$

这里三阶张量 $(\boldsymbol{e})_{ijk}$ 是压电张量。压电本构方程可以写成如下形式:

$$\begin{cases} \boldsymbol{\sigma} = \boldsymbol{c}_E\boldsymbol{S} - \boldsymbol{e}^{\mathrm{T}}\boldsymbol{E} \\ \boldsymbol{D} = \boldsymbol{e}\boldsymbol{S} + \boldsymbol{k}\boldsymbol{E} \end{cases} \tag{7.5}$$

式中,$\boldsymbol{\sigma}$ 为应力张量;$\boldsymbol{E}$、$\boldsymbol{D}$ 分别为电场强度和电位移矢量;$\boldsymbol{c}_E$ 为弹性系数张量;$\boldsymbol{k}$ 为介电常数张量。

7.2　压电光电子学效应对发光二极管的影响

以典型的发光二极管为例,其基本结构由 p-n 结构成[图 7.1(a)]。正偏下存在超过平衡态的过剩载流子,则少子的注入会引起辐射复合的发生。上述原理同样亦可用于基于单根半导体纳米线的发光二极管。发光二极管的基本工作原理就是利用正偏电压使得电子和空穴之间在结区发生辐射复合。

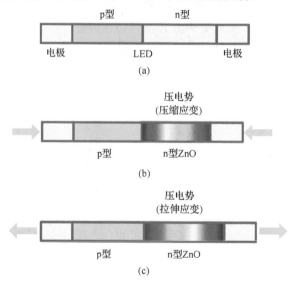

图 7.1　(a) 基于 p-n 异质结和 n 型压电纳米线的发光二极管示意图;(b) 受压缩应力的压电光电子学发光二极管示意图;(c) 受拉伸应力的压电光电子学发光二极管示意图。压电势的符号和大小均可以调节控制光子辐射、载流子产生和传输特性。色阶变化显示压电势在 n 型纳米线内的分布

如图 7.1(b)和 7.1(c)所示,如果假设 p-n 异质结中的 p 型材料为非压电材料而 n 型材料具有压电特性,则基于这种 p-n 异质结的发光二极管是压电光电子学发光二极管。压电光电子学器件的基本原理是利用结区的压电电荷来显著地改变界面附近的能带结构,从而有效地控制 p-n 结或金半接触界面处的载流子产生、传输以及复合过程。

7.2.1　压电发光二极管简化模型的解析解

半导体器件中光子和电子间的相互作用有三种主要的光学过程:第一,光子的吸收可以引起电子从价带至导带的激发,这是光电探测器和太阳能电池器件中的主要过程;第二,上述过程的逆过程称为复合过程,复合过程发生时电子从导带回到价带并导致光子辐射,这是发光二极管器件中的主要过程;第三,注入的光子通过复合过程激发另一个类似的光子并产生两个相干光子。

在本节中,我们将以发光二极管为例来阐述压电光电子学效应[1]。关于显示和光学通信等领域中发光二极管器件的发光强度和所加电流密度之间的关系已经有了大量实验和理论研究。发光二极管的光强与所加电流密度间一般呈非线性关系。发光二极管的光功率密度 P_{optic} 是电流密度 J 的非线性函数,而线性关系可以被视为对非线性关系的一阶近似。为简化分析起见,发光二极管的光功率密度 P_{optic} 随电流密度 J 的变化可以用下面的幂指数关系来表示:

$$P_{\text{optic}} = \beta J^b \tag{7.6}$$

式中,β 为依赖于器件材料与结构的常数,b 为幂指数,$b=1$ 对应于线性近似,$b \neq 1$ 则对应于非线性近似。由我们以前的实验工作可得 $b = 1.6$[4]。

根据经典的半导体物理理论和我们关于压电电子学效应的理论工作[5],此处我们以理想 p-n 结为例来理解和阐述压电光电子学效应。对 n 型单边突变结,如果施主浓度为 N_D,且结区满足 $p_{n0} \gg n_{p0}$,则总电流密度可通过求解上述压电 p-n 结的基本方程[式(7.1)~式(7.5)]得到[5]:

$$J = J_{c0} \exp\left(\frac{q^2 \rho_{\text{piezo}} W_{\text{piezo}}^2}{2\varepsilon_s kT}\right)\left[\exp\left(\frac{qV}{kT}\right) - 1\right] \tag{7.7}$$

式中,在无压电势作用下的饱和电流密度与费米能级分别定义为 J_{c0} 和 E_{F0}:

$$J_{c0} = \frac{q D_p n_i}{L_p} \exp\left(\frac{E_i - E_{F0}}{kT}\right) \tag{7.8}$$

这里,E_i 为本征费米能级,L_p 为空穴扩散长度。

根据式(7.6)、式(7.7)和式(7.8),压电发光二极管的输出光功率可表示为

$$P_{\text{optic}} = \beta\left\{J_{c0} \exp\left(\frac{q^2 \rho_{\text{piezo}} W_{\text{piezo}}^2}{2\varepsilon_s kT}\right)\left[\exp\left(\frac{qV}{kT}\right) - 1\right]\right\}^b \tag{7.9}$$

发光二极管的效率由以下因素决定:①内量子效率 η_{in},其定义为内部发射光子数

与经过结区的注入载流子数之比;②光学效率 η_{op};③外量子效率 η_{ex};④功率效率 η_P。

为易于与实验数据比较,我们计算了上述简化情况下的外量子效率:

$$\eta_{ex} = N_{photons}/N_{elec} \tag{7.10}$$

式中,$N_{photons}$ 和 N_{elec} 分别为对外发射光子数和注入结区的载流子数。设 P_{optic} 为器件单位面积的输出光功率,J 为注入电流密度,则器件的外量子效率可改写为

$$\eta_{ex} = \frac{qP_{optic}}{h\nu J} \tag{7.11}$$

其中,$h\nu$ 为发射光子的能量。因此外量子效率也可写为如下形式:

$$\eta_{ex} = \alpha\eta_{ex0} \tag{7.12}$$

这里,η_{ex0} 定义为 p-n 结结区无压电电荷时器件的外量子效率:

$$\eta_{ex0} = \frac{\beta q}{h\nu}\left\{ J_{c0}\left[\exp\left(\frac{qV}{kT}\right) - 1 \right]\right\}^{b-1} \tag{7.13}$$

α 在此处为代表压电光电学效应的参数因子,其定义为

$$\alpha = \left\{ \exp\left(\frac{q^2\rho_{piezo}W_{piezo}^2}{2\varepsilon_s kT}\right) \right\}^{b-1} \tag{7.14}$$

此因子被用来描述压电电荷对载流子传输和光子产生过程的调控能力。

由式(7.9)可见,发光二极管的光功率密度 P_{optic} 和电流密度 J 之间具有明显的非线性关系。更重要的是,式(7.9)和式(7.13)表明对于压电 p-n 结发光二极管而言,不仅其输出光功率而且其外量子效率与结区的局域压电电荷之间均具有非线性关系。因此器件的光子发射过程不仅可以由应变的大小也可由应变的极性符号(拉伸型或压缩型)来有效地调节和控制。这就是作为压电光电子学器件的压电p-n 结发光二极管的工作机制[4]。

对于沿 c 轴生长的氮化镓或氧化锌纳米线,当其受到沿 c 轴的应变 s_{33} 时,我们选取典型的非线性近似并令 $b = 2$,则压电发光二极管的光输出功率为

$$P_{optic} = \beta\left\{ J_{c0}\exp\left(-\frac{qe_{33}s_{33}W_{piezo}}{2\varepsilon_s kT}\right)\left[\exp\left(\frac{qV}{kT}\right) - 1 \right]\right\}^2 \tag{7.15}$$

所以,可得外量子效率为

$$\eta_{ex} = \exp\left(-\frac{qe_{33}s_{33}W_{piezo}}{2\varepsilon_s kT}\right)\eta_{ex0} \tag{7.16}$$

此情况下压电光电学效应因子为

$$\alpha = \exp\left(-\frac{qe_{33}s_{33}W_{piezo}}{2\varepsilon_s kT}\right) \tag{7.17}$$

根据式(7.15)~式(7.17)可得器件相应的电流密度、相对光强和外量子效率。计算中用到的典型材料常数为:压电常数 $e_{33} = 1.22$ C/m^2、相对介电常数 $\varepsilon_s = 8.91$。压电电荷分布区宽度 W_{piezo} 为 0.25 nm,温度 T 为 300 K。图 7.2(a)的曲线

所示为 J/J_{c0} 作为外加电压 V 和应变的函数。图 7.2(b) 所示为当应变从 -0.8%
变化到 0.8% 时压电肖特基发光二极管的直流特性。如图 7.2(c) 所示,当 $V=$
$0.5\ \mathrm{V}$ 且应变从 0.8% 变化到 -0.8% 时,器件光强增加了 1095%。图 7.2(d) 所示
为相对外量子效率受应变影响的函数关系,它清楚地示出了压电电荷对于压电发
光二极管中的发射光子过程的调节和控制。这就是压电光电子学效应的物理
核心。

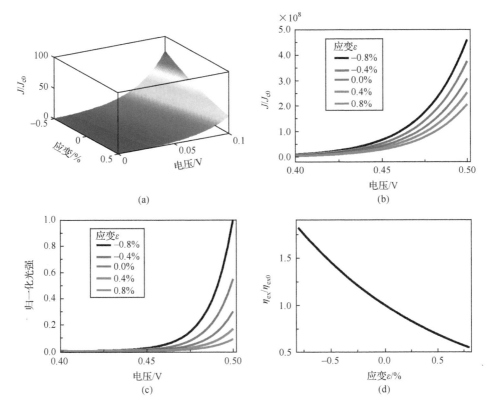

图 7.2　(a) 不同应变下存在压电电荷时计算所得的压电发光二极管伏安关系;不同应变
下($-0.08\%\sim0.08\%$)(b) 相对电流密度和(c)相对光强作为外加电压的函数曲线;(d)相
对外量子效率与应变之间的函数关系

7.2.2　压电 p-n 结发光二极管器件的数值模拟

一维情况下的简化分析模型为理解压电势如何调节和控制光子发射的机制提
供了定性的指导。在上述简化模型情况中,为了方便理解压电光电子学的核心,我
们未考虑非辐射复合过程。根据之前我们关于压电电子学的理论工作[5,6],应变
条件下的压电 p-n 结发光二极管的直流特性可以通过数值求解方程[式(7.1)～
式(7.5)]得到。我们假设发光二极管输出光功率密度 P_{optic} 和电流密度 J 之间的

关系为 $P_{optic} = \beta J^b$。

给定压电电荷分布时,我们可以利用压电 p-n 结的数值模型来求解压电方程、静电方程和扩散方程。

复合过程分为两类:带-带复合过程和复合中心辅助的复合过程(如 Shockley-Read-Hall 复合)。辐射过程(光子发射)主要与带-带复合有关,在这个过程中能量从导带转移到价带。Shockley-Read-Hall 复合则与非辐射过程相关,描述了由半导体禁带带隙中复合中心辅助的复合过程。为简单起见,我们忽略了另一个常见的非辐射过程:俄歇过程。俄歇过程描述了将注入电子或空穴的能量转移到另一个自由电子或空穴上的能量转移过程。

根据压电二极管模型,电子和空穴的生成率为 $G_n = G_p = 0$,这意味着在我们的模型中没有外部光激发。在模拟中,我们选择 n 型氧化锌作为压电半导体材料。纳米线器件的长度和半径分别为 100 nm 和 10 nm;非压电 p 型材料的长度为 20 nm,n 型氧化锌的长度为 80 nm。相对介电常数为 $\kappa_{\perp}^r = 7.77$ 和 $\kappa_{//}^r = 8.91$;本征载流子浓度 $n_i = 1.0 \times 10^6$ cm^{-3},电子和空穴迁移率分别为 $\mu_n = 200$ cm^2/(V·s) 和 $\mu_p = 180$ cm^2/(V·s);载流子寿命为 $\tau_p = 0.1$ μs 和 $\tau_n = 0.1$ μs。n 型背景掺杂浓度 $N_{Dn} = 1 \times 10^{15}$ cm^{-3};最大施主掺杂浓度 $N_{Dn\,max} = 1 \times 10^{17}$ cm^{-3};最大受主掺杂浓度 $N_{Ap\,max} = 1 \times 10^{17}$ cm^{-3};控制常数 ch=4.66 nm;温度 $T = 300$ K。如图 7.3(a) 所示,我们假定压电电荷均匀分布在 n 型纳米线两端长度为 0.25 nm 的区域内。为易于标注,z 轴的定义如图 7.3(a) 所示,其中 $z = 0$ 代表了 p 型区域的末端位置。p-n 结界面位于沿轴线 $z = 20$ nm 处。n 型区域的另一端则位于 $z = 100$ nm 处。

图 7.3(b) 所示为当 $b = 2$ 时,器件受不同应变下的光强与电压的关系曲线。根据压电电子学理论,在我们的模型中,负应变(压缩应变)产生的局域正压电电荷降低 p-n 结的内建势而使得相应的饱和电流密度增大。因此,在固定的偏置电压下电流密度增加从而使光强增加。另外,正应变(拉伸应变)将产生负压电电荷以增大 p-n 结的内建势从而减小饱和电流。因此,在固定偏置电压下,相应的电流密度和光强度减小。在图 7.3(c) 中,当固定偏压为 $V = 0.9$ V 时,随着应变从 -0.08% 变化到 0.08%,光强显示出明显的变化趋势,这清晰地表明了压电电荷对光子发射的影响。我们还利用上述模型研究了在固定偏压 $V = 0.9$ V 下器件的相对外量子效率(压电光电子学因子 α)随应变的变化。图 7.3(d) 中显示了随着应变从 -0.08% 变化到 0.08% 时器件相对外量子效率(压电光电子学因子 α)的变化。通过选择不同的幂指数($b = 1$、$b = 2$、$b = 1.6$),我们可以得到对压电光电子学因子与应变关系的线性近似、抛物线近似(典型的非线性近似)和实验数据拟合曲线。因此,p-n 结界面的压电电荷主导了光子的发射过程,这与我们的实验结果一致[15]。这些数值计算结果表明,压电光电子学效应是 p-n 结中产生的界面压电电荷调整/控制器件光强和外量子效率的结果。

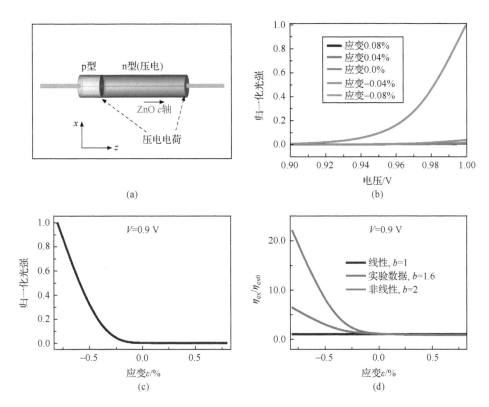

图 7.3　(a) 氧化锌纳米线压电发光二极管示意图；(b) 不同应变(−0.08%～0.08%)条件下,相对光强与电压关系曲线；(c) 固定偏压为 0.9 V 条件下,相对光强与应变(−0.08%～0.08%) 的关系曲线；(d) 固定偏压为 0.9 V 条件下,利用线性近似、抛物线近似和从我们以前的实验数据拟合得到的相对外量子效率与应变(−0.08%～0.08%) 的关系曲线

7.3　压电光电子学效应对光电传感器的影响

压电光电子学效应利用了晶体内的压电势来调节控制光电子器件中的载流子产生、分离、传输或复合过程。在本节中,我们构建了一个理论模型来描述基于金属-纳米线-金属结构的压电光电子学光电探测器的特性。我们将讨论光激发和压电电荷对光电流的影响以及这两者间的耦合对具有单肖特基接触和双肖特基接触的光电探测器性能的影响。这些数值模拟结果与基于氧化锌纳米线的紫外光电探测器的实验数据吻合得很好。上述研究也被扩展到基于硫化镉纳米线的对可见光进行检测的光电探测器中。我们进一步提出了三条原则来判定一般光电探测器中是否存在压电光电子学效应。

两相耦合的压电电子学理论模型已在第 3 章中提出并做了阐述[5]。在这里,我们将采用相同的假设并遵循类似的方法来阐述压电光电子学效应对光电传感器的影响[7]。肖特基接触的电流方程将被用来作为讨论的基本出发点。我们也将讨论光激发和压电电荷对材料能带结构的影响,并将最终的耦合项整合到电流传输方程中。为了得到对压电光电子学效应更为直观的理解,我们也进行了相应的数值计算。为易于理解,我们采用一维模型和其他简化条件。核心方程和结论如下所述。

7.3.1 正偏肖特基接触的电流密度

压电光电子学光电探测器中测得的光电流大小对应于光强度的强弱。我们也对外加应变条件下压电效应和光子激发的耦合效应进行了研究。当金属和 n 型半导体形成的肖特基接触器件处于正偏时,其中的载流子传输应由热电子发射(TE)理论来描述,相应的正偏电流密度 J_F 为[2]

$$J_F = A^* T^2 \exp\left(-\frac{q}{kT}\phi_n\right)\left[\exp\left(\frac{q}{kT}V\right)-1\right] \tag{7.18}$$

式中,A^* 为理查德森常量,T 为温度,ϕ_n 为等效肖特基势垒高度,V 为接触上的外加偏压。

7.3.2 反偏肖特基接触的电流密度

对含 n 型半导体的反偏肖特基接触,热电子发射理论对电流值的估算偏低,而考虑了隧穿效应的热离子场发射(TFE)理论则可以更好地描述重掺杂半导体材料的电流传输行为[8,9]。基于热离子场发射理论,反偏电流密度可以表示为

$$J_R = J_{sv}\exp\left(-\frac{q}{E_0}\phi_n\right)\exp\left[V_R\left(\frac{q}{kT}-\frac{q}{E_0}\right)\right] \tag{7.19}$$

式中,J_{sv} 为考虑外加电压和肖特基势垒变化时的慢变项,V_R 为反偏电压,q 为电子电荷,k 为玻尔兹曼常量,E_0 为与 kT 具有相同量级但大于 kT 值的隧穿参数;一般 E_0 大于 kT,且当考虑外加电压和肖特基势垒变化时为常数项,因此可以合理假设 $E_0 = akT$,其中 $a > 1$,因此式(7.19)可写为

$$J_R = J_{sv}\exp\left(-\frac{q}{akT}\phi_n\right)\exp\left[V_R\frac{q}{kT}\left(1-\frac{1}{a}\right)\right] \tag{7.20}$$

7.3.3 光激发模型

能量大于光电探测器中半导体材料带隙(E_g)的光子照射材料后在该材料中产生电子空穴对。在恒定光强的光照下,过剩自由载流子的浓度保持恒定。过剩载流子浓度由连续性方程得到[10]:

$$\Delta n = \Delta p = \tau_n G_L(I) \tag{7.21}$$

式中，Δn 和 Δp 分别为光照下的过剩电子浓度和过剩空穴浓度，τ_n 为载流子寿命，$G_L(I)$ 为光子生成率且是光强的函数。

无光激发时，半导体费米能级与金属费米能级保持对齐一致。如图 7.4(b)所示，当纳米线受到光照时，过剩载流子的存在导致初始费米能级分裂成分别对应于电子和空穴的两个准费米能级。如果光照均匀，则沿纳米线整个耗尽层的准费米能级也可被认为是均匀的。电子准费米能级 E_{F_n} 和空穴准费米能级 E_{F_p} 可以分别被表示为[2]

$$E_{F_n} = E_F + kT\ln\left(\frac{n_0 + \Delta n}{n_0}\right) \tag{7.22a}$$

$$E_{Fp} = E_F - kT\ln\left(\frac{p_0 + \Delta p}{p_0}\right) \tag{7.22b}$$

7.3.4　压电电荷和压电势方程

如之前构建压电电子学的理论框架时所述[5]，压电电荷引起的肖特基势垒高度变化为

$$\Delta\phi_{piezo} = -\frac{1}{2\varepsilon}\rho_{piezo}W_{piezo}^2 \tag{7.23}$$

式中，ρ_{piezo} 为存在于金属-半导体接触中半导体纳米线侧由应变引起的压电电荷密度，W_{piezo} 为结区界面附近处的压电电荷分布宽度。

由于压电效应源于晶体内离子的极化，压电电荷可被视为在纳米线两端具有相反极性的固定电荷，如图 7.4(a)所示。对于假定沿 c 轴方向生长的纤锌矿结构纳米线，当受到沿 c 轴的应变时，压电极化电荷为

$$P = e_{33}s_{33} = \rho_{piezo1}W_{piezo1} = -\rho_{piezo2}W_{piezo2} \tag{7.24}$$

式中，e_{33} 为压电常数，s_{33} 为沿 c 轴方向的应变，ρ_{piezo1} 为接触 1 端应变引起的压电电荷密度，ρ_{piezo2} 为接触 2 端应变引起的压电电荷密度。

对肖特基接触来说，光激发可有效地降低肖特基势垒的高度，与此同时结区局域压电电荷的引入也可以改变势垒高度，这可用下式表示：

$$\Delta\phi_n = -\frac{1}{2\varepsilon}\rho_{piezo}W_{piezo}^2 - \frac{kT}{q}\ln\left(\frac{n_0 + \Delta n}{n_0}\right) \tag{7.25}$$

则势垒高度的变化可表示为

$$\phi_n = \phi_{n0} + \Delta\phi_n \tag{7.26}$$

式中，ϕ_{n0} 为无应变无光照情况下肖特基势垒的初始高度。

因此流过正偏肖特基接触的电子电流为

$$J_n = J_{n0}\left(\frac{n_0 + \Delta n}{n_0}\right)\exp\left(\frac{q}{kT}\frac{1}{2\varepsilon}\rho_{piezo}W_{piezo}^2\right) \tag{7.27}$$

式中，k 为玻尔兹曼常量，J_{n0} 为无外加应变、无光照情况下的电流密度，且 $J_{n0} =$

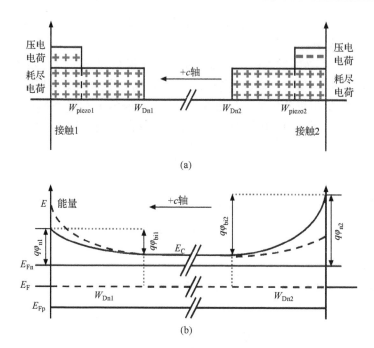

图 7.4 压电电荷和光生载流子存在时的理想金属-半导体-金属结构
示意图。(a) 空间电荷分布和(b)压电电荷和光生载流子存在时对应
的能带图。虚线代表无应变和光辐射时的初始势垒。实线为受压电
电荷影响后的能带结构,其中一端势垒上升而另一端势垒下降

$A^* T^2 \mathrm{e}^{-\frac{q}{kT}\phi_{n0}} (\mathrm{e}^{\frac{q}{kT}V} - 1)$。

由于压电电荷密度 ρ_{piezo} 的大小和符号依赖于晶体材料的 c 轴方向和所受应变
的类型,因此通过改变这些条件就可以利用压电电荷来增强或减弱光激发的影响。

7.3.5 压电光电子学效应对双肖特基接触结构的影响

当对具有双肖特基接触的器件施加一定的偏置电压时,器件中一个结处于反
向偏置而另一个结处于正向偏置。流过双肖特基结器件的电流可表示为如下
形式:

$$I = S_R J_R = V_{NW}/R_{NW} = S_F J_F \qquad (7.28)$$

式中,S_R 和 S_F 分别对应反偏和正偏结的横截面积,R_{NW} 为纳米线电阻,V_{NW} 为纳米
线上的压降。则有

$$V_R + V_{NW} + V_F = V \qquad (7.29)$$

其中,V_R 和 V_F 为反偏和正偏结上的压降,V 为外加电压。

式(7.28)中,R_{NW} 主要影响外加电压大于等于 5 V 时器件的电流特性,而在光
电检测的工作电压范围内,影响器件电流特性的主要因素则受反偏接触控制[9]。

为清楚地表明压电电荷和光照的影响,我们进行了合理的简化,令 $V_R = cV, c$ 假定为常数且 $c < 1$;则式(7.27)变成

$$J = J_{sv}\exp\left(-\frac{q}{akT}\phi_{n0}\right)\exp\left[V\frac{q}{kT}c\left(1-\frac{1}{a}\right)\right]\left(\frac{n_0+\Delta n}{n_0}\right)^{\frac{1}{a}}\exp\left(\frac{q}{akT}\frac{1}{2\varepsilon}\rho_{piezo}W_{piezo}^2\right)$$

$$(7.30)$$

所以不同电压下器件的电流为

$$I = S_1 J_{c1}\left(\frac{n_0+\Delta n}{n_0}\right)^{\frac{1}{a}}\exp\left(\frac{q}{akT}\frac{1}{2\varepsilon}\rho_{piezo1}W_{piezo1}^2\right) \qquad \text{接触 1 反向偏置}(V>0)$$

$$(7.31a)$$

$$I = -S_2 J_{c2}\left(\frac{n_0+\Delta n}{n_0}\right)^{\frac{1}{a}}\exp\left(\frac{q}{akT}\frac{1}{2\varepsilon}\rho_{piezo2}W_{piezo2}^2\right) \qquad \text{接触 2 反向偏置}(V<0)$$

$$(7.31b)$$

式中,k 为玻尔兹曼常量,$J_{c1}=J_{sv1}\exp\left(-\frac{q}{a_1kT}\phi_{n10}\right)\exp\left[V\frac{q}{kT}c_1\left(1-\frac{1}{a_1}\right)\right]$,$J_{c2}=$ $J_{sv2}\exp\left(-\frac{q}{a_2kT}\phi_{n20}\right)\exp\left[V\frac{q}{kT}c_2\left(1-\frac{1}{a_2}\right)\right]$,分别为接触 1 和接触 2 处于反向偏置时对应的电流;S_1 和 S_2 分别为结 1 和结 2 的面积。由于压电电荷密度 ρ_{piezo1} 与 ρ_{piezo2} 具有相反符号,式(7.31)显示处于相反偏压下的器件受到相同应变时的光电流呈反对称变化。

7.3.6　金属-半导体-金属光电探测器的数值模拟

接下来我们将前面的解析结果应用于银-氧化锌-银结构的数值计算。由于用于制备压电光电子器件的材料主要是氧化锌、硫化镉和氮化镓等纤锌矿结构材料,而这类材料具有相同的晶体对称性,因此它们对应的压电系数矩阵具有相同的形式。

计算中用到的氧化锌参数如下:介电常数 $\varepsilon = \varepsilon_s\varepsilon_0$,其中 $\varepsilon_s = 8.9$;压电系数 $e_{33} = 1.22\ \text{C/m}^3$。值得注意的是:硫化镉的介电常数 $\varepsilon_s = 9.3^{[11]}$、压电系数 $e_{33} = 0.385\ \text{C/m}^3$,这意味着对硫化镉器件的模拟结果只会在大小上有轻微差异,而其随应变和光强改变的变化趋势与氧化锌器件是相同的。对光激发而言,我们假定外量子效率 $\eta_{ex} = 1$,内增益 $\Gamma_G = 1.5\times10^{5[12]}$,载流子寿命 $\tau_n = 3\ \text{ns}^{[13]}$。在典型紫外光电探测实验中使用的光源波长 λ 为 385 nm。我们假设氧化锌纳米线直径为 100 nm。无光照条件下氧化锌纳米线中的电子浓度为 $1\times10^{15}\ \text{cm}^{-3}$。

对一端为肖特基接触另外一端为欧姆接触的银-氧化锌-银结构,当正向偏压加在肖特基接触时,使用式(7.27)我们可以计算出在光强恒定时当应变从 0 变化到 1% 的条件下器件的光电流。根据 c 轴方向的不同,光电流可以通过施加应变

来增大或减小。图 7.5(a)和图 7.5(b)分别显示两个单肖特基接触器件的性能,器件的结构如图 7.5(a)和图 7.5(b)中的插图所示。如图 7.5(c)所示,我们还计算了无应变条件下对应不同光照强度条件的器件光电流。

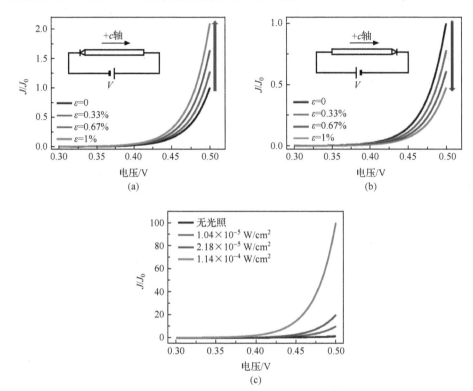

图 7.5　对一端为肖特基接触另外一端为欧姆接触的金属-氧化锌-金属光电探测器基于我们解析解的数值模拟结果。(a)和 (b)分别为在不同应变和相同光照条件下,相对肖特基接触具有相反 c 轴方向的两个器件中相对的电流密度随电压的变化情况。设 J_0 为零应变和外加电压 0.5 V 时的器件电流,插图为器件结构和正偏方向的示意图;(c)不同光照强度下器件的伏安特性,J_0 为正向偏压 0.5 V 时的器件暗电流

对两端均为肖特基接触的银-氧化锌-银结构,我们设式(7.36a)中 $a=1.3$、$c=0.8$,这是根据以前工作选取的合理数值[9]。模拟结果如图 7.6 所示。在图 7.6(a)中,压电光电子学效应的非对称特性显示得很清楚:当偏置电压具有相反方向时,在相同大小的应变下,电流变化相反。

如将在第 8 章中进行的详细叙述,上述理论预测的结果已被基于硫化镉纳米线的可见光电探测器和氧化锌纳米线紫外光电探测器等实验定量验证。我们的实验结果表明,压电光电子学效应而非其他实验因素是影响这些光电探测器性能的主导因素。我们发现压电光电子学效应在低光照强度时十分明显,这对扩展光电

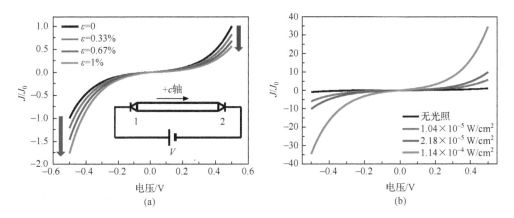

图 7.6　基于解析解对两端均为肖特基接触的金属-氧化锌-金属光电探测器的数值模拟结果。(a) 在不同应变和相同光照条件下,相对的电流密度随电压变化,其中 J_0 为零应变和外加电压 0.5 V 时的器件电流,插图为器件结构和正偏方向的示意图;(b) 不同光照强度下器件的伏安特性,J_0 为正向偏压 0.5 V 下器件的暗电流

探测器的灵敏度和应用范围非常重要。上述基于肖特基接触得到的结论显示了此效应的核心特性,同时也可以方便地应用于其他结构如 p-n 结等。

7.4　压电光电子学效应对太阳能电池的影响

评估太阳能电池性能的关键参数有:光电流(短路电流)、开路电压、最大输出功率、填充因子和理想转换效率。填充因子的定义为最大输出功率与短路电流和开路电压乘积之比。理想转换效率的定义为最大输出功率与入射太阳光光照功率之比。

从材料和器件结构角度来说,可以通过两个主要方法来优化太阳能电池的性能:发展具有更高能源转换效率的新材料和设计新的结构。在硅太阳能电池中金属-绝缘体-半导体(MIS)的结构被用来减小饱和电流密度[14];为了优化电池的开路电压,p-n 结太阳能电池的厚度依赖规律已经基于热力学理论从理论上进行了探讨[15]。基于低带隙聚合物 PBDTTT4 构建的聚合物太阳能电池的开路电压已提升至 0.76 V,且其功率转换效率已经高达 6.77%[16]。多种理论和实验方法也已被发展来理解聚合物富勒烯太阳能电池开路电压的起源[17]。最近,研究者发展了一套全新的采用压电、铁电材料来提高有机太阳能电池性能的技术方法,称为压电太阳能电池(PSC)[4]和铁电聚合物太阳能电池[18],其核心思想就是利用材料本身提供的内建电势来增强电荷分离。我们需要发展相应的基本理论来理解相关实验现象。

以典型的纳/微米线太阳能电池为例[图 7.7(a)],其基本结构是 p-n 结或金属-半导体接触。太阳能电池的工作原理是利用耗尽区内的强电场来协助分离入射光子产生的光生电子-空穴对。受应变产生的结区压电电荷可以有效调节/控制太阳能电池性能。例如,如图 7.7(b)和 7.7(c)所示的氧化锌纳米线太阳能电池由 p 型非压电半导体材料和 n 型压电半导体材料形成的异质结组成。压电势明显改变了界面附近的能带结构,从而控制载流子在 p-n 结或金半接触界面的产生、分离和传输过程,这就是基本的压电光电子学效应。

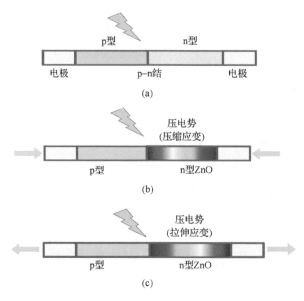

图 7.7　(a)使用 p-n 结结构的纳米线压电太阳能电池示意图;(b) 受压缩应变的压电太阳能电池示意图;(c)受拉伸应变的压电太阳能电池示意图;其中压电势的极性和大小均可调节和控制载流子的产生、分离和传输特性。色阶变化代表 n 型半导体纳米线内的压电势分布

　　压电势的分布和载流子的动态传输特性已经在前面几节中做了讨论。在本节中,我们提出一个理论模型来半定量理解压电光电子学效应对载流子产生和传输行为的影响[19]。我们得到了简化条件下的氧化锌压电 p-n 结太阳能电池的解析结果,这为理解压电太阳能电池(PSC)的机制提供了一个基本物理图像。此外,我们也对压电太阳能电池的最大输出进行了数值计算。最后,实验中得到的有机太阳能电池的结果符合我们的理论模型。利用外应力产生的压电效应,我们的研究不仅为理解此类太阳能电池的特性提供了物理基础,而且也有助于设计出更高性能的太阳能电池。

7.4.1　基本方程

　　由压电半导体制备的压电太阳能电池(PSC)的特性通过压电理论和半导体物

理来描述。动态应变下压电材料的行为由压电理论描述[3]。载流子的静态和动态传输行为以及半导体材料中光子和电子的相互作用可由半导体物理基本方程描述[2]。

在均匀小机械应变下的压电方程和本构方程为

$$(\boldsymbol{P})_i = (\boldsymbol{e})_{ijk}(\boldsymbol{S})_{jk} \tag{7.32a}$$

$$\begin{cases} \boldsymbol{\sigma} = \boldsymbol{c}_\text{E}\boldsymbol{S} - \boldsymbol{e}^\top\boldsymbol{E} \\ \boldsymbol{D} = \boldsymbol{e}\boldsymbol{S} + \boldsymbol{k}\boldsymbol{E} \end{cases} \tag{7.32b}$$

式中,$\boldsymbol{P}$ 为极化矢量,$\boldsymbol{S}$ 为均匀机械应变张量,三阶张量 $(\boldsymbol{e})_{ijk}$ 为压电张量,$\boldsymbol{\sigma}$ 和 $\boldsymbol{e}_\text{E}$ 分别为应力张量和弹性系数张量;$\boldsymbol{E}$、$\boldsymbol{D}$ 和 $\boldsymbol{k}$ 分别为电场强度、电位移矢量和介电常数张量。

压电半导体中电荷的静电特性由泊松方程描述:

$$\nabla^2\psi_\text{i} = -\frac{\rho(\boldsymbol{r})}{\varepsilon_\text{s}} \tag{7.33}$$

式中,ψ_i,$\rho(\boldsymbol{r})$ 和 ε_s 分别为电势分布、电荷密度分布和材料的介电常数。

关联电场强度、电荷密度以及局域电流三者的漂移和扩散电流密度方程为

$$\begin{cases} \boldsymbol{J}_\text{n} = q\mu_\text{n}n\boldsymbol{E} + qD_\text{n}\nabla n \\ \boldsymbol{J}_\text{p} = q\mu_\text{p}p\boldsymbol{E} - qD_\text{p}\nabla p \\ \boldsymbol{J} = \boldsymbol{J}_\text{n} + \boldsymbol{J}_\text{p} \end{cases} \tag{7.34}$$

式中,$\boldsymbol{J}_\text{n}$ 和 $\boldsymbol{J}_\text{p}$ 为电子电流密度和空穴电流密度,q 为单位电子电荷绝对值,μ_n 和 μ_p 分别为电子和空穴迁移率,n 和 p 分别为自由电子浓度和自由空穴浓度,D_n 和 D_p 分别为电子和空穴扩散系数,$\boldsymbol{E}$ 为电场强度,$\boldsymbol{J}$ 为总电流密度。

受电场驱动的载流子输运由连续性方程表述:

$$\begin{cases} \dfrac{\partial n}{\partial t} = G_\text{n} - U_\text{n} + \dfrac{1}{q}\nabla\cdot\boldsymbol{J}_\text{n} \\ \dfrac{\partial p}{\partial t} = G_\text{p} - U_\text{p} - \dfrac{1}{q}\nabla\cdot\boldsymbol{J}_\text{p} \end{cases} \tag{7.35}$$

其中,G_n 和 G_p 分别为电子和空穴产生率,U_n 和 U_p 分别为电子和空穴复合率。

7.4.2　基于 p-n 结的压电太阳能电池

基于我们关于压电电子学效应的理论工作[5],本节中以理想 p-n 结为例来理解压电太阳能电池的独特性质。在外加应力作用下压电半导体材料中存在两种主要效应:压阻效应和压电效应。压阻效应涉及由应变引起的带隙、态密度和/或迁移率等性质的改变[20,21]。压阻效应主要是体效应,对半导体中压电极化的极性反转是不敏感的。因此,压阻效应可以视为半导体块体的电阻变化,对接触特性影响较小。虽然带隙的改变可以影响太阳能电池的饱和电流密度和开路电压,但是带

隙的改变并不依赖于器件接触区域产生的压电电荷的极性。第二种效应是压电电子学效应[22],这种效应涉及了接触区产生的压电电荷导致的晶体内压电势与材料极化方向间的依赖关系。由于压电电荷在器件两端极性相反,这导致在器件两端接触处产生了非对称效应,这意味着太阳能电池的输出与晶体极性方向有关。

最近的实验表明,受应力作用的 P3HT/氧化锌太阳能电池的开路电压与氧化锌微米线的晶向之间有明显的依赖关系[17],这表明压电光电子学效应对太阳能电池的输出具有关键的作用。器件的开路电压和最大输出功率非常敏感地依赖于氧化锌线所受的应变,而器件的短路电流密度则不依赖于氧化锌线所受的应变。因此,我们假设在以下的理论研究中,p-n 结纳/微米线太阳能电池的光电流密度(短路电流密度)不受外加应变影响。

理论上,短路电流密度是过剩载流子受太阳光辐射激发的结果。为了简化计算,我们假设电子和空穴的生成率(G_n 和 G_p)为常数:

$$G_n = G_p = \frac{J_{solar}}{q(L_n + L_p)} \tag{7.36}$$

式中,J_{solar} 为短路电流密度,L_n 和 L_p 分别为电子和空穴的扩散长度。我们假设这里没有辐射复合过程(光子发射),这意味着在我们的模型里没有光子发射,即 $U_n = U_p = 0$。我们在前期工作中采用肖克利理论建立了压电 p-n 结模型以理解压电半导体材料中的物理过程[2]。我们也得到了 p-n 结中存在压电电荷时流经 p-n 结的电流密度。当考虑存在光电流密度 J_{solar} 时,采用一维压电 p-n 结模型,我们可以通过求解简化条件下的上述基本方程[式(7.32)～式(7.36)]得到理想 p-n 结压电太阳能电池中的总电流密度:

$$J = J_{pn}\left[\exp\left(\frac{qV}{kT}\right) - 1\right] - J_{solar} \tag{7.37a}$$

$$J_{pn} \equiv \frac{qD_p p_{n0}}{L_p} + \frac{qD_n n_{p0}}{L_n} \tag{7.37b}$$

其中,J_{pn} 为饱和电流密度,D_p 和 D_n 分别为电子和空穴扩散系数,p_{n0} 和 n_{p0} 分别为热平衡条件下 n 型半导体中的空穴浓度和 p 型半导体中的电子浓度。在基于 p 型聚合物材料和 n 型氧化锌微/纳米材料的有机太阳能电池中,氧化锌微/纳米线具有高的 n 型电导率[23]。因此我们假设 p 型半导体侧为具有掺杂浓度为 N_A 的突变结,这意味着在 p-n 结内 $n_{p0} \gg p_{n0}$,$J_{pn} \approx \frac{qD_n n_{p0}}{L_n}$,这里,$n_{p0} = n_i \exp\left(-\frac{E_i - E_F}{kT}\right)$,$n_i$ 为本征载流子浓度,E_i 为本征费米能级。根据我们前期压电电子学的理论工作,总电流密度可以写为[19]

$$J = J_{pn0} \exp\left(-\frac{q^2 \rho_{piezo} W_{piezo}^2}{2\varepsilon_s kT}\right)\left[\exp\left(\frac{qV}{kT}\right) - 1\right] - J_{solar} \tag{7.38a}$$

$$J_{pn} = J_{pn0} \exp\left(-\frac{q^2 \rho_{piezo} W_{piezo}^2}{2\varepsilon_s kT}\right) \tag{7.38b}$$

其中,无压电势情况下的费米能级和饱和电流密度分别定义为 E_{F0} 和 $J_{pn0} = \dfrac{qD_n n_{p0}}{L_n}$ $\times \exp\left(-\dfrac{E_i - E_{F0}}{kT}\right)$。不同于前期理论中的原始方程,式(7.38)中指数项内出现了负号,这将在下面进行详述。

式(7.38a)和式(7.38b)表明压电太阳能电池的饱和电流密度 J_{pn} 随 p-n 结界面的压电电荷呈指数下降。需要注意的是相比我们前期得出的压电 p-n 结的结果,式(7.38b)中指数项里的符号为负[5]。从半导体物理角度来理解饱和电流 J_{pn} 依赖于两部分因素:热平衡条件下 n 型半导体中的空穴浓度 p_{n0} 和 p 型半导体中的电子浓度 n_{p0}。我们可以从式(7.37b)中直接得到两种近似情况:第一种情况为 $n_{p0} \gg p_{n0}$,这意味着热平衡条件下 p 型半导体中的电子浓度 n_{p0} 主导了器件的电流特性。这种情况对应于我们的压电太阳能电池模型。第二种情况为 $p_{n0} \gg n_{p0}$,这意味着热平衡条件下 n 型半导体中的空穴浓度 p_{n0} 主导了器件的电流特性。这种情况已经在之前的压电 p-n 结太阳能电池研究中得到了阐述[5]。对于我们模型中负应变(压缩应变)的情况,正压电电荷吸引电子并排斥空穴。相应地,在正应变(拉伸应变)情况下,负压电电荷吸引空穴并排斥电子。正负压电电荷间的差异导致了上述两种情况中相反的效应,这对应于式(7.38b)中指数函数项中符号的反转。根据式(7.38a)和式(7.38b),令 $J = 0$,则压电太阳能电池的开路电压可以表示为[19]

$$V_{oc} = \frac{kT}{q} \ln\left(\frac{J_{solar}}{J_{pn}} + 1\right) \tag{7.39a}$$

典型的太阳能电池中 $J_{solar} \gg J_{pn}$,则开路电压可近似为

$$V_{oc} \approx \frac{kT}{q} \ln\left(\frac{J_{solar}}{J_{pn}}\right) = \frac{kT}{q}\left\{\ln\left(\frac{J_{solar}}{J_{pn0}}\right) + \frac{q^2 \rho_{piezo} W_{piezo}^2}{2\varepsilon_s kT}\right\} \tag{7.39b}$$

式(7.39b)给出了开路电压与压电电荷之间的函数关系。应变的大小和极性(压缩或拉伸)都可以有效地调节或控制器件中的开路电压。虽然上述结果由一维微/纳米线模型得出,但是压电光电子学效应的作用机制同样适用于块体和薄膜太阳能电池。

当沿 c 轴生长的氮化镓或氧化锌纳米线受到沿 c 轴方向的应变 s_{33} 时,通过求解压电方程[式(7.32a)]可得 $q\rho_{piezo} W_{piezo} = -e_{33} s_{33}$,因此可以利用以下典型的材料常数来计算太阳能电池的电流密度和开路电压:压电常数 $e_{33} = 1.22$ C/m²、相对介电常数 $\varepsilon_s = 8.91$;压电电荷均匀分布区的宽度 W_{piezo} 为 0.25 nm,这约为一个原子层的厚度;温度设为 $T = 300$ K;本节所有的计算中,p-n 结结构中左段和右段的长度分别是 20 nm 和 80 nm;纳米线的直径为 20 nm。图 7.8(a)中所示为计算模型的示意图。坐标 z 轴定义为沿氧化锌纳米线的 c 轴正方向,$z = 0$ 处为 p 型材料区端面,p-n 结界面位于沿 z 轴 $z = 20$ nm 处,n 型材料区终止于 $z = 100$ nm 处。

图 7.8(b)给出了不同光强下计算得到的器件伏安函数曲线。短路电流密度随光强增加而增大。但是对于给定的 J_{pn},开路电压随光电流 J_{solar} 增加而对数增加。减小饱和电流密度有可能会使太阳能电池的开路电压略有增加。当短路电流密度固定时,随着应变从 -0.9% 变化到 0.9%,p-n 结太阳电池的伏安特性如图 7.8(c)所示。图 7.8(d)中所示为太阳能电池的开路电压与外加应变之间的函数关系,清楚地表明了压电光电子学效应对太阳能电池性能的影响。如图 7.8(d)所示,当应变从 -0.9% 增加到 0.9% 时,开路电压从 0.48 V 升至 0.51 V。

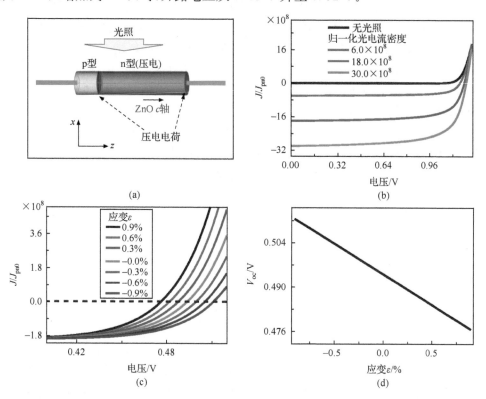

图 7.8　(a) 基于 p-n 结的氧化锌纳米线压电太阳能电池的示意图,其中 n 型材料具有压电性质且正 c 方向为图中指离结区的方向;(b) 不同光强下计算得到的压电太阳能电池伏安特性;(c) 当应变从 -0.9% 变化到 0.9% 时相对电流密度与电压之间的函数关系;(d) 开路电压随应变变化的规律[19]

　　根据解析结果,压电太阳能电池的输出功率可从式(7.39a)得到。图 7.9(a)给出了当光电流密度恒定时,器件的输出功率随电压变化的函数关系。随着应变的增加,输出功率曲线上升,且每条曲线各自在某个特定的电压处达到输出功率的最大值。如图 7.9(b)所示,通过式(7.39a)计算极值可以得到最大输出功率与应变的函数规律。明显可见应变可有效调节太阳能电池的最大输出功率。

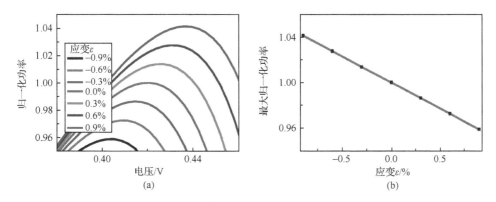

图 7.9　(a) 氧化锌纳米线 p-n 结压电太阳能电池的输出功率与电压之间的变化规律；(b) 不同应变下(−0.9%～0.9%)器件的相对最大输出功率[19]

为了与图 7.8(a)所示的情况作比较,我们将 n 型一侧材料的 c 轴极性反转[图 7.10(a)],或交换 n 型和 p 型两部分的位置[图 7.10(c)]。图中插图显示了各

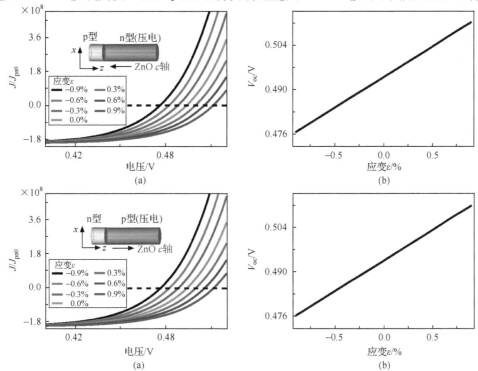

图 7.10　不同应变条件下(−0.9%～0.9%),p-n 结压电太阳能电池的(a)伏安特性曲线和(b)开路电压,其中 n 型材料(氧化锌)具有压电性质且正 c 方向为图中所示指向结区的方向;不同应变条件下(−0.9%～0.9%),p-n 结压电太阳能电池的(c)伏安特性曲线和(d)开路电压,其中 p 型材料具有压电性质且正 c 方向为图中所示指离结区的方向[19]

自对应的模型。这两种情况对应的伏安曲线和开路电压分别绘于图 7.10(a) 和 (b) 中。图 7.10(a) 所示情况与图 7.8(a) 的情况相比具有相反的 c 轴取向。图 7.10(a) 所示的电流密度与应变之间的变化趋势与图 7.8(c) 中的相反，这是由压电电荷极性反转造成的。

如图 7.10(c) 和 7.10(d) 所示，对由非压电 n 型材料和压电 p 型半导体组成的太阳能电池，计算所得的器件伏安曲线和开路电压具有与图 7.10(a) 和 7.10(b) 中结果相同的趋势。上述结果显示，通过对 n 型材料或 p 型压电半导体的选择及相应压电极化方向的改变可以有效地提高太阳能电池的性能。

7.4.3　金属-半导体肖特基接触型太阳能电池

金属-半导体肖特基接触是太阳能电池器件中的重要组成部分。根据我们关于压电电子学效应的理论工作[5]，对 n 型压电半导体纳米线器件，简化条件下流经压电太阳能电池中理想金属-半导体肖特基接触的总电流可以通过式 (7.40) 给出[19]：

$$J = J_{MS}\left[\exp\left(\frac{qV}{kT}\right) - 1\right] - J_{solar} \tag{7.40a}$$

$$J_{MS} = J_{MS0}\exp\left(\frac{q^2\rho_{piezo}W_{piezo}^2}{2\varepsilon_s kT}\right) \tag{7.40b}$$

式中，J_{MS} 为饱和电流密度，J_{MS0} 定义为无压电电荷情况下的饱和电流密度：

$$J_{MS0} = \frac{q^2 D_n N_C}{kT}\sqrt{\frac{2qN_D(\psi_{bi0} - V)}{\varepsilon_s}}\exp\left(-\frac{q\phi_{Bn0}}{kT}\right) \tag{7.41}$$

其中，ψ_{bi0} 和 ϕ_{Bn0} 分别为无压电电荷情况下的内建电势和肖特基势垒高度。在我们的例子中，压电电荷的影响可以看作对导带边 E_c 的微扰。基于 7.4.2 小节讨论的原因，式 (7.40b) 中指数项的符号与式 (7.38a) 中的相反。

因此，基于金半接触的压电太阳能电池的开路电压可以表示为

$$V_{oc} \approx \frac{kT}{q}\left\{\ln\left(\frac{J_{solar}}{J_{MS0}}\right) - \frac{q^2\rho_{piezo}W_{piezo}^2}{2\varepsilon_s kT}\right\} \tag{7.42}$$

如式 (7.40b) 所示，在正应变 (拉伸应变) 情况下，局域负压电电荷将增加金半接触的势垒高度，从而导致饱和电流密度 J_{MS} 的减小；相应地，由式 (7.42) 可知，金半接触太阳能电池的开路电压将增加。此外，在负应变 (压缩应变) 的情况下，正压电电荷降低金半接触的势垒高度使得饱和电流密度 J_{MS} 增加，从而降低金半接触太阳能电池的开路电压。因此，器件的电流密度和开路电压不仅可以被应变大小控制，也可以被应变的极性 (拉伸和压缩) 所调制。

对于沿 c 轴生长的氮化镓或氧化锌纳米线，当其受到沿 c 轴方向的应变 s_{33} 时，用于计算的典型材料常数与前述的 p-n 结实例是相同的。计算模型的示意图如图 7.11(a) 和图 7.11(c) 所示。图 7.11(a) 显示了固定光强下 J/J_{MS0} 随电压的变

化。当外加应变从 -0.9% 变化到 0.9% 时,电流曲线下降。如图 7.11(b)所示,开路电压随外加应变增加而增大。通过切换 c 轴极性方向,开路电压随应变的增加而下降[图 7.11(c)(d)]。理论结果与我们的实验结果定性一致。

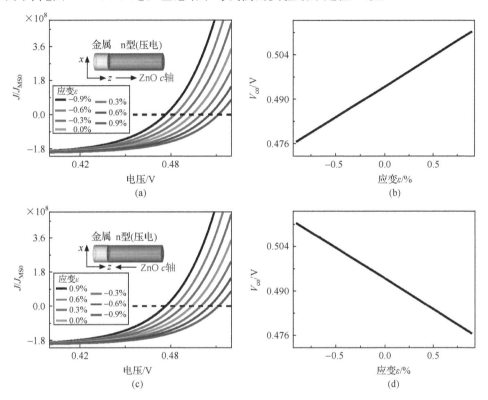

图 7.11　基于金属-半导体(氧化锌)接触的压电太阳能电池的(a)原理图和在不同应变条件下 $(-0.9\%\sim0.9\%)$ 的器件伏安特性,材料的正 c 方向为图中所示指离结区的方向;(b) 不同应变条件下 $(-0.9\%\sim0.9\%)$ 器件的开路电压。基于金属-半导体(氧化锌)接触的压电太阳能电池的(c)原理图和在不同应变条件下 $(-0.9\%\sim0.9\%)$ 的器件伏安特性,材料的正 c 方向为图中所示指向结区的方向;(d) 不同应变条件下 $(-0.9\%\sim0.9\%)$ 器件的开路电压[19]

7.5　总　　结

综上所述,我们分别对发光、光电探测和太阳能电池等情况给出了压电光电子学的理论框架。除给出支配方程外,我们还给出了一些解析解以便易于理解相关的物理图像。随后我们通过求解微分方程得到相应的数值计算结果。虽然我们基于半经典理论模型得到了半定量的结果,但是这提供了对该现象的清楚理解,这将在后续篇章中得到详细叙述。更多的复杂理论将在近期发展出来以用于定量描述所观测到的压电光电子学现象。

参 考 文 献

[1] Zhang Y, Wang Z L. Theory of Piezo-Phototronics for Light-Emitting Diodes. Advanced Materials, 2012, DOI: 10. 1002/adma. 201104263.

[2] Sze S M. Physics of Semiconductor Devices. 2nd ed. New York: John Wiley & Sons, 1981.

[3] Ikeda T. Fundamentals of Piezoelectricity. Oxford: Oxford University Press , 1996.

[4] Yang Q, Wang W H, Xu S, Wang Z L. Enhancing Light Emission of ZnO Microwire-Based Diodes by Piezo-Phototronic Effect. Nano Letters, 2011, 11 (9): 4012-4017.

[5] Zhang Y, Liu Y, Wang Z L. Fundamental Theory of Piezotronics. Advanced Materials, 2011, 23(27):3004-3013.

[6] Semiconductor Diode. http://www. comsol. com/showroom/gallery/114/. [2011-10-15].

[7] Liu Y, Yang Q, Zhang Y, Yang Y Z, Wang Z L. Nanowire Piezo-Phototronic Photodetector: Theory and Experimental Design. Advanced Materials, 2012, 24 (11): 1410-1417.

[8] Rhoderick E H, Williams R H. Metal-Semiconductor Contact. Oxford: Clarendon Press, 1988.

[9] Zhang Z Y, Yao K, Liu Y, Jin C H, Liang X L, Chen Q, Peng L M. Quantitative Analysis of Current-Voltage Characteristics of Semiconducting Nanowires: Decoupling of Contact Effects. Advanced Functional Materials, 2007, 17 (14): 2478-2489.

[10] Neamen D A. Semiconductor Physics and Devices:Basic Principles. 3rd ed. Boston:McGraw-Hill Science/Engineering/Math,2002.

[11] Thomas D G, Hopfield J J. Exciton Spectrum of Cadmium Sulfide. Physical Review, 1959, 116 (3): 573-582.

[12] Yang Q, Guo X, Wang W H, Zhang Y, Xu S, Lien D H, Wang Z L. Enhancing Sensitivity of a Single ZnO Micro-/Nanowire Photodetector by Piezo-Phototronic Effect. ACS Nano, 2010, 4 (10): 6285-6291.

[13] Zhang X J, Ji W, Tang S H. Determination of Optical Nonlinearities and Carrier Lifetime in ZnO. Journal of the Optical Society of America B, 1997, 14 (8): 1951-1955.

[14] Godfrey R B, Green M A. 655 mV Open-Circuit Voltage, 17. 6% Efficient Silicon MIS Solar Cells. Applied Physics Letters, 1979, 34 (11): 790-793.

[15] Brendel R, Queisser H J. On the Thickness Dependence of Open Circuit Voltages of p-n Junction Solar Cells. Solar Energy Materials and Solar Cells, 1993, 29 (4): 397-401.

[16] Chen H Y, Hou J H, Zhang S Q, Liang Y Y, Yang G W, Yang Y, Yu L P, Wu Y, Li G. Polymer Solar Cells with Enhanced Open-Circuit Voltage and Efficiency. Nature Photonics, 2009, 3: 649-654.

[17] Vandewal K, Tvingstedt K, Gadisa A, Inganas O, Manca J V. On the Origin of the Open-Circuit Voltage of Polymer-Fullerene Solar Cells. Nature Materials, 2009, 8: 904-909.

[18] Yuan Y B, Reece T J, Sharma P, Poddar S, Ducharme S, Gruverman A, Yang Y, Huang J S. Efficiency Enhancement in Organic Solar Cells with Ferroelectric Polymers. Nature Materials, 2011, 10: 296-302.

[19] Zhang Y, Yang Y, Wang Z L. Piezo-Phototronics Effect on Nano/Microwire Solar Cells. Energy & Environmental Science, 2012, 5: 6850-6856.

[20] Bykhovski A D, Kaminski V V, Shur M S, Chen Q C, Khan M A. Piezoresistive Effect in Wurtzite

n-Type GaN. Applied Physics Letters, 1996, 68 (6): 818-819.

[21]　Gaska R, Shur M S, Bykhovski A D, Yang J W, Khan M A, Kaminski V V, Soloviov S M. Piezoresistive Effect in Metal-Semiconductor-Metal Structures on p-Type GaN. Applied Physics Letters, 2000, 76 (26): 3956-3958.

[22]　Wang Z L. Piezopotential Gated Nanowire Devices: Piezotronics and Piezo-Phototronics. Nano Today, 2010, 5: 540-552.

[23]　Janotti A, Van de Walle C G. Fundamentals of Zinc Oxide as a Semiconductor. Reports on Progress in Physics, 2009, 72 (12): 126501.

第8章 压电光电子学效应在光电池中的应用

太阳能电池是光电子学中最重要的研究领域之一。利用金属-半导体界面的势垒结构及 p-n 结内形成的耗尽区内建电场,半导体材料中产生的光生电子空穴对得到分离而形成输出电流。界面/结区的压电电荷可以有效地改变器件的电荷分离性能。本章将研究压电光电子学效应对太阳能电池的影响。

8.1 金属-半导体接触光电池

通过工程改性选择适当的金属类型,在金属与氧化锌界面可以形成肖特基接触[1]。当金属-氧化锌界面受光子能量大于氧化锌带隙的激光激发时,肖特基势垒有助于将在界面附近产生的电子空穴对分离。当氧化锌纳米线受到一定应变时,线内产生沿纳米线长度方向变化的压电势,这可能会引起纳米线两端肖特基势垒高度的非对称变化。在本节中,以金属-半导体-金属肖特基接触氧化锌微米线器件为例,我们将阐释压电效应对光电池输出的影响[2]。微米线受外部应变产生的压电势可调节局域接触处的等效肖特基势垒高度,从而改变器件的传输特性。我们的研究显示应变控制具有优化光电池输出的潜力。

8.1.1 实验方法

研究中使用的超长氧化锌微米线是经高温热蒸发过程合成的[3]。制备氧化锌微米线光电池时,首先将氧化锌微米线放置在聚苯乙烯基底上,然后用银浆将其两端固定在基底上。聚苯乙烯基底尺寸为:长 3.5 mm、宽 5 mm、厚 1 mm。一层额外的聚二甲基硅氧烷(PDMS)薄层被用来封装器件,这也使得器件受重复操作时保持了机械性能的稳定性。在空气中经 48 h 干燥后,柔性透明的微米线光电池制备完成。实验设计原理如图 8.1 所示。器件中的应变通过具有移动分辨率为 0.0175 μm 的精确控制的线性位移台(MFA-CC,Newport 公司)弯曲基底而引入。一束氦镉激光束(波长为 325 nm,光束直径小于 20 μm)被聚焦在器件的预设位置上。紫外增强型电荷耦合器件(CCD)被用来作为检测设备。Keithley 4200 半导体参数表征系统被用来进行对器件的电学性能测量。

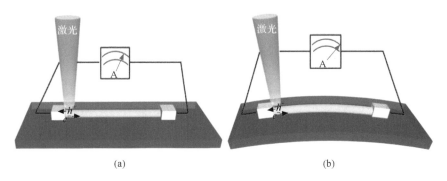

图 8.1　实验设计示意图。(a)器件无应变；(b) 器件存在应变

8.1.2　基本原理

　　首先我们对所有器件均进行了压电响应的测试。考虑到两端固定在基片表面的微米线与基底的相对尺寸存在较大的差距,整个系统的力学性能主要由基底决定。当柔性基底弯曲时,不同的弯曲方向将分别在微米线中产生拉伸或压缩应变。微米线受到的应变的数值可通过基底的弯曲量来确定[6]。图 8.2(a)中所示为一组典型的压电响应伏安特性曲线。当氧化锌微米线沿 c 轴压缩或拉伸时,线内产生沿纳米线长度方向变化的压电势。如图 8.2(a)所示,分布在器件金属-半导体接触区域的压电电场将改变肖特基势垒的等效高度,并且在线两端接触处的改变方式不同,从而导致器件传输性能的改变。需要指出的是,应变也可导致能带结构发生微小的改变,这就是压阻效应。此效应也将导致肖特基势垒高度的变化,但是对

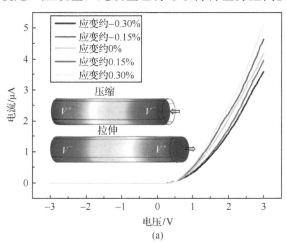

图 8.2　(a)器件压电响应测试;插图:不同应变条件下线中压电势分布的数值模拟

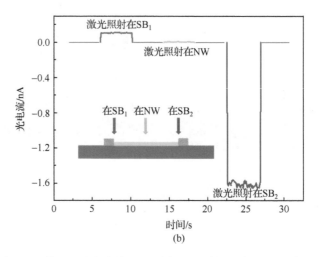

(b)

图 8.2 （b）激光聚焦点在线上不同位置时测得的输出电流；插图显示
器件上激光照射的位置示意

器件两端来说该影响是一致的。由于压电势具有极性，因此对器件两端而言是一个非对称效应，这就会导致伏安特性的非对称变化。

金属-半导体-金属结构中肖特基势垒对光生电子空穴对分离的有效性很大程度上取决于肖特基势垒的高度。对高度合适的肖特基势垒[图 8.3(a)]，在金半接

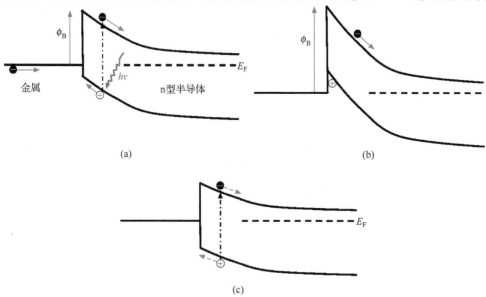

图 8.3 能带图显示金属-半导体界面肖特基势垒高度及其对光生电子空穴对分离的影响。
（a）正常情况势垒高度；（b）势垒很高时的界面；（c）势垒较低时的界面

触界面区域受光子激发的导带电子向具有较低能量的半导体侧漂移并最后到达金属电极;空穴则向接触界面漂移并且同金属中的电子复合以形成电流回路。如果肖特基势垒太高[图 8.3(b)],由于能带分布陡峭,电子仍然可以漂移到半导体侧,但空穴则可能会被俘获于具有比费米能级更高能量的界面处带边位置[图 8.3(b)],这导致金属中的电子不能与空穴有效地复合,从而不能形成电流回路。如果势垒高度太低[图 8.3(c)],考虑电子空穴两者之间的库仑相互作用,界面附近的平带不足以有效驱动电子空穴朝相反方向漂移。因此电子空穴会倾向于复合而不会产生电荷分离。对于一般制备的势垒高度未优化的太阳能电池,我们可以利用压电势调整肖特基势垒高度,使器件中的电子空穴得到最大程度的分离并减少电子空穴复合,从而可能得到最大的光电流输出。

8.1.3　光电池输出的优化

我们现在以具有金属-半导体-金属接触结构的微米线器件来说明压电势对光电池的影响。首先,如图 8.2(b)所示,当将波长为 325 nm 的激光光斑聚焦照射在器件的不同位置时,记录器件相应的输出电流。整个器件由两个通过微米线连接的背靠背肖特基势垒构成。当激光束的聚焦点从一个肖特基势垒移动到另一个肖特基势垒时,测得的输出电流符号发生改变。这是由于两个肖特基势垒区域具有相反的局域电场方向。局域电场导致了激光照射时生成的电子和空穴的分离,并引导它们朝着相反的方向流动。当我们将激光束固定照在一个肖特基势垒,随着一步一步地弯曲器件基底,应变也被逐步地引入器件当中。根据形变的方向,器件所受应变的极性由负转变为正或者由正至负。同时,线中的压电势分布也相应地获得逐步调节。这将改变两个肖特基势垒的有效高度从而影响微米线光电池的特性。

实验观察到输出电流和应变之间存在四种类型的特性关系。第一种是输出电流随应变增加而增加,如图 8.4(a)所示。在我们测试的 26 个器件中有 14 个表现出这种特性;第二种情况与第一种相反:输出电流随应变增加而降低[图 8.4(b)]。26 个器件中只有 2 个具有这种类型的输出电流特性;第三种情况和第四种情况类似,二者对应变的响应都有一个最大输出电流。但对于前者,极值点发生在拉伸应变范围[图 8.4(c)],而后者的极值点则发生在压缩应变范围[图 8.4(d)]。26 个器件中有 6 个为第三种类型,4 个为第四种类型。这些不同的行为表明上述光电池具有某些内在的差异。

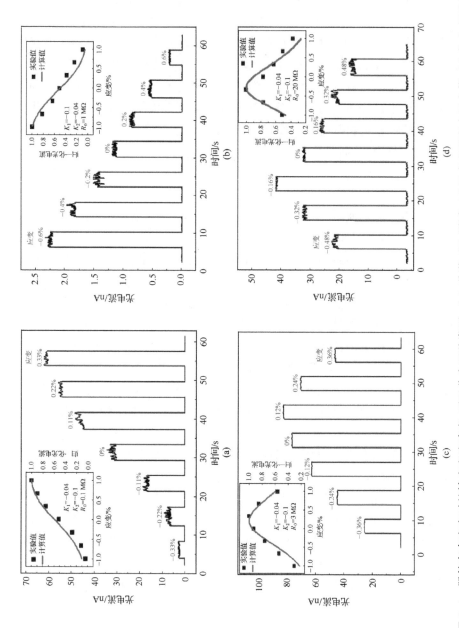

图 8.4　器件存在应变时的输出电流响应，可以分为四种类型：（a）递增；（b）递减；（c）正应变下存在极大值；（d）负应变下存在极大值。插图为基于相关参数的输出电流的计算结果，经过归一化后，计算结果与实验数据具有相似的变化趋势[2]

8.1.4　理论模型

这些氧化锌器件中光学、机械和电学性质之间的耦合提供了一种新的方法来区分和探求其内在特性。这些器件的特性可以通过基于光电池的等效电路模拟与热电子发射理论来定量地理解。当固定功率的激光束聚焦在肖特基势垒区域,此部分可看作一个恒定光电流源与一个正向偏置的肖特基二极管(记为 SD_1)并联;我们测得的输出电流是流过电路中由器件另外一端的正向偏置肖特基二极管(SD_2)与微米线串联形成的部分的电流。当通过弯曲基底将应变引入器件时,肖特基势垒高度和微米线的电阻都会相应地变化。这三部分可被视为受应变控制的可变电阻(分别记为 R_1, R_2, R_0)。这些可变电子参数之间的耦合以及它们与负载间的匹配产生了多种的输出特性,这将于下文进行详细阐述[2]。

基于等效电路特性(图 8.5)可得

$$I = I_1 + I_2 \tag{8.1}$$

$$V = I_2 R_0 + V_2 \tag{8.2}$$

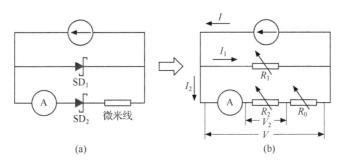

图 8.5　微米线光电池电路结构及相应的用于理论计算的等效电路

式中,I 为激光照射引起的恒定光电流,I_1 和 I_2 分别为通过包含 SD_1 或 SD_2 的电路分支的对应电流,V 和 V_2 为落在恒定光电流源和 SD_2 上的压降。对于正向偏置的肖特基二极管,根据热电子发射理论可得其电流为[19]

$$I_1 = I_{1s}\Big[\exp\Big(\frac{qV}{kT}\Big) - 1\Big] \tag{8.3}$$

$$I_2 = I_{2s}\Big[\exp\Big(\frac{qV_2}{kT}\Big) - 1\Big] \tag{8.4}$$

其中,

$$I_{1s} = S_1 A^* T^2 \exp\Big(-\frac{q\phi_1}{kT}\Big) \tag{8.5}$$

$$I_{2s} = S_2 A^* T^2 \exp\Big(-\frac{q\phi_2}{kT}\Big) \tag{8.6}$$

这里,S_1 和 S_2 为肖特基二极管接触面积;ϕ_1 和 ϕ_2 分别为 SD_1 和 SD_2 的肖特基势垒高度；A^* 为热电子发射中的理查德森常量，T 为温度，q 为电子电荷，k 为玻尔兹曼常量。

若 $qV/kT \ll 1$，我们可以从式（8.1）～式（8.4）中求出被测输出电流 I_2 的解析解：

$$I_2 = \cfrac{\alpha I}{\alpha\left(\cfrac{I_{1s}}{I_{2s}} + 1\right) + R_0 I_{1s}} \tag{8.7}$$

式中，$\alpha = kT/q$。我们也对当上述条件不满足时的 I_2 进行了数值计算。我们发现在同样参数下，解析解与数值解具有一致的变化趋势，并且二者在最终模拟得到的电流大小上相差非常小。因此为了获得更直观的分析，我们假设式（8.7）在我们的模拟中始终成立。

我们定义函数 $f(\varepsilon)$：

$$f(\varepsilon) = \alpha\left(\frac{I_{1s}}{I_{2s}} + 1\right) + R_0 I_{1s} \tag{8.8}$$

式中，ε 为施加的应变。根据实验结果，由于应变引起的 R_0 变化可以忽略。之前的实验结果[6]显示，在小应变范围我们可以引入下列经验方程：

$$\begin{cases} \phi_1 = K_1\varepsilon + \phi_{10} \\ \phi_2 = K_2\varepsilon + \phi_{20} \end{cases} \quad 且, \quad \begin{cases} K_1 < 0 \\ K_2 < 0 \end{cases} \tag{8.9}$$

则由式（8.5）、式（8.6）和式（8.8）可得

$$\frac{\mathrm{d}f(\varepsilon)}{\mathrm{d}\varepsilon} = \left(-\frac{1}{kT}\right)I_{1s}K_1[R' + R_0] \tag{8.10}$$

其中，

$$R' = \frac{\alpha}{I_{2s}}\left(1 - \frac{K_2}{K_1}\right) \tag{8.11}$$

第一种情况：若 $|K_1| > |K_2|$，则 $\mathrm{d}f(\varepsilon)/\mathrm{d}\varepsilon > 0$，$I_2$ 为 ε 的单调递减函数，这对应于图 8.4(b) 中观察到的情况。

第二种情况：若 $|K_1| < |K_2|$，则 $\mathrm{d}f(\varepsilon)/\mathrm{d}\varepsilon$ 的符号依赖于 $|R'|$ 和 R_0 之间的相对幅度大小。由于 I_{2s} 是 ϕ_2 的函数，R' 将会随应变而改变大小。所以在合适的应变条件下，我们可以得到如下结果：

情况 2-a：当 $|R'| > R_0$，$\mathrm{d}f(\varepsilon)/\mathrm{d}\varepsilon < 0$ 时，I_2 为 ε 的单调递增函数；

情况 2-b：当 $|R'| = R_0$，$\mathrm{d}f(\varepsilon)/\mathrm{d}\varepsilon = 0$ 时，I_2 在此点为极大值；

情况 2-c：当 $|R'| < R_0$，$\mathrm{d}f(\varepsilon)/\mathrm{d}\varepsilon > 0$ 时，I_2 为 ε 的单调递减函数。

由于实验中所加应变的大小有限，$|R'|$ 的变化范围也受限制。如果 $|R'| \gg R_0$ 是器件的初始状态，则 $|R'|$ 的改变将在情况 2-a 的应变范围内，其对应的结果如图 8.4(a) 所示。类似地，如果器件的初始状态为 $|R'| \ll R_0$，则 $|R'|$ 的改变将在情况 2-c 的应变范围内，其对应的结果如图 8.4(b) 所示。最后，如果 $|R'|$ 和 R

具有与 R_0 相近的值,则取决于初始状态二者的相对大小,I_2 在正应变范围 [图 8.4(c)]或负应变范围[图 8.4(d)]达到其极大值。

从统计角度来说,$|K_1|>K_2$ 和 $|K_1|<|K_2|$ 的概率应该是相等的。因此,应该在实验中观测到超过一半的器件为单调递减情况。然而我们的实验中并没有观察到这种情况。正如我们之前已经讨论过的,n 型氧化锌中的自由电子将部分屏蔽压电场[20]。由于激光束聚焦在 SD_1 区域,激光照射下该区域的自由载流子浓度大幅增加。在这种情况下,此区域压电势的影响大大减弱。因此,在大多数情况下,$|K_1|<|K_2|$。参照图 8.4 中器件特性的分布,大部分器件符合 $|R'|>R_0$ 的条件(情况 2-a)。因此,图 8.4 中四种不同的光电流行为代表了微米线光电池不同的内在特性。

为了探讨如上所述的 $|K_1/K_2|$ 和 $|R'/R_0|$ 所起的内在作用,我们利用式(8.7)计算了输出电流随这两个参数变化的情况。相关实验数据也被绘制出来以与归一化后的计算结果做比较。对所有情况,我们设定 $\phi_{10}=\phi_{20}=0.4$ eV,且 $I=10^{-8}$ A。我们选择 $K_1=-0.04,K_2=-0.1$,这是从实验得到的典型值。如图 8.4(a)、(c)和(d)中插图分别所示,当 R_0 分别为 0.1 MΩ、3 MΩ 和 20 MΩ 时,光电流特性从递增变为在正应变区达到最高点和在负应变区达到最高点。如图 8.4(b)插图所示,当我们选择 $K_1=-0.1,K_2=-0.04$ 和 $R=1$ MΩ,我们观察到递减的光电流变化特性。模拟结果与实验数据在总体变化趋势上定量相符。

8.2　p-n 异质结太阳能电池

本节中,我们将以基于 P3HT 和氧化锌微/纳米线构成的 p-n 异质结太阳能电池为例来阐述压电势对太阳能电池效率的影响。实验数据可以从压电势对 p-n 结能带结构的改变来进行理解,这是压电电子学效应引起的结果。

器件的测量系统如图 8.6 所示。该器件一端固定在样品台上,另一端则可以自由地发生机械弯曲。通过使用一个三维机械位移台(位移分辨率为 1 μm)弯曲器件自由端在器件中产生拉伸和压缩应变。在 AM 1.5、100 mW/cm² 的光强照射下,器件受不同应变时的性能由机控测量系统进行表征。为使不同应变时的光照面积保持恒定,施加的应变应小于 0.4% 以减少器件形变的程度。该器件中的聚苯乙烯基底、氧化锌线、P3HT 和聚二甲基硅氧烷(PDMS)薄膜被模拟的阳光照射。图 8.7(d)中所示为光照下受到不同应变时器件的光伏性能。无应变时器件的 V_{oc} 为 0.198 V,符合文献报道中 P3HT/ZnO 电池的数值(0.2 V)[4]。V_{oc} 随拉伸应变增大而减小,随压缩应变增大而增大。

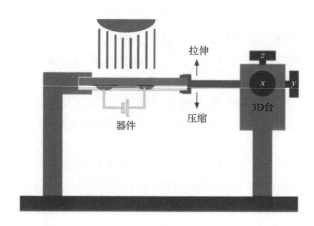

图 8.6　器件的测量系统。通过位移分辨率为 1 μm 的三维机械
位移台使器件自由端发生弯曲，从而在器件中产生拉伸和压缩应
变。器件在 AM 1.5、100 mW/cm² 照射下受到不同应变时的性能
由机控测量系统表征

8.2.1　压电势对太阳能电池输出的影响

　　器件原理图如图 8.7(a)所示[5]。聚苯乙烯基底长 4 cm，宽 8 mm，厚度为
0.5 mm。氧化锌微/纳米线采用 Pan 等报道的高温热蒸发过程合成制备[3]。选择
长氧化锌微米线是因为其容易操纵，同样的制备过程亦适用于纳米线。为避免氧
化锌微米线在机电测量过程中发生移动，我们在光学显微镜下将氧化锌微米线一
端的底部用薄层环氧树脂膜固定在聚苯乙烯基底上。溶于 C_6H_5Cl 溶液中的
P3HT 滴在氧化锌微米线固定端形成 p-n 异质结，而氧化锌微米线的另一端则用
银浆固定作为电极。随后器件用一薄层聚二甲基硅氧烷封装以防止氧化锌线被污
染。图 8.7(b)所示为封装好的器件的光学图像，表明一根光滑的氧化锌线与基底
上的 P3HT 和银浆连接。由图 8.7(c)所示透射电镜结果分析可知器件中所用的
氧化锌微/纳米线具有纤锌矿结构且沿[0001]方向生长。

　　由于氧化锌线的直径和长度远小于聚苯乙烯基底的厚度，通过改变聚苯乙烯
基底的弯曲方向可以在氧化锌线中产生拉伸或压缩应变。氧化锌线应变可通过基
底形变获得。图 8.7(e)中所示为不同应变下的器件短路电流 I_{sc} 和开路电压 V_{oc}。
开路电压 V_{oc} 随压缩应变增大而增大，随拉伸应变增大而减小。但当应变改变时，
I_{sc} 保持在 0.035 nA 几乎不变。

　　由于氧化锌具有沿 c 轴极性方向的非中心对称晶体结构，P3HT 与沿[0001]
生长的氧化锌线间有两种连接方式。图 8.7(a)所示为第一种方式，其中从 P3HT
到氧化锌的方向是沿[0001]；图 8.8(a)所示为另一种方式，其中从 P3HT 到氧化

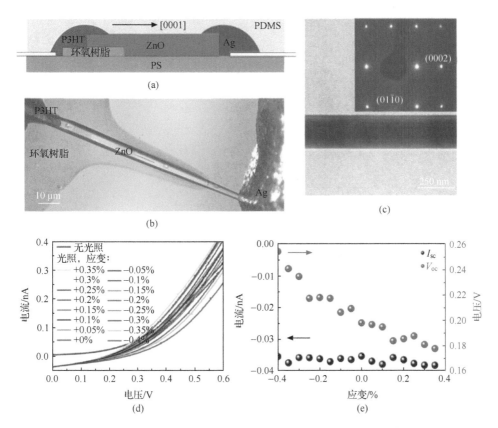

图 8.7　(a) 制得的[0001]型器件示意图；(b) 制得器件的光学照片；(c) 单根氧化锌纳米线的透射电镜照片和对应的选区电子衍射 (SAED) 图像；(d) 不同应变下器件的伏安特性；(e) 短路电流 I_{sc} 和开路电压 V_{oc} 与应变之间的依赖关系[5]

锌的方向是沿 $[000\bar{1}]$。图 8.8(b) 所示为封装好的 $[000\bar{1}]$ 型器件的光学图像。图 8.8(c) 和图 8.8(d) 中所示的器件伏安特性与图 8.7(d) 中结果相比，具有相反的随应变变化趋势。图 8.8(e) 表明 V_{oc} 分别随拉伸应变增加而增大，随压缩应变增加而减小。在拉伸应变下 I_{sc} 保持在 0.09 nA 几乎不变，而在压缩应变下略有减小。表 8.1 中列出的 11 个器件的测量数据显示了测量结果的一致性。此太阳能电池的输出功率可以通过施加合适的应变而达到最大。当器件受到 −0.35% 应变时，器件的 V_{oc} 相比无应变情况时可增加 38%（表 8.1）。其中有 5 个[0001]型器件和 6 个 $[000\bar{1}]$ 型器件。可以清楚地看到，两种取向情况下的 V_{oc} 随应变的变化趋势是相反的。

表 8.1　不同应变下 11 个 $[0001]$ 型和 $[000\bar{1}]$ 型器件的 I_{sc} 和 V_{oc} 以及对应的 $\Delta V_{oc}/V_{oc}$

类型	样品	I_{sc}/nA （0 应变）	V_{oc}/V （0 应变）	V_{oc}/V ［压缩（−0.35%）/ 拉伸（0.35%）应变］	$\Delta V_{oc}/V_{oc}$(max) ［压缩（−0.35%）/拉伸 （0.35%）应变］
$[0001]$	1	−0.035	0.198	0.241/0.178	22%/−10%
	2	−0.049	0.282	0.332/0.256	18%/−9%
	3	−0.050	0.262	0.362/0.236	38%/−10%
	4	−0.010	0.154	0.195/0.142	21%/−8%
	5	−0.093	0.363	0.372/0.353	2%/−3%
$[000\bar{1}]$	6	−0.090	0.337	0.292/0.431	−13%/28%
	7	−0.200	0.495	0.435/0.559	−12%/25%
	8	−0.246	0.268	0.257/0.306	−4%/14%
	9	−0.090	0.331	0.273/0.383	−18%/16%
	10	−0.151	0.378	0.313/0.417	−17%/10%
	11	−0.149	0.377	0.325/0.423	−14%/12%

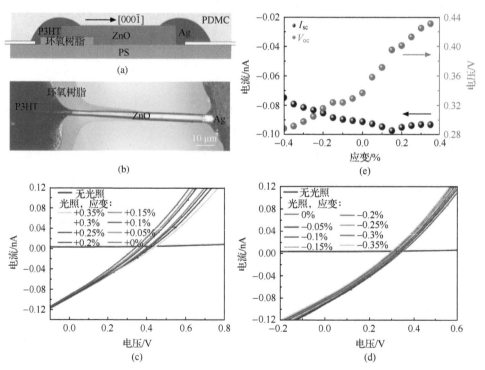

图 8.8　(a) 制备完成的 $[000\bar{1}]$ 型器件示意图；(b) 制备完成的 $[000\bar{1}]$ 型器件光学图像；(c)(d) 不同拉伸和压缩应变条件下，器件的 I-V 特性；(e) I_{sc} 和 V_{oc} 与应变之间的依赖关系[5]

8.2.2 压电电子学模型

通常,当氧化锌半导体材料受到应变时,界面能带发生的变化与压阻效应和压电效应相关[21,22]。对压阻效应,有研究报道称单根沿[0001]方向的氧化锌线受拉伸应变时带隙减小[23],从而增加 ΔE 和 V_{oc}。然而压阻效应是一种对称非极性的效应,它只会导致制得的[0001]型和[000$\bar{1}$]型器件相似的 V_{oc} 变化趋势,而不能解释图 8.7 和图 8.8 中的实验结果。对压电效应而言,已有很多文献报道氧化锌微/纳米线中存在的应变可以改变局域能带形状,从而调节器件的伏安特性[7,8,9]。根据压电电子学基本理论[10],p-n 结界面上的能带形状可以被应变引起的压电极化电荷有效地调节。压电极化电荷在结区改变电势分布,从而导致 p-n 结能带改变[11]。

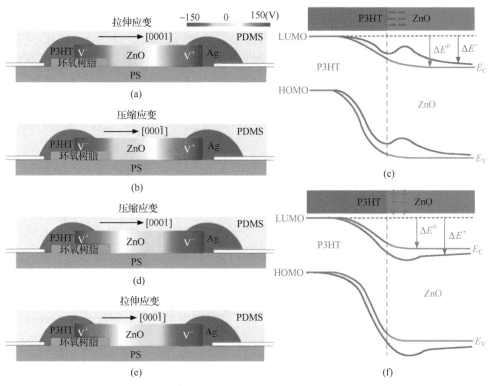

图 8.9 (a)[0001]型器件受拉伸应变时的压电势分布;(b)[000$\bar{1}$]型器件受压缩应变时的压电势分布;(c) 存在负压电荷时的 P3HT/氧化锌的能带图,蓝线代表受氧化锌中压电势影响改变的能带图;(d)[0001]型器件受压缩应变时的压电势分布;(e)[000$\bar{1}$]型器件受拉伸应变时的压电势分布;(f) 存在正压电荷条件时的 P3HT/氧化锌的能带图,蓝线代表受压缩应变改变的氧化锌能带图[5]

我们利用李普曼理论[11,12]计算了生长方向为[0001]/[000$\bar{1}$]的单根氧化锌线中的压电势分布,如图8.9所示。为简化计算过程,我们忽略了氧化锌中的掺杂并假定其为绝缘体。氧化锌线的直径和长度分别为$1~\mu m$和$10~\mu m$。拉伸和压缩应变分别为0.1%和−0.1%。虽然计算所得的氧化锌线一端的压电势高达150 V,但实际中氧化锌内的压电势由于自由电荷载流子的屏蔽效应而低得多。如图8.9(a)所示,当氧化锌线沿c方向拉伸时线内产生沿c轴方向的阳离子和阴离子的极化,这导致了沿氧化锌线从V^-到V^+的压电势分布。基于以上讨论以及压电势的计算结果,应变对器件V_{oc}的调制(如图8.7和图8.8所示)可以利用P3HT/氧化锌异质结界面的能带图来理解和解释[图8.9(c)和8.9(f)]。考虑图8.9的结果,由于P3HT只接触线的顶部,因此可以建立以下模型来理解测量结果。当[0001]型的器件处于拉伸应变[图8.9(a)]或[000$\bar{1}$]型的器件处于压缩应变时[图8.9(b)],纳米线内负压电势端与P3HT接触。界面处的负压电极化电荷可以提升氧化锌的局部导带水平,根据式(8.14),这可以导致ΔE和V_{oc}的减小[如图8.9(c)所示]。此外,对于图8.9(d)和8.9(e)中的情况,界面处的正压电极化电荷可以降低氧化锌的局部导带水平,这将使得ΔE和V_{oc}增加[如图8.9(f)所示]。

8.3　增强型硫化亚铜(Cu_2S)/硫化镉(CdS)同轴纳米线太阳能电池

具有核壳结构的纳米线有可能通过缩短少数载流子传输路径[13,14,15]、提高材料光学品质[15]或对带隙的应变工程调控[15]来提高电荷收集的效率。然而,纳米线内的应变是这种核壳纳米线光伏器件中的关键问题。首先,单晶外延 p-n 结构对减少电子和空穴的界面复合及提升电荷的收集效率非常重要,可是由于核壳材料之间固有的晶格失配使得这些外延异质结纳米线中被引入静态应变;其次,柔性光伏器件已经成为对柔性电子设备和器件供能研究的重点,而这些器件在操作中不可避免地会受到应变。因此,我们的目标是使用单晶外延同轴结构来研究压电光电子学效应对压电光伏器件性能的影响。

我们的光伏器件基于以 p 型硫化亚铜为壳层材料和 n 型硫化镉为内核材料的外延同轴结构纳米线。硫化镉是一种具有非中心对称性纤锌矿结构的压电材料。硫化镉纳米线受外加应力作用时,将由于材料内离子极化而产生压电势。由于硫化镉同时有压电和半导体特性,因此核层中产生的压电势对界面/结区的载流子传输具有很强的影响,这个利用纤锌矿结构晶体中产生的压电势控制载流子的产生、传输、分离以及复合过程来优化光电子器件性能的效应被称为压电光电子学效应。本节中将阐释我们如何通过对器件施加应变,利用压电光电子学效应来调节 n 型硫化镉/p 型硫化亚铜纳米线光伏器件的性能,这为提高太阳能电池转化效率提供了新的思路[16,17]。

8.3.1　光伏器件设计

实验中的 n 型硫化镉纳米线是通过气相-液相-固相(VLS)方法合成的,该方法可以获得高质量的长线。制得的硫化镉纳米线的形貌如图 8.10(a)所示,长度

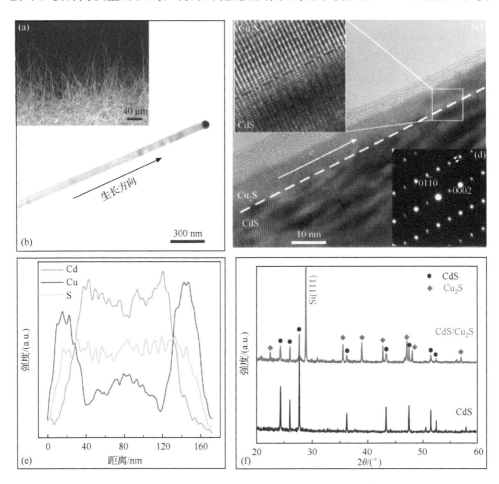

图 8.10　硫化镉/硫化亚铜共轴纳米线的合成和表征。(a) 制得的硫化镉纳米线的扫描电镜图像;(b) 制备好的单根硫化镉纳米线的低倍透射电镜图像,通过留在纳米线顶端的金催化剂证明纳米线为通过气相液相固相过程合成制得;(c)(d) 典型的 Cu^+ 处理的硫化镉/硫化亚铜共轴纳米线的高分辨率透射电子显微镜图像和选区衍射图像。虚线显示硫化镉与硫化亚铜之间的界面,放大图像清楚地显示出同轴纳米线界面处的高质量外延结晶性;(e) 使用能量色散 X 射线谱对纳米线化学成分分布的线扫描;(f) 硫化镉(黑色)和硫化亚铜/硫化镉共轴纳米线(红色)的 X 射线衍射谱结果。红线上黑色圆点标记的峰属于硫化镉核,红色菱形点标记的峰属于硫化亚铜壳[16]

为几百微米，直径从几十纳米到几微米。图 8.10(b)中，制得的单根 n 型硫化镉纳米线的低倍透射电子显微镜(TEM)图像显示这些制得的纳米线形状一致。外延壳层由基于溶液的阳离子交换反应而获得[24-28]，这步反应形成了单晶硫化镉核层和单晶硫化亚铜壳层之间的异质结。图 8.10(c)和图 8.10(d)中所示分别为一根硫化镉/硫化亚铜共轴纳米线的高分辨率透射电子显微镜(HRTEM)图像和选区衍射(SAD)图像。这些表征结果表明同轴纳米线的生长方向是[0001](c 轴)且壳层的厚度是 10～15 nm。放大图清楚地显示了同轴纳米线界面的高质量外延结晶性。图 8.10(e)中所示为对整个纳米线横截面的原位能量色散 X 射线(EDX)线扫描结果。该结果清楚地表明：铜位于壳层，镉位于核层。高分辨透射电子显微镜图像中的叠栅条纹(Moiré 条纹)以及衍射斑点的分裂[图 8.10(d)白色箭头]和能量色散 X 射线的线轮廓都证实了硫化镉核层与硫化亚铜壳层之间存在核/壳外延异质结。

　　硫化镉/硫化亚铜共轴纳米线光伏器件的制备过程如图 8.11(a)所示。首先，我们选择一根长硫化镉纳米线并将其平置到聚对苯二甲酸乙二醇酯(PET)或聚苯乙烯(PS)基底上；硫化镉纳米线一端用银浆固定作为电极。随后一层环氧树脂被用来覆盖银浆固定的硫化镉端以防止该区域的硫化镉在随后步骤中发生 Cu^+ 交换。通过将硫化镉纳米线浸渍在 50℃的氯化铜溶液中 10 s，实现阳离子交换反应。完成此步后将样品用去离子水、乙醇和异丙醇(IPA)冲洗干净并用氮气吹干。随后将同轴纳米线另一端的 p 型硫化亚铜层也用银浆固定连接。在每一步之前都对样品进行氧气等离子体处理以改善"硫化镉/银"和"硫化亚铜/银"之间的接触。最后将整个制备好的器件用聚二甲基硅氧烷(PDMS)封装以防止器件被污染和损坏。图 8.11(b)(c)所示为封装后的器件的光学显微镜照片和数码照片。

　　图 8.11(d)中显示了在不同光强下共轴纳米线光伏器件的伏安特性。纳米线光伏器件长 225 μm，直径为 5.8 μm，在全日光强度下的短路电流 I_{sc} 为 0.44 nA。当照明强度从 100% 太阳光强降低到 1% 太阳光强时，光伏器件的性能也随之下降：短路电流从 0.44 nA 降至 0.03 nA，开路电压(V_{oc})从 0.29 V 降至 0.19 V，具有与硅纳米线($\Delta V_{oc}/\Delta \ln I_{illum} = 56$ mV)[2] 和硫化亚铜薄膜($\Delta V_{oc}/\Delta \ln I_{illum} = 39$ mV)[24] 光伏器件类似的比率：$\Delta V_{oc}/\Delta \ln I_{illum} = 50$ mV，式中，I_{illum} 是相对光照强度。图 8.11(e)示出了光电流和开路电压的光强依赖关系。图 8.11(f)示出了不同的光照强度下器件对应的相对转换效率(转换效率/照明强度)。我们的光伏器件在低光照条件具有相对较高的效率，这意味着这类器件可能适合一些特殊的工作条件，比如室内应用。造成这个现象的主要原因在于这类光伏器件在低光照强度时具有较高的电荷收集效率。当光照强度低时，光生电子空穴对的数量相对较少，由于界面载流子的复合少，这些电子空穴对可以得到充分分离；但在高光强时，由于产生的大量的光生电子空穴对不能被充分分离而导致界面复合增多。此类同轴硫

化镉/硫化亚铜纳米线光伏器件的性能可以通过对设计、结构、掺杂、半导体-金属接触和工作条件等进行优化而得到提升。Tang 等最近报道了具有非常高填充因子的光伏器件,这类器件的输出性能为:$V_{oc}=0.61$ V,$I_{sc}=147$ pA,$FF=80.8\%$,$\eta=5.4\%$;这使得此类光伏器件有可能在实际中得到应用。

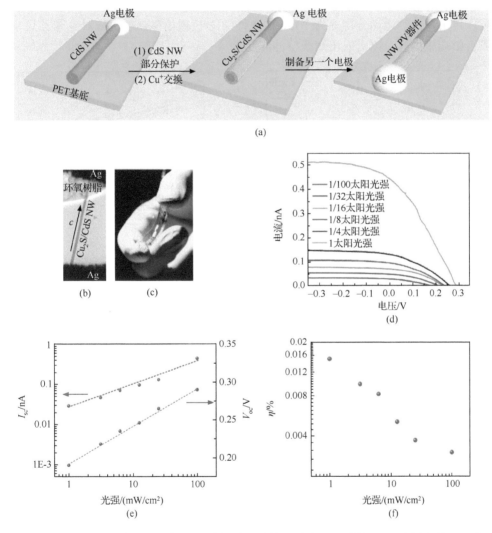

图 8.11　硫化镉-硫化亚铜核壳纳米光伏器件的制备和表征。(a)制备过程示意图,从左至右,硫化镉纳米线与金属接触,纳米线一端部分浸入氯化亚铜溶液形成一层硫化亚铜(粉色)外壳,然后在另一端的硫化亚铜壳上制备金属接触。聚合物掩模步骤没有在图中显示。(b)(c)典型光伏器件的光学显微镜图像和数码照片;(d)从 1%到 100%太阳光强(AM 1.5)照射下,核壳纳米光伏器件的伏安特性;(e)光电流(I_{sc})和开路电压(V_{oc})的光强依赖关系;(f)转换效率(η)的光强依赖关系[16]

8.3.2　压电光电子学效应对输出的影响

　　为研究压电光电子学效应对光伏器件的影响,我们对光伏器件施加了压缩应变并将相应结果示于图 8.12 和图 8.13 中。图 8.12(b)插图所示为研究压电光电子效应的测量装置。聚苯乙烯基底的一端被紧紧地固定在样品操作台上而另一端可以自由弯曲。运动分辨率为 1 μm 的三维(3D)机械位移台被用来对聚苯乙烯基底自由端施加应力以引入压缩或拉伸应变。

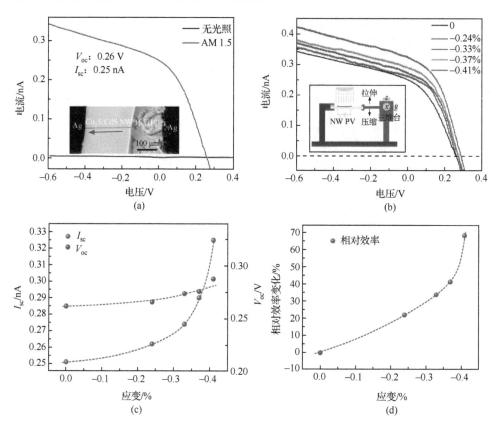

图 8.12　受压缩应变时硫化亚铜/硫化镉共轴纳米线太阳能电池的性能。(a) 无光照条件和 AM 1.5 照射下纳米线太阳能电池的伏安曲线,无应变时短路电流是 0.25 nA,开路电压为 0.26 V。插图为硫化亚铜/硫化镉共轴纳米线太阳能电池的光学显微镜图像。(b) 同一纳米线太阳能电池在不同压缩应变下的伏安曲线清楚地显示器件电流随压缩应变增大而增大。插图中显示了研究压电光电子学效应光伏器件的测量装置;(c)开路电压和短路电流与应变之间的依赖关系。(d)相对效率变化与应变之间的依赖关系。图(c)和图(d)中所用数据取自图(b)[17]

　　由于硫化镉纳米线的不对称极性,当硫化镉/硫化亚铜纳米线 c 轴指向上方时,该光伏器件有两种不同构型:一种是硫化亚铜壳只位于硫化镉纳米线上端部

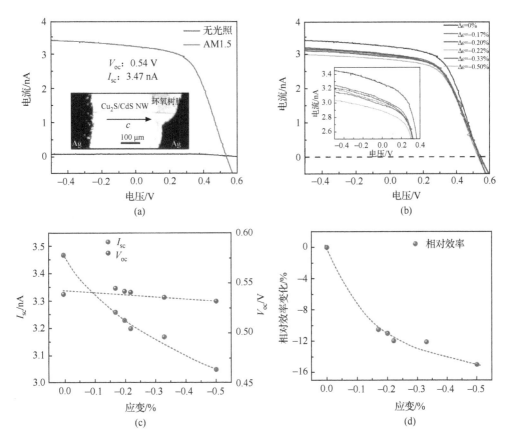

图 8.13　受压缩应变时硫化亚铜/硫化镉共轴纳米线太阳能电池的性能。(a) 无光照条件和 1.5 AM 照射下,纳米线太阳能电池的伏安曲线,无应变时短路电流是 3.47 nA,开路电压为 0.54 V。插图为硫化亚铜/硫化镉共轴纳米线太阳能电池的光学显微镜图像。(b) 同一纳米线太阳能电池在不同压缩应变下的伏安曲线,清楚地显示随压缩应变增加,器件电流减少。插图中为放大的伏安曲线;(c) 开路电压和短路电流与应变之间的依赖关系。(d) 相对效率变化与应变之间的依赖关系。图(c)和图(d)所用数据取自图(b)[17]

分,标注为构型 Ⅰ[图 8.14(d)];另一种是硫化亚铜壳只位于硫化镉纳米线下端部分,标注为构型 Ⅱ[图 8.14(g)]。压电光电子学效应对构型 Ⅰ 光伏器件的影响如图 8.12所示:这种纳米线光伏器件长 220 μm,直径为 4.95 μm,在 100% 日光强度下该器件的短路电流 I_{sc} 为 0.25 nA,V_{oc} 为 0.26 V[图 8.12(a)]。图 8.12(b)所示为受应变时光伏器件的伏安曲线。当受到不大于 -0.41% 的压缩应变时,光伏器件的性能增强,图 8.12(c)中绘制了不同应变下的 I_{sc} 和 V_{oc}。实验中观测到的 I_{sc} 从 0.25 nA 增加到 0.33 nA,约增长 32%;V_{oc} 在 0.26 V 和 0.29 V 间变化,约有 10% 的波动。由于输出电流增强主导了器件的性能,因此当器件受到 -0.41% 压缩应变时,光伏器件的相对转换效率增加了约 70%[图 8.12(d)]。

　　压电光电子学效应对具有构型 Ⅱ 的光伏器件的影响如图 8.13 所示。该器件长为 328 μm,直径为 6.7 μm,在全太阳光强下器件的短路电流 I_{sc} 为 3.47 nA,V_{oc} 为 0.54 V[图 8.13(a)]。与上一个构型不同,当压缩应变增加时器件的性能下降,如图 8.13(b)所示。图 8.12(c)中示出了不同应变下器件的 I_{sc} 和 V_{oc}。实验中观测到 I_{sc} 从 3.47 nA 下降了近 14% 变化到 3.05 nA;而 V_{oc} 从 532 mV 仅波动了 2% 变化到 545 mV。由于输出电流减少,当器件受到 0.5% 压缩应变时,器件的能源转换效率下降了约 15%。通过比较图 8.12 和图 8.13 中两种纳米线光伏器件的性能,我们发现压电光电子学效应对具有低填充因子和低转换效率的光伏器件的性能有更为明显的影响及增强。例如,图 8.12 所示的具有较低输出性能的器件,其光伏性能提高了约 70%;而图 8.13 所示的具有更高输出性能的器件,其光伏性能只有 15% 的变化。这种压缩应变下光伏器件性能的增强可能是由硫化亚铜和硫化镉之间的异质结界面势垒高度被有效地降低造成的[18],而这是由压电极化电荷对能带造成的变化所引致的,详细讨论如下。

8.3.3　理论模型

　　我们用图 8.14 所示的理论模型能带图来解释压电光电子学效应对光伏器件性能的影响。硫化镉具有非中心对称的纤锌矿结构,其中的阳离子和阴离子组成四面体结构。对晶体中基本单元施加的应变使得材料中阳离子和阴离子产生极化,这导致了晶体内形成压电势。图 8.14(a)～(c)中分别显示了无应变情况下共轴 n 型硫化镉/p 型硫化亚铜纳米线光伏器件的结构原理图、数值计算得到的压电势分布及相应的能带图(界面处具有势垒[16])。如图 8.14(c)所示,典型的光伏器

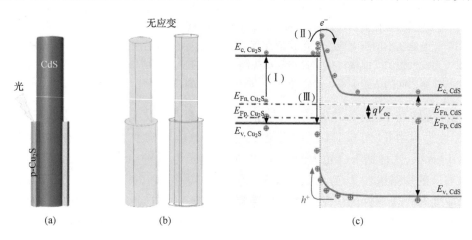

(a)　　　　　　　　(b)　　　　　　　　(c)

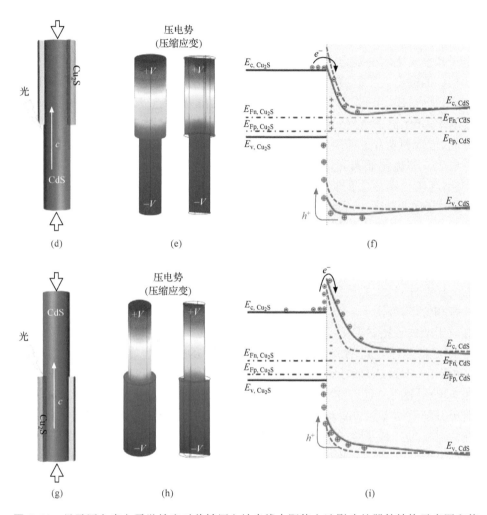

图 8.14　显示压电光电子学效应对共轴压电纳米线太阳能电池影响的器件结构示意图和能带图。(a)～(c)：(a)器件结构示意图,(b)通过数值计算得到的无应变条件下共轴压电纳米线太阳能电池中的压电势分布[倾斜视图(左)和截面图(右)],(c)相应的能带图。(d)～(f)：(d)器件结构示意图,(e)通过数值计算得到的受压缩应变条件时构型Ⅰ共轴压电纳米线太阳能电池中的压电势分布,(f)相应的能带图;硫化镉纳米线受应变产生压电而导致上部带正电,下部为负电荷。硫化镉侧正电荷降低 p-n 结界面的硫化镉导带和价带,减少异质结界面的势垒高度,从而增强光伏性能。(g)～(i)：(g)器件结构示意图,(h)通过数值计算得到的受压缩应变条件时构型Ⅱ共轴压电纳米线太阳能电池的压电势分布,(i)相应的能带图;硫化镉/硫化亚铜界面的负电荷提升 p-n 结界面的硫化镉导带和价带,从而降低光伏性能。(f)和(i)中的虚线代表初始的导带和价带位置,压电势沿共轴纳米线轴线方向[17]

件的性能由三个关键过程决定:①光照下电子空穴对的生成率。②所产生的电子空穴对的分离效率。分离过程中电子向硫化镉侧移动,空穴向硫化亚铜侧移动。③电子和空穴之间的复合率。当光照强度、工作温度和 p-n 结的掺杂程度固定时,光伏器件的输出电压取决于照明强度和所处温度$[V_{oc}=(E_{Fn}-E_{Fp})/q]$而几乎保持恒定,其中,$E_{Fn}$ 和 E_{Fp} 为光照下电子和空穴的准费米能级,q 是电子电荷。在这种情况下,光生电子空穴对的数量是恒定的。因此,光伏器件的性能主要由载流子的分离、传输和复合过程决定。

由于 p 型硫化亚铜壳是非压电材料。器件的壳层尺寸只有 10~15 nm,且为重掺杂,与硫化镉核层的直径[可达几十微米,而如图 8.11(d)中的器件直径为5.8 μm]相比非常薄。因此我们的讨论主要集中在硫化镉核的压电效应上。为计算简化,假设硫化镉中为低掺杂,则对压电势在硫化镉/硫化亚铜核壳纳米线中分布的数值计算显示,当硫化镉纳米线受到沿 c 轴的应变时[图 8.14(e)和(h)],压电势沿着纳米线的长度方向分布。对于如图 8.12 和图 8.14(d)所示的具有构型Ⅰ的光伏器件,硫化亚铜/硫化镉界面上的正压电电荷[图 8.14(e)]会降低硫化镉的导带和价带,如图 8.14(f)中标记所示。这将导致异质结界面的势垒高度降低,也等效于增加了耗尽层宽度和内部电场,从而加速电子空穴对的分离过程并减小复合的可能性。因此随着压缩应变增加,器件的光伏性能得到提高。对于如图 8.13和图 8.14(g)所示的具有构型Ⅱ的光伏器件,硫化亚铜/硫化镉界面上的负压电电荷[图 8.14(h)]会使硫化镉导带和价带升高,如图 8.14(i)中标记所示。这将提升异质结界面势垒高度,也等效于减少耗尽层宽度和内部电场,因此将使电子空穴对较难分离并增加复合的可能性。所以该器件在压缩应变下输出电流和转换效率降低。这是压电光电子学效应调制太阳能电池输出效率的基本机制。

8.4　异质结核壳纳米线的太阳能转换效率

由于核层和壳层材料之间固有的晶格失配,在由不同材料外延生长的核壳结构纳米线中一般存在着弹性应变。这种静态的内应变可导致纳米线内的压电极化。Xu 研究小组对核壳结构纳米线中产生的压电势及其在太阳能电池中的应用可能性进行了理论研究[18]。其模型系统是沿[111]方向生长的Ⅲ-Ⅴ族闪锌矿(ZB)纳米线和沿[0001]方向生长的Ⅲ-Ⅴ族纤锌矿(WZ)纳米线。因此,z 轴相当于闪锌矿结构的[111]方向或纤锌矿结构的[0001]方向。而闪锌矿结构的$[10\bar{1}1]$方向或纤锌矿结构的 a 轴则作为坐标系统的 x 轴。

图 8.15 显示闪锌矿核壳(磷化铟)纳米线中当核层(砷化铟)沿[111]晶向时数值计算的 ε_{xx} 和 ε_{zz}。考虑此纳米线结构由一个圆柱形的砷化铟核层被磷化铟壳层包裹组成,长度 L_z 为 350 nm,核层的半径 r_c 为 30 nm,壳层半径 r_s 为 50 nm。

图 8.15 显示了在纳米线 x-z 截面的应变分布。应变分量 ε'_{xx} 和 ε_{yy} 非常相似，差别在于绕 z 轴旋转 $\pi/2$。由于纳米线一端的表面突起而使得应变大大减少。应变分量 ε_{xx} 和 ε_{yy} 仅在纳米线结构深处核层区域内为恒定值；而在远离纳米线端的区域内 ε_{zz} 为分段常数。

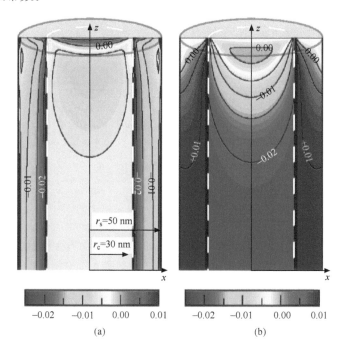

图 8.15　核壳纳米线 x-z 截面弹性应变分量：(a) ε_{xx}；(b) ε_{zz}。纳米线沿 [111] 晶向并且由一个圆柱形砷化铟核层和磷化铟包裹壳层组成。核壳纳米线长度 L_z 为 350 nm，核的半径 r_c 为 30 nm，外壳半径 r_s 为 50 nm。由于对称性，此处只显示了一半的核壳纳米线应变分量。（由 Boxberg 等供图[18]）

在外延核壳结构纳米线中由晶格失配引起的应变导致了沿纳米线轴线的内部电场。这种压电电场主要是由核层和壳层材料中沿纳米线轴向的原子层位错所致。这个电场可以同时出现在闪锌矿和纤锌矿晶体核壳纳米线中。此效应可以用来分离核壳纳米线中的光生电子空穴对，从而为太阳能转换提供全新的器件概念和思路[18]。

图 8.16(a) 显示了数值计算得出的纤锌矿核壳纳米线断面上的有效压电表面电荷密度。有效电荷在砷化铟/磷化铟核壳纳米线 A 端面上为正，在 B 端面上为负。由于相对介电常数在材料界面上是不连续的，因此在材料界面上有效的表面电荷密度也不同。然而，积分后的有效电荷总量保持有限。图 8.16(b) 显示了真空中核壳纳米线 x-z 截面的压电势。图 8.16(b) 中清楚地显示出一个偶极型势分

布。晶体内压电电场在这个足够长的纳米线中几乎保持为常数。这与图 8.16(a)给出的电荷密度相符并支持压电电场的分析模型。受应变的化合物半导体核壳纳米线中存在的轴向压电电场可以被用来实现更高效的太阳能转换。

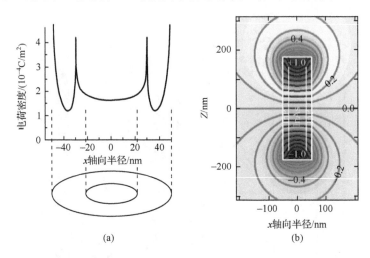

(a)

(b)

图 8.16　真空中圆柱形砷化铟/磷化铟纤锌矿核壳结构纳米线的(a)有效表面电荷密度和(b)压电势。表面电荷密度(a)是在纳米线的铟端[如图 8.15(b)所示为纳米线上端]计算所得。(b)中等势线中所标数值单位为伏特。(由 Boxberg 等供图[18])

　　图 8.17(a)描述了存在应变的核壳结构纳米线中的光伏机制。这里,压电电场被用来产生从纳米线一端到另一端的光电流。这个电场的强度[即图 8.17(a)中纳米线中段带边能量的斜率]可以与一个典型的 p-n 结二极管的内建电场相比,并且这个电场的强度可通过组合不同的核层和壳层材料或相对于核层直径选择不同的壳层厚度来实现在较大范围内的调制。然而,我们注意到存在应变的压电半导体纳米线的最大有效内建势受限于材料的带隙 E_g(与传统的 p-n 结二极管类似)。导带和价带边也会由于电荷积累或钉扎于核壳纳米线两端接触的费米能级而变平。压电核壳纳米线二极管的最大作用区长度是压电电场强度 E_z 和带隙能量 E_g 的函数,由 $L_m \sim E_g/(eE_z)$ 给出,其中 e 是电子电荷。图 8.17(b)所示的例子表明了如何对阵列化核壳纳米线实现电接触及应用于大面积太阳能电池。

　　这里我们假设阵列压电核壳纳米线生长在一个重掺杂半导体基底上。在增加了合适的透明材料后,透明导电薄膜被沉积作为正面接触电极。当阳光照射器件时,纳米线中将产生电子空穴对。这些光生电子空穴对可被纳米线中产生的压电电场分离,因此在器件正面和背面的接触电极之间会产生光电压或在如图 8.17(b)所示的电路中产生光电流。与之前的纳米线光伏器件相比,这种设计不需要在纳米线中制备 p-n 结,因此在器件制备方面具有技术优势。类似地,轴向

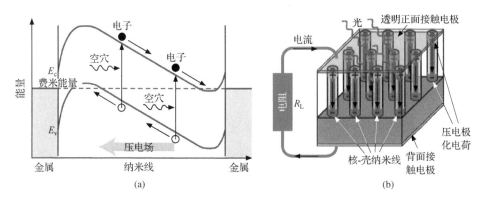

图 8.17　(a) 电接触 n 型纳米线核层的能带示意图,以及应变压电核壳纳米线的光伏工作原理。纳米线中段导带(E_c)和价带(E_v)的倾斜是由于压电电场造成的。纳米线两端的能带弯曲显示了金属-半导体界面上电荷交换的典型效应。(b)核壳纳米线太阳能电池器件的示意图,其中压电极化纳米线垂直生长于导电基底上。关于器件工作的进一步说明可参见相关文献中的内容。(由 Boxberg 等供图[18])

p-n 结也可以被集成到核壳纳米线中以增强太阳能电池的转换效率。目前这个理论预测仍有待实验的验证。

8.5　总　　结

综上所述,我们阐述了如何利用应变引起的晶体内部压电势来优化光子转换为电能的过程。我们提出了使用压电光电子学效应制备高效太阳能电池的新方法。第一个例子是基于金属-半导体-金属背对背肖特基接触的氧化锌微米线器件。外部作用引起的应变在微米线内产生的压电势可以调节微米线接触界面的肖特基势垒高度,从而改变器件的电学性能。通过适当调节器件所受的应变可以实现对光电池、发光二极管和太阳能电池输出功率的最大优化。

第二个例子中,以聚苯乙烯基底上由 P3HT 与氧化锌微/纳米线形成的 p-n 异质结为模型系统,我们展示了压电势对柔性太阳能电池输出电压的影响。由于压电电子学效应,应变引起的压电势可以调节 p-n 异质结界面上的能带形状,从而调节器件的性能。太阳能电池的输出功率可以通过调整应变而得到提高。我们的研究不仅增加了对压电电子学器件的进一步了解,而且显示此效应也可应用于提高基于纤锌矿结构材料的太阳能电池的性能。

在最后一个例子中,我们展示了当器件中存在应变时,应用压电光电子学效应,n 型硫化镉/p 型硫化亚铜共轴纳米线光伏器件的性能得到大幅度增强。压电光电子学效应可以控制光伏器件中电子空穴对的产生、传输、分离和/或复合过程,从而调制光伏器件的性能：当 p-n 结平行于纳米线 c 轴时（构型 I），光伏器件的性能随压缩应变增加而提高、随拉伸应变的增加而降低。这种效应为通过纳米线的取向设计和在太阳能电池封装时有意引入应变来提高太阳能电池的转化效率提供了一个新原理。这项研究也为研究增强型柔性太阳能电池以用于自供能技术、环境监测乃至安防技术领域提供了思路。

参 考 文 献

[1] Gao Z Y, Zhou J, Gu Y D, Fei P, Hao Y, Bao G, Wang Z L. Effects of Piezoelectric Potential on the Transport Characteristics of Metal-ZnO Nanowire-Metal Field Effect Transistor. Journal of Applied Physics, 2009, 105(11):113707.

[2] Hu Y F, Zhang Y, Chang Y L, Snyder R L, Wang Z L. Optimizing the Power Output of a ZnO Photocell by Piezopotential. ACS Nano, 2010, 4(8):4962-4962.

[3] Pan Z W, Dai Z R, Wang Z L. Nanobelts of Semiconducting Oxides. Science, 2001, 291:1947-1949.

[4] Vaynzof Y, Kabra D, Zhao L, Ho P K H, Wee A T S, Friend R H. Improved Photoinduced Charge Carriers Separation in Organic-Inorganic Hybrid Photovoltaic Devices. Applied Physics Letters, 2010, 97(3):033309.

[5] Yang Y, Guo W X, Zhang Y, Ding Y, Wang X, Wang Z L. Piezotronic Effect on the Output Voltage of P3HT/ZnO Micro/Nanowire Heterojunction Solar Cells. Nano Letters, 2011, 11(11):4812-4817.

[6] Zhou J, Gu Y D, Fei P, Mai W J, Gao Y F, Yang R S, Bao G, Wang Z L. Flexible Piezotronic Strain Sensor. Nano Letters, 2008, 8(9):3035-3040.

[7] Yang Q, Guo X, Wang W H, Zhang Y, Xu S, Lien D H, Wang Z L. Enhancing Sensitivity of a Single ZnO Micro/Nanowire Photodetector by Piezo-Phototronic Effect. ACS Nano, 2010, 4(10):6285-6291.

[8] Zhou J, Fei P, Gu Y D, Mai W J, Gao Y F, Yang R S, Bao G, Wang Z L. Piezoelectric-Potential-Controlled Polarity-Reversible Schottky Diodes and Switches of ZnO Wires. Nano Letters, 2008, 8(11):3973-3977.

[9] Zhang Y, Liu Y, Wang Z L. Fundamental Theory of Piezotronics. Advanced Materials, 2011, 23(27):3004-3013.

[10] Wang Z L. Piezopotential Gated Nanowire Devices: Piezotronics and Piezo-Phototronics. Nano Today, 2010, 5:540-552.

[11] Gao Y F, Wang Z L. Electrostatic Potential in a Bent Piezoelectric Nanowire. The Fundamental Theory of Nanogenerator and Nanopiezotronics. Nano Letters, 2007, 7(8):2499-2505.

[12] Gao Z Y, Zhou J, Gu Y D, Fei P, Hao Y, Bao G, Wang Z L. Effects of Piezoelectric Potential on the Transport Characteristics of Metal-ZnO Nanowire-Metal Field Effect Transistor. Journal of Applied Physics, 2009, 105(11):113707.

[13] Kim D R, Lee C H, Rao P M, Cho I S, Zheng X L. Hybrid Si Microwire and Planar Solar Cells: Passivation and Characterization. Nano Letters, 2011, 11(7):2704-2708.

[14] Pan C F, Luo Z X, Xu C, Luo J, Liang R R, Zhu G, Wu W Z, Guo W X, Yan X X, Xu J, Wang Z L, Zhu J. Wafer-Scale High-Throughput Ordered Arrays of Si and Coaxial Si/Si$_{1-x}$Ge$_x$ Wires: Fabrication, Characterization, and Photovoltaic Application. ACS Nano, 2011, 5(8):6629-6636.

[15] Czaban J A, Thompson D A, LaPierre R R. GaAs Core-Shell Nanowires for Photovoltaic Applica-

tions. Nano Letters, 2009, 9(1):148-154.

[16] Pan C F, Niu S M, Ding Y, Dong L, Yu R M, Liu Y, Zhu G, Wang Z L. Enhanced Cu₂S/CdS Coaxial Nanowire Solar Cells by Piezo-Phototronic Effect. Nano Letters, 2012, 12(6):3302-3307.

[17] Tevelde T S. Mathematical Analysis of a Heterojunction, Applied to the Copper Sulphide-Cadmium Sulphide Solar Cell. Solid-State Electronics, 1973, 16(12):1305-1314.

[18] Boxberg F, Søndergaard N, Xu H Q. Photovoltaics with Piezoelectric Core-Shell Nanowires. Nano Letters, 2010, 10 (4): 1108-1112.

[19] Sze S M. Physics of Semiconductor Devices. 2nd ed. New York: John Wiley and Sons, 1981.

[20] Gao Y F, Wang Z L. Equilibrium Potential of Free Charge Carriers in a Bent Piezoelectric Semiconductive Nanowire. Nano Lett, 2009, 9: 1103-1110.

[21] Wang X D, Zhou J, Song J H, et al. Piezoelectric Field Effect Transistor and Nanoforce Sensor Based on a Single ZnO Nanowire. Nano Lett, 2006, 6: 2768-2772.

[22] Yang Y, Qi J J, Zhang Y, et al. Controllable fabrication and electromechanical characterization of single crystalline Sb-doped ZnO nanobelts. Appl Phys Lett, 2008, 92:183117.

[23] Han X B, Kou L Z, Lang X L, et al. Electronic and Mechanical Coupling in Bent ZnO Nanowires. Adv Mater, 2009, 21: 4937.

[24] Son D H, Hughes S M, Yin Y D, et al. Cation Exchange Reactions in Ionic Nanocrystals. Science, 2004, 306 (5698): 1009-1012.

[25] Robinson R D, Sadtler B, Demchenko D O, et al. Spontaneous Superlattice Formation in Nanorods Through Partial Cation Exchange. Science, 2007, 317 (5836): 355-358.

[26] Luther J M, Zheng H M, Sadtler B, et al. Synthesis of PbS Nanorods and Other Ionic Nanocrystals with Complex Morphology by Sequential Cation Exchange Reactions. J Am Chem Soc, 2009, 131(46): 16851-16857.

[27] Sadtler B, Demchenko D O, Zheng H, et al. Selective Facet Reactivity during Cation Exchange in Cadmium Sulfide Nanorods. J Am Chem Soc, 2009, 131 (14): 5285-5293.

[28] Jain P K, Amirav L, Aloni S, et al. Nanoheterostructure Cation Exchange: Anionic Framework Conservation. J Am Chem Soc, 2010, 132 (29): 9997-9999.

第9章　压电光电子学效应在光电探测器中的应用

压电光电子器件的科学内涵在于利用内建压电场来调制界面处的载流子产生、分离、运输及复合过程以达到增强器件光电过程的目的。在这一章中,我们将展示压电光电子学效应对基于纳米线的光电探测器件灵敏度的影响[1]。当氧化锌纳米线光电探测器受到－0.36％压缩应变时,在 4.1 pW、120.0 pW、4.1 nW 和180.4 nW 的紫外光照射下探测器的响应度分别提高了530％、190％、9％和15％。通过改变应变和激发光强,我们对器件中肖特基势垒高度的变化进行了系统研究,并给出了对压电光电子器件中压电性质、光学特性和半导体特性耦合等物理机制的深入理解。同样的概念稍后也扩展到利用硫化镉纳米线进行可见光检测的应用中。结果表明压电光电子学效应可以将光电探测器对皮瓦量级光探测的检测灵敏度提高超过五倍。

9.1　测量系统设计

我们的器件具有金属-半导体-金属(MSM)结构。半导体线的两端接触形成背对背的肖特基接触。该器件通过将氧化锌微/纳米线平置于聚苯乙烯(PS)基底上制备而得。实验装置如图 9.1 所示。器件中聚苯乙烯的厚度远远大于氧化锌微/纳米线的直径(见实验细节)。考虑到线与基底的相对大小,器件的力学性质主要由基底决定。线内的应变类型取决于聚苯乙烯基底的弯曲方向,主要为轴向压缩或拉伸应变,其大小由基底自由端的最大弯曲量来确定。图 9.1 中所示的光电探测器的光学图像表明器件中两端固定的光滑氧化锌线被平放在基底上。单色紫外光、蓝光或绿光分别照射在氧化锌线上以对器件进行性能测试。

实验中使用的氧化锌微/纳米线由高温热蒸发过程合成[2]。器件制备的详细介绍参见文献[3]。简单地说,单根氧化锌线用银浆固定于聚苯乙烯基底上(基底典型长度约 7 cm,宽度约 15 mm,厚度 0.5 mm)。一薄层聚二甲基硅氧烷(PDMS)被用于封装器件,使器件在重复操作下具有机械稳定性,并防止半导体线被污染或腐蚀。位移分辨率为 1 μm 的三维位移台被用来弯曲器件的自由端以在器件中产生压缩和拉伸应变。另一个三维位移台则被用来固定样品,并使器件在基底弯曲过程中在显微镜下保持聚焦状态。

尼康 Eclipse Ti 倒置显微镜系统被用来监测样品和激发光电探测器。具有遥控装置的尼康 Intensilight C-HGFIE 灯用来作为激发光源。单色紫外光(中心波

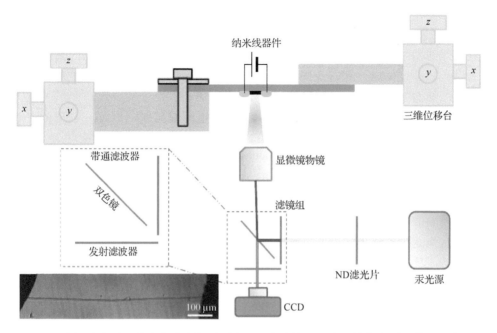

图 9.1　用于表征基于纳米线光电探测器在引入应变情况下响应性能的测量装置示意图。图中示出了氧化锌器件的光学图像[1]

长 372 nm)、蓝光(中心波长 486 nm)或绿光(中心波长 548 nm)照在氧化锌线上以进行相关器件性能测试。器件被聚焦时处在 10 倍显微镜的 17.5 mm 工作距离位置上。单色光通过光源与显微镜物镜之间的滤光片获得(图 9.1)。实验中分别使用了三套滤光片以获取单色紫外光、蓝光和绿光。照射在纳米线上的光功率密度通过不同的中性密度滤镜来调节。辐射光密度由热电光功率计测定(Newport 818P-001-12)。器件的伏安测量结果通过对器件外加偏置电压并使用 Keithley 487 皮安/电压源连接 GPIB 控制器(National Instruments GPIB-USB-HS, NI 488.2)来记录。为了比较和分析实验结果,我们在固定偏压－5 V 下对随时间变化的光电流、随光强变化的光电流以及用于分析器件响应和应变效应的光电流等结果进行了测量。

9.2　紫外光传感器的表征

在进行机电和光学测量前,我们首先测量了器件在无光照条件下的初始伏安特性。实验中观测到多种伏安特性。本研究中,我们只关注氧化锌线两端具有对称肖特基接触且暗电流值非常低的器件,这保证了光电探测器的低噪性和超敏性。图 9.2 中汇总了标准环境条件下对单根氧化锌线光电探测器(1 号器件)测量获得的光电流结果。图 9.2(a)所示为无光照下和不同光照强度的紫外光(波长为 372 nm)照射下氧化锌线器件典型的伏安特性。器件的对称整流伏安曲线表明在氧化锌线两端形成两个背对背的肖特基接触。除非特别说明,本节中的紫外响应测量都是在固定偏压−5 V(反向偏压)的条件下进行的。测量所得的绝对电流值随光照增加而显著增加:器件的暗电流约为 14 pA,在 22 μW/cm^2 的光照下电流增加到 260 nA,并进一步在 33 mW/cm^2 光照下电流提高到 1.9 μA。器件的灵敏度被定义为($I_{light}-I_{dark}$)/I_{dark},则器件在 22 μW/cm^2 的光照下的灵敏度为 1.8×10^4,在 33 mW/cm^2 光照下的灵敏度为 1.4×10^5。这种器件的灵敏度比单肖特基接触器件高一到两个数量级[4,5],这是因为在两个肖特基接触处形成的耗尽层和氧化锌线表面的与氧相关的空位俘获态导致了器件中非常低的暗电流。氧化锌线光电探测器的光谱光响应表明器件具有很大的紫外光与可见光之间的抑制比,该抑制比定义为紫外光下测得的灵敏度除以蓝光下测得的灵敏度。实验中此光电探测器的抑制比约为 10^4。器件的高光谱选择性及高灵敏度表明氧化锌线光电探测器具有作为可见盲区紫外光探测器应用于环境、空间、国防和工业等领域的可能

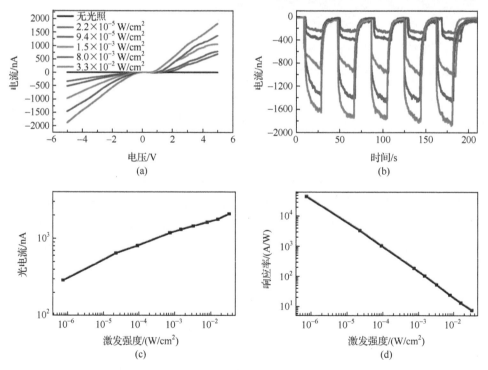

图 9.2 (a) 不同光强下的单根氧化锌纳米线光电探测器伏安特性 (1 号器件);(b) 不同激发光强下的可重复响应,所用色彩与(a)中一致;(c) 不同激发光强下的单根氧化锌纳米线器件的光电流绝对值;(d) 导出的相对于氧化锌纳米线上激发光强的光响应[1]

性。我们还在不同光强下对光电探测器在多个周期开关光源条件下进行了测量,
器件呈现出良好的可逆性和稳定性且其衰减时间约 1 s[图 9.2(b)]。相对长的还
原时间可能是由线的超长长度造成的。实验中选择长线是为了易于精确控制线上
的应变。

　　图 9.2(c)中绘制了光电流对光强的依赖关系($I_{ph}=|I_{light}-I_{dark}|$)。光电流随
光功率线性增加且在高光强功率水平下未显示出饱和行为,使得器件具有从亚微
瓦/厘米^2 到毫瓦/厘米^2 的较大的动态变化范围。光电探测器的总响应 $\mathcal{R}$ 定义为

$$\mathcal{R}=\frac{I_{ph}}{P_{ill}}=\frac{\eta_{ext}q}{h\nu}\cdot\Gamma_{G} \tag{9.1}$$

$$P_{ill}=I_{ill}\times d\times l \tag{9.2}$$

式中,$\mathcal{R}$ 为响应度,I_{ph} 为光电流,P_{ill} 为光电探测器上的光辐射功率;η_{ext} 为外量子效
率,q 为电子电荷,h 为普朗克常量,ν 为光频率,Γ_{G} 为内增益因子,I_{ill} 为激发功率,
d 为氧化锌线的直径,l 为两电极之间的距离。值得注意的是,计算所得的器件响
应度非常高,在光强为 0.75 W/cm^2 的紫外光照射下,器件响应度接近 $4.5\times$
10^4 AW^{-1}。为简化计算,假设 η_{ext} 为 1,则内增益因子可估算为 1.5×10^5。器件的
高内增益因子和高响应度归因于氧化锌线表面的氧相关空位俘获态[14]和肖特基
势垒受光照时的降低[6]。器件响应度在相对较高光强时降低是由空穴俘获达到饱
和肖特基势垒在高光强下变得透明(即势垒高度显著降低)造成的[图 9.2(d)]。

9.3　压电光电子学效应对紫外光灵敏度的影响

9.3.1　实验结果

　　我们现在使用金属-半导体-金属结构来阐述压电势对光电探测器性能的影响
(以 2 号器件为例)。首先,我们研究了压电势对光电探测器暗电流的影响。无应
变情况下,器件暗电流与电压之间的曲线在半对数坐标下保持非常平缓[见
图 9.3(a)插图],甚至在高偏压下也是这样。在反向偏压为－20 V 时暗电流仍保
持小于 50 pA。由于氧化锌线内缺陷水平低且肖特基接触良好,实验中未观测到
器件击穿的情况。而在无光照条件下受到不同的拉伸和压缩应变时,器件的伏安
曲线没有明显的改变[图 9.3(a)],这意味着压电势对暗电流的影响很小。随后在
紫外光照射下对器件施加了不同的压缩和拉伸应变并测量了器件相应的伏安曲线
[图 9.3(b)(c)]。随着应变从拉伸 0.36%变到压缩－0.36%,器件在负偏压下的
绝对电流得到逐步增加。由于暗电流不随应变改变,所以光电探测器的灵敏度、响
应度和探测性随压缩应变而增加。在受到－0.36%压缩应变时,光电探测器在
0.75 μW/cm^2、22 μW/cm^2、0.75 mW/cm^2 和 33 mW/cm^2 光照下的响应度分别提

高了 530%、190%、9% 和 15%。相应照射到氧化锌线上的光功率分别约为
4.1 pW、120.0 pW、4.1 nW 和 180.4 nW。图 9.3(d)中显示了自然对数坐标下受
不同应变时器件的绝对电流和激发强度之间的关系。从结果中可见压电效应显著
增强了器件对皮瓦级光检测的光电流。应变对弱光检测的影响比对强光检测的影
响显著得多。

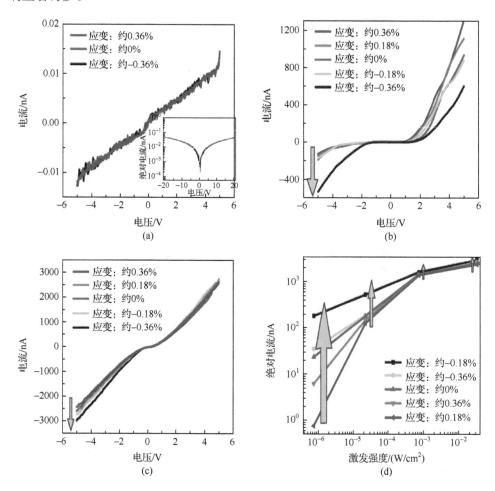

图 9.3　(a) 无光照条件下,受不同应变时氧化锌线器件的典型伏安特性(2 号器件);(b) 激
发光强为 2.2×10^{-5} W/cm² 下受不同应变时器件的伏安曲线;照射在纳米线上的功率为
120 pW,器件受 -0.36% 压缩应变时的响应度增加 190%;(c) 激发光强为 3.3×10^{-2} W/cm²
下受不同应变时器件的伏安曲线;照射在纳米线上的功率为 180.4 nW,器件受 -0.36% 压缩
应变时的响应度增加 15%;(d) 2 号器件受不同应变时对应不同激发光强的光电流绝对值[1]。

　　如图 9.4 所示,在我们的实验中一些器件虽然受到相同的应变却显示出相反
的变化趋势(1 号器件)。在应变从拉伸应变 0.26% 变化到 -0.26% 压缩应变过程

中,器件的绝对电流值逐步下降。造成这种现象的原因是压电势的极性发生改变,这取决于氧化锌线的 c 轴取向。实验中氧化锌线沿 c 或 $-c$ 方向(线的轴向方向)的概率各为 50%。

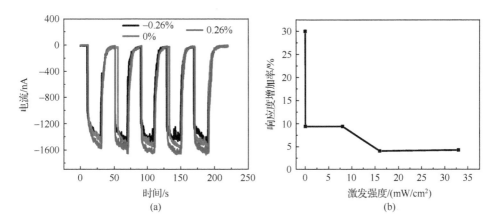

图 9.4 (a) 在光照强度为 3.3×10^{-3} W/cm^2 下,器件受不同应变时的可逆响应所用器件为 1 号器件;(b) 受 0.26% 拉伸应变条件时,器件的响应度增加率与光强间的关系[1]

9.3.2 物理模型

我们的器件可被看作具有单根氧化锌线夹在两个背对背肖特基二极管之间的结构。当对器件外加相对较大的负偏压时,压降主要落在反向偏置的漏极肖特基势垒 ϕ_D,可以记为 $V_D \approx V$。在无光照条件下处于反向偏置时,肖特基势垒的电流传输机制主要是伴随势垒高度降低的热电子发射,这个过程可以用热电子发射-扩散理论来描述[当 $V \gg 3kT/q$ (约 77 mV)][7]:

$$I_{\mathrm{TED}}^{\mathrm{dark}} = SA^{**} T^2 \exp\left[-\frac{1}{kT} \cdot (q\phi_{\mathrm{D}}^{\mathrm{dark}})\right] \exp\left(\frac{1}{kT} \cdot \xi^{1/4}\right) \tag{9.3}$$

$$\xi = q^7 N_{\mathrm{D}}(V + V_{\mathrm{bi}} - kT/q)/8\pi^2 \varepsilon_{\mathrm{s}}^3 \tag{9.4}$$

$$V_{\mathrm{bi}} = \phi_{\mathrm{D}}^{\mathrm{dark}} - (E_{\mathrm{c}} - E_{\mathrm{F}}) \tag{9.5}$$

式中,S 为肖特基接触面积,A^{**} 为有效理查德森常量,T 为温度,q 为电子电荷,k 是玻尔兹曼常量,N_{D} 是施主掺杂浓度,V 是外加电压,V_{bi} 为内建电势,ε_{s} 是氧化锌介电常数。

光照对半导体热电子发射的影响表现为能量势垒的减小值是光激发引起的准费米能级与无激发时的费米能级之间的能量差异[8]。光照对半导体热电子发射的影响还表现为通过被俘获于耗尽层的光生空穴以减少耗尽层宽度。光照下电流传输机制可以描述为

$$I_{\mathrm{TED}}^{\mathrm{ill}} = SA^{**} T^2 \exp\left\{-\frac{1}{kT} \cdot \left[q\phi_{\mathrm{D}}^{\mathrm{dark}} - (E_{\mathrm{FN}} - E_{\mathrm{F}})\right]\right\} \exp\left(\frac{1}{kT} \cdot \xi^{1/4}\right)$$

$$= SA^{**}T^2 \exp\left[-\frac{1}{kT} \cdot (q\phi_D^{ill})\right]\exp\left(\frac{1}{kT} \cdot \xi^{1/4}\right) \tag{9.6}$$

式中，E_{FN} 为光照下的准费米能级。

图 9.5(a)中所示的 $\ln(I)$-V 曲线表明 $\ln(I)$ 的变化可以用反偏肖特基势垒的 $V^{1/4}$ 规律来描述。然而光照下拟合数据的斜率和扩展零电压点均大于暗电流情况。根据式(9.3)和式(9.6)，造成这些差异的原因可能是肖特基势垒有效的降低以及在耗尽层被俘获的空穴引起的 N_D 变化。

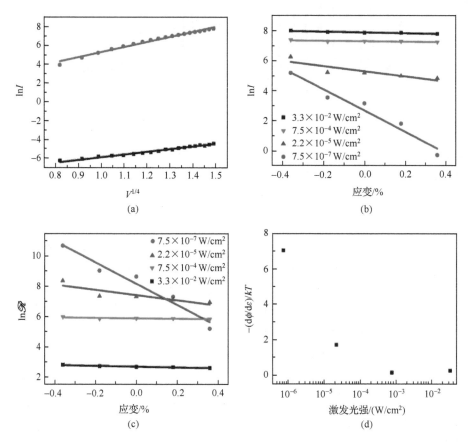

图 9.5　(a) 利用图 9.3(a)和 9.3(c)的数据绘制的无应变情况下 $\ln I$ 与 $V^{1/4}$ 之间的函数关系，I 的单位为 nA；红色圆与红线分别给出光强为 3.3×10^{-2} W/cm^2 时的实验数据和拟合曲线；黑色方块与黑线分别给出无光照条件下的实验数据和拟合曲线；(b) 不同激发光强下 $\ln I$ 与应变之间的函数关系，I 的单位为 nA；(c) 自然对数坐标中绘制的不同激发光强下，器件响应度(单位为 A/W)与应变之间的函数关系；(d) 导出的不同光强下随应变改变的肖特基势垒高度的变化[1]

假设小形变下 S、A^{**}、T、N_D 与应变无关,则光照下应变引起的肖特基势垒高度变化由下式确定:

$$\ln\left[\frac{I(\varepsilon_{xx})}{I(0)}\right]=-\frac{\Delta\phi_D^{ill}}{kT} \tag{9.7}$$

式中,$I(\varepsilon_{xx})$ 和 $I(0)$ 分别为固定偏压下有应变和无应变时通过氧化锌线的电流测量值。$\Delta\phi_D^{ill}$ 是光照下肖特基势垒的改变。图 9.5(b)显示不同的激发光强下在自然对数坐标系中绘制的 $\ln(I)$ 与应变之间的函数关系。结果表明,肖特基势垒高度变化与应变呈近似线性关系。此外,肖特基势垒高度变化曲线的斜率也随激发光强变化,这意味着应变引起的肖特基势垒高度的变化依赖于激发光的强度,肖特基势垒高度在低光照强度时比高光照强度时变化快[图 9.5(d)]。应变引起的光电探测器总响应度的变化与电流的变化类似;不同的是,当光照强度增加时电流增加,而响应度则降低。

众所周知,应变引起的肖特基势垒高度的变化是应变导致的能带结构变化(例如,压阻效应)和压电极化二者共同作用的结果[9,10]。能带结构变化对源极和漏极接触肖特基势垒高度的影响可以分别定义为 $\Delta\phi_{D\,bs}$ 和 $\Delta\phi_{S\,bs}$。假设沿氧化锌线长度方向的轴向应变是均匀的,如果器件的两端接触性质相同,则可得 $\Delta\phi_{D\,bs}=\Delta\phi_{S\,bs}$,这就是压阻效应。压阻效应是一种对称效应,无论电压极性如何变化其对两端接触的影响相同。在上述例子中观测到的反向和正向偏置时器件伏安特性的非对称变化主要是由压电效应而非压阻效应引起的。压电势对肖特基势垒的影响可以定性描述如下:当器件受到沿线长度方向的恒定应变 ε_{xx},轴向极化强度为 $P_x=\varepsilon_{xx}e_{33}$,式中 e_{33} 是压电张量的分量。沿着线长度方向的电势差近似为 $V_p^+-V_p^-=\varepsilon_{xx}Le_{33}$,其中 L 是线的长度。因此源漏极的肖特基势垒高度受到的调制大小相同但符号相反($V_p^+=-V_p^-$),可以分别表示为 $\Delta\phi_{D\,pz}$ 和 $\Delta\phi_{S\,pz}$($\Delta\phi_{D\,pz}=-\Delta\phi_{S\,pz}$)。

在实验中我们将光强固定,并逐步地弯曲基底使器件中相应地逐步产生应变。根据基底形变的方向,器件受到的应变极性由正变成负,或由负变成正。与此同时,线内相应的压电势分布也得到逐步调整,使等效肖特基势垒高度发生改变从而影响器件的光电流和响应度。图 9.6(a)示出了不考虑本征掺杂影响的条件下,应用有限元方法数值计算得到的压电势分布。如果纳米线从漏极到源极为沿 c 轴方向,则器件受到压缩应变时线内沿长度方向将产生压电势分布且在漏极的压电势为正。因此随压缩应变的增加,漏极接触的肖特基势垒高度相应地减少,这也同时引起器件光电流和响应度增加。

随光强增加,压电势的影响减少[图 9.5(d)],这可能是由于新产生的电荷载流子对压电势的屏蔽效应造成的。当氧化锌线处于高光强照射时线内产生大量的自由电子和空穴,它们会积累并使压电势被部分屏蔽,这将使 $\Delta\phi_{D\,pz}$ 减少到 $\Delta\phi_{D\,pz\text{-}sc}$ [图 9.6(c)]。

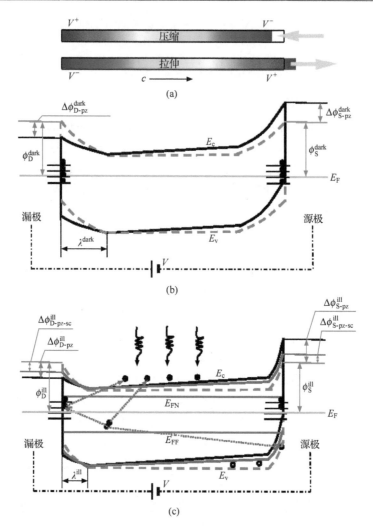

图 9.6　压电势调节势垒高度的能带示意图。(a) 模拟计算所得的压缩和拉伸
应变条件下线内的压电势分布,计算中使用的线直径和长度分别是 1 μm 和
20 μm,c 面所受应力为±1 MPa;(b) 无光照条件下,压缩应变引起的压电势对
势垒高度的调节;(c) 光照下压缩应变引起的压电势对势垒高度的调节[1]

　　有趣的是,在无光照条件下压电效应对器件伏安曲线也没有显著的影响
[图 9.3(a)]。在无光照条件下,氧化锌线表面因吸附氧分子而形成耗尽层,且器件
的暗电流非常低(−5 V 偏压下约 14 pA)。在这种情况下,器件可以被视为一根
绝缘线夹在两个背对背肖特基二极管间,且器件的电流受样品块体控制而不受肖
特基接触控制。因此,虽然压电势可以调节肖特基势垒高度,但是它对暗电流几乎
没有显著影响。因此,压电势极大地增加了器件对皮瓦级光检测的响应,但同时又

保持了器件的低暗电流特性,这在实际应用中非常有利。

9.4 压电光电子学效应对可见光探测器灵敏度的影响

我们实验中所用的硫化镉纳米线采用高温热蒸发工艺合成。该光电探测器的制备同之前的文献报道类似[1]:单根的硫化镉纳米线被放置在一个弹性 Kapton 材料(polyimide)基底上,基底大小约为 20 mm×8 mm×0.5 mm。纳米线两端由银浆固定于基底且与铜导线相连。我们将该器件正面朝下放置在尼康 Eclipse Ti 倒置显微镜系统中进行监测和激发光子探测。

9.4.1 实验结果及与计算结果的比较

我们的实验结果示出了两种典型的金属-半导体-金属光电探测器:单肖特基接触光电探测器和双肖特基接触光电探测器。图 9.7 中所示为单肖特基接触光电

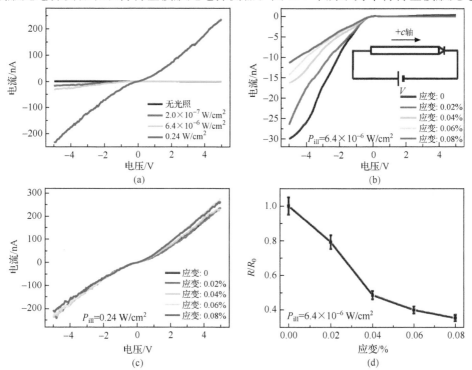

图 9.7 单肖特基接触硫化镉纳米线金属-半导体-金属光电探测器受到中心波长为 486 nm 的单色蓝光光照下的实验结果[11]。(a) 不同光照功率下的伏安特性。(b) 当光照功率为 6.4×10^{-6} W/cm² 时,不同应变下器件的伏安特性。插图中所示为器件结构和正偏方向示意图。(c) 当光照功率为 0.24 W/cm² 时,不同应变下器件的伏安特性。(d) 当光照功率为 6.4×10^{-6} W/cm² 时,计算得到的相对响应度随应变的变化关系。R_0 为在此光强条件下零应变时的响应度

探测器的实验结果。器件结构和 c 轴方向如图 9.7(b) 的插图所示。图 9.7(d) 中所示为当光照功率保持在 6.4×10^{-6} W/cm² 时,计算所得的光电探测器响应度 $\mathscr{R}$ 随应变改变的变化。响应度是对器件敏感程度的度量,定义为 $\mathscr{R} = \dfrac{I_{ph}}{P_{ill}}$,其中 I_{ph} 是光电流,P_{ill} 是辐射功率,是对光强的度量。从结果中可见在这种情况下正应变使响应度降低。因为压电光电子学效应是具有方向性的不对称效应,因此为了增强而不是减弱器件性能,在制备单肖特基接触器件的过程中应考虑到实际样品的 c 轴方向。在图 9.7(c) 中,当光照功率增加到高达 0.24 W/cm² 时,器件的整流伏安特性变成了近似对称的特性。这可以通过准费米能级增加导致反向偏置电压下肖特基接触被迅速击穿而得以解释。

图 9.8 中所示为双肖特基接触硫化镉纳米线金属-半导体-金属结构光电探测

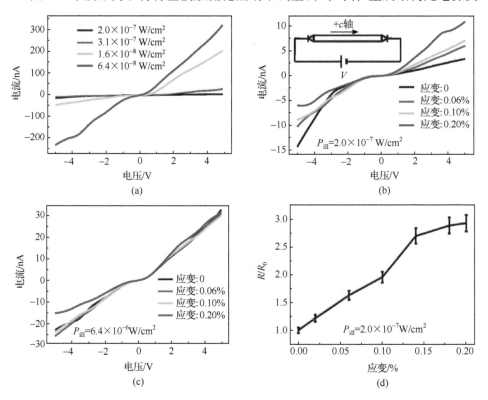

图 9.8　在中心波长为 486 nm 的单色蓝光光照下双肖特基接触硫化镉纳米线金属-半导体-金属结构光电探测器的实验结果。(a) 不同光照功率下的伏安特性。(b) 光照功率为 2.0×10^{-7} W/cm² 时,不同应变下器件的伏安特性。插图为器件结构和正偏方向的示意图。(c) 光照功率为 6.4×10^{-6} W/cm² 时,不同应变下器件的伏安特性。(d) 光照功率为 2.0×10^{-7} W/cm² 时,计算得到的相对响应度随应变的变化关系,R_0 为在此光强条件下受零应变时器件的响应度[11]

器的结果。如图 9.8(b) 所示,应变引起的伏安特性变化与理论模型的预期一致,即正偏电流随应变增大,反偏电流随应变减小。

从图 9.7(c) 和图 9.8(c) 中我们可以看到,当光强增加时应变对器件的影响不如低光强情况那么显著。虽然压电电荷不随光强改变而变化,但较高光强辐射下费米能级的改变主导了肖特基势垒高度的变化。较高光强时,由于光子激发的过剩载流子密度 Δn 可明显大于掺杂引起的载流子密度,并且电子的准费米能级远高于金属的费米能级,同时电荷也会发生重新分布,这使得耗尽区变小并且肖特基势垒高度得到有效降低;因此,由于肖特基势垒高度太低而使得器件的伏安特性非常接近类似欧姆接触的线性特性。与此相比,压电电荷的影响不如在光照强度较低条件下那么显著。因此,压电光电子学效应可以显著提高低光照强度下器件的检测灵敏度,但对强光下器件的探测灵敏度却未必有显著的影响。实际中低光强条件下的光检测是非常重要的。

9.4.2　压阻效应的影响

晶体形变产生应变时,材料的带隙会发生微小的变化,并最终导致半导体材料的电导变化。这就是所谓的压阻效应[12,13]。半导体材料不论有无压电特性均存在压阻效应。在压电电子学和压电光电子学器件中,压阻效应总是伴随着压电效应存在的。

压阻效应中电阻变化可表示为

$$\frac{\delta \rho}{\rho} = \pi \frac{\delta l}{l}$$

式中,ρ 为半导体电阻率,l 为纳米线原始长度,$\delta \rho$ 为因为压阻效应引起的电阻变化,δl 为纳米线长度变化,π 为压阻系数。可以看到压阻效应是对称均匀的阻性效应,与外加偏压的极性无关。

9.4.3　串联电阻的影响

有很多因素可以导致器件实际的伏安特性与理想伏安曲线产生偏差,其中一个最重要的因素就是串联电阻的影响。串联电阻是电路中包括外电路的电阻、电容和电感等各种因素的等效电阻。解决串联电阻影响的方法已被广泛研究[14,15]。根据这些方法,当外加电压较小时,器件行为主要是由接触结的电流方程决定;而当外加电压较大时,器件的行为大多是线性的。

其他的影响因素还包括接触区域的表面俘获电荷和由应变引起的接触面积变化等。这些因素要么具有类似压阻效应的行为,要么对实验结果影响较小。

9.5　压电光电子学光电探测的评价标准

通过上述的模型和实验,我们成功地阐述了在高灵敏度光电探测领域压电光电子学效应和其他非压电效应之间的差异。这里,我们总结并提出了三个标准来表征压电光电子学光电探测[11]:

(1)压电光电子学光电探测需要肖特基结或 p-n 结的存在。源于压电效应偶极子特性产生的压电电荷是聚集在压电半导体纳米线两端的固定电荷。电荷势垒的存在使得少量的压电电荷就可以有效地调节光电探测器的电流传输性质。

(2)光激发通过产生过剩自由电荷来影响器件的伏安特性。假设整个器件处在均匀光照下,光生电子空穴对可以有效地调节准费米能级并沿整个线发生变化,从而降低势垒高度。

(3)压电效应通过应变在纳米线两端引发产生极化电荷来影响光探测。在双肖特基接触光电探测器中,压电电荷的影响导致器件两侧肖特基势垒高度发生非对称变化。应变引起的其他因素如压阻效应或者接触面积的变化则在纳米线两端产生对称变化。这样,我们就可以很容易判断观测到的变化是否真正是由压电光电子学效应所造成的。

这三个标准可以帮助我们更好地理解压电光电子学的实验结果并指导今后相关领域的工作。同时也可以将我们的假设推广到其他压电光电子学器件和应用中,如压电光电子学发光二极管或压电光电子学光电池,在这些应用中我们也可以得出类似的结论。

9.6　总　　结

综上所述,我们讨论了压电势对低暗电流超灵敏氧化锌线紫外光传感器和硫化镉纳米线可见光传感器的调制。压电势可以使器件在保持低暗电流特性的同时大幅增强对皮瓦级光的探测响应度。应变引起的势垒高度变化依赖于激发光强度,肖特基势垒高度在低光照强度下的变化比高光照强度下显著。其物理机制可以通过综合考虑压电势效应和光生自由电荷屏蔽效应来解释。半导体纳米线中半导体性质、光电性质和压电性质三者之间的耦合使得通过应变引起的压电势可以有效地调节和控制器件中的光电过程,这就是压电光电子学效应。这也将引起今后压电器件与微电子和光机电系统等的进一步集成发展。

最后,我们讨论了实验中其他因素的影响,并基于压电光电子学光电探测器的物理基础总结了三个标准以将压电光电子学效应与其他效应区分开来。这些标准支持我们之前的实验结果,并可以对今后的实验进行指导。

参 考 文 献

［1］ Yang Q, Guo X, Wang W H, Zhang Y, Xu S, Lien D H, Wang Z L. Enhancing Sensitivity of a Single ZnO Micro-/Nanowire Photodetector by Piezo-Phototronic Effect. ACS Nano, 2010, 4（10）: 6285-6291.

［2］ Pan Z W, Dai Z R, Wang Z L. Nanobelts of Semiconducting Oxides. Science, 2001, 291: 1947-1949.

［3］ Zhou J, Fei P, Gu Y D, Mai W J, Gao Y F, Yang R S, Bao G, Wang Z L. Piezoelectric-Potential-Controlled Polarity-Reversible Schottky Diodes and Switches of ZnO Wires. Nano Letters, 2008, 8(11): 3973-3977.

［4］ Zhou J, Gu Y D, Hu Y F, Mai W J, Yeh P H, Bao G, Sood A K, Polla D L, Wang Z L. Gigantic Enhancement in Response and Reset Time of ZnO UV Nanosensor by Utilizing Schottky Contact and Surface Functionalization. Applied Physics Letters, 2009, 94(19): 191103.

［5］ Wei T Y, Huang C T, Hansen B J, Lin Y F, Chen L J, Lu S Y, Wang Z L. Large Enhancement in Photon Detection Sensitivity via Schottky-Gated CdS Nanowire Nanosensors. Applied Physics Letters, 2010, 96(1): 013508.

［6］ Mehta R R, Sharma B S. Photoconductive Gain Greater than Unity in CdSe Films with Schottky Barriers at the Contacts. Journal of Applied Physics, 1973, 44(1): 325-328.

［7］ Sze S M. Physics of Semiconductor Devices. 2nd ed. New York: John Wiley & Sons, 1981.

［8］ Schwede J W, Bargatin I, Riley D C, Hardinm B E, Rosenthal S J, Sun Y, Schmitt F, Pianetta P, Howe R T, Shen Z, Melosh N A. Photon-Enhanced Thermionic Emission for Solar Concentrator Systems. Nature Materials, 2010, 9: 762-767.

［9］ Chung K W, Wang Z, Costa J C, Williamson F, Ruden P P, Nathan M I. Barrier Height Change in GaAs Schottky Diodes Induced by Piezoelectric Effect. Applied Physics Leters, 1991, 59（10）: 1191-1193.

［10］ Shan W, Li M F, Yu P Y, Hansen W L, Walukiewicz W. Pressure Dependence of Schottky Barrier Height at the Pt/GaAs Interface. Applied Physics Letters, 1988, 53(11): 974-976.

［11］ Liu Y, Yang Q, Zhang Y, Yang Y Z, Wang Z L. Nanowire Piezo-Phototronic Photodetector: Theory and Experimental Design. Advanced Materials, 2012, 24(11): 1410-1417.

［12］ Bridgman P W. The Effect of Homogeneous Mechanical Stress on the Electrical Resistance of Crystals. Physical Review, 1932, 42(6): 858-863.

［13］ Smith C S. Piezoresistance Effect in Germanium and Silicon. Physical Review, 1954, 94(1): 42-49.

［14］ Norde H. A Modified Forward *I-V* Plot for Schottky Diodes with High Series Resistance. Journal of Applied Physics, 1979, 50(7): 5052-5053.

［15］ Lien C D, So F C T, Nicolet M A. An Improved Forward *I-V* Method for Nonideal Schottky Diodes with High Series Resistance. IEEE Transactions on Electron Devices, 1984, 31: 1502-1503.

第 10 章　压电光电子学效应对发光二极管的影响

化学、生物学、航天、军事和医疗技术等领域都需要高效率的紫外(UV)发光器件。虽然紫外发光二极管的内量子效率可以高达 80%，但由于全内反射导致较低的输出效率(约 $1/(4n^2)$，这里 n 是折射率)，使得传统单 p-n 结薄膜发光二极管的外量子效率仅约为 3%[1]。使用氧化锌纳米线(NW)作为有源层来制备具有纳米尺寸异质结结构的发光二极管则有望为提高器件的输出效率提供有效的方法[2,3,4]。然而迄今报道的数据表明，这类器件的外量子效率仍然较低(约 2%)，这可能是由于基于纳米线的发光二极管具有非常低的内量子效率。

半导体材料的发光过程不仅取决于载流子注入和复合的效率，也取决于器件的输出效率。对于宽带隙材料(如氧化锌)中的紫外辐射，纳米线比薄膜具有更高的输出效率，但传统的制备 p-n 结二极管的方法导致了较低的效率。在这一章中，我们将展示如何利用压电光电子学效应来有效地提高基于氮化镓基底上的单根氧化锌微/纳米线制备的发光二极管的外量子效率[5]。通过对器件施加 0.093% 的压缩应变，器件在固定偏压下的发射光强和注入电流分别增强了 17 倍和 4 倍，并且相应的转换效率也提高了 4.25 倍。这些性能变化可能是压电势造成的界面能带变化有效地增加了局域"偏压"以及由界面附近压电势造成的界面区域的载流子俘获通道所带来。此外，压阻效应和压光效应(光弹性)也被同时用来调节发光强度、光谱和偏振特性。我们的研究表明，压电电子学效应可以应用于当前的安全、绿色和可再生能源技术等领域以有效地提高能量转换效率。

10.1　发光二极管的制备和测量方法

我们基于以下设计进行了实验验证。我们在具有沟槽的基底上操纵纳米线制备完成基于单根氧化锌微/纳米线的发光二极管。基底中镁作为受主，其掺杂浓度约为 $5 \times 10^{17}/cm^3$。氧化锌微/纳米线由高温热蒸发工艺合成。在制备 n 型氧化锌线/p 型氮化镓薄膜发光二极管之前，我们在 p 型氮化镓上热蒸发沉积 20 nm 的镍层和 50 nm 的金层作为阳极电极；并且在蓝宝石基底上溅射 100 nm 的 ITO 作为阴极电极。随后对这两部分电极在空气中 500℃ 条件下作 5 min 快速热退火处理。接下来将覆盖了氮化镓的蓝宝石基底与镀有 ITO 的蓝宝石基底紧密固定(两基底之间形成一个小空隙)。将单根氧化锌微/纳米线从玻璃基底上转移到具有沟槽的基底上，并通过微操纵台将其横跨放置在缝隙上[如图 10.1 所示]。一个厚度

为 $500\ \mu m$ 且宽度小于氧化锌线长度的透明聚苯乙烯薄膜被用来覆盖纳米线。然后通过固定于三维微操作台的压电微动工作台上连接的氧化铝棒施加外应力到聚苯乙烯薄膜上。最后我们将整个器件用窄透明胶带封装从而使氧化锌线和氮化镓基底间形成紧密接触。

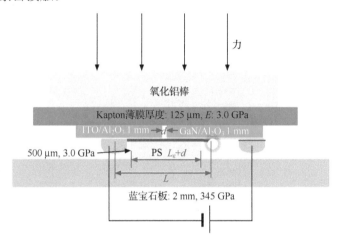

图 10.1　器件结构侧视图。将覆盖氮化镓的蓝宝石基底与镀有 ITO 的蓝宝石基底紧密相连地放置在聚酰亚胺薄膜上。单根氧化锌微/纳米线横跨在两个基底上。厚度为 $500\ \mu m$ 的透明聚苯乙烯薄膜用来覆盖纳米线,外力通过固定于三维微操作台上的压电纳米微动工作台(闭环分辨率 $0.2\ nm$)连接的氧化铝棒来施加[5]

作用在聚苯乙烯薄膜上的正应力通过固定于三维微操作台的压电纳米微动工作台所连接的氧化铝棒来施加。这种情况下,压缩应力被均匀地施加在氧化锌线侧面和氮化镓基底表面之间的界面上;这个沿氧化锌线 a 轴方向的压缩应力在氧化锌线内产生沿 c 轴方向即氧化锌线生长方向的拉伸应变。此设计中,纳米线上没有横向弯曲或扭曲,从而确保了氧化锌线与氮化镓基底之间 p-n 结界面的稳定。

测量系统由倒置显微镜和三维微操作台构成(图 10.2)。正应力通过连接在闭环分辨率为 $0.2\ nm$ 的压电纳米微动工作台上的氧化铝棒施加在聚苯乙烯薄膜上。为了计算线上的应变,我们需要得到施加在聚苯乙烯薄膜上的应力。考虑到器件的尺寸(图 10.1)和器件各部分的杨氏模量,压电纳米微动工作台所记录的形变由聚苯乙烯薄膜和 Kapton 薄膜的形变来确定。

在实验中,我们用表征相对光功率的光谱仪或电荷耦合器件(CCD)来测量输出光强。我们主要关心不同应变下输出光强以及量子效率的相对变化。通过分析不同应变下的输出光强和电流可以得出量子效率的变化。研究应变对光强和光谱影响的数据是由光纤光谱仪进行记录的。光谱中峰值的积分可看作是相对发光强

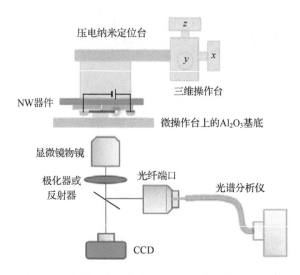

图 10.2　用于表征应变条件下氧化锌线发光二极管性能的测量系统示意图

度。研究应变对偏振影响的数据由电荷耦合器件记录得到。相对输出光强则通过分析图像的亮度来提取获得。

10.2　发光二极管的表征

在进行机电和光学测量之前,我们首先测量了没有外加应变条件下器件初始的光电性能。图10.3(a)所示为单根 n 型氧化锌线-p 型氮化镓基底发光二极管器件的伏安特性。该伏安曲线清楚地显示正偏下器件电流非线性增大,这表明器件具有一定的 p-n 结特性以及光发射的可能性。该氧化锌-氮化镓(线-膜)混合异质结的开启电压约为 3 V。我们在室温条件下对制得的发光二极管在不同偏压/注入电流下的发射光谱进行了测量。利用高斯函数对发射光谱进行分峰去卷积运算[图10.3(b)插图],结果显示所得的蓝/近紫外光发射光谱由中心在 390～395 nm 的主峰和直到 460 nm 的较长红尾组成。为了分析在偏压和应变条件下光谱中峰的位置移动,我们在去卷积运算中使用两个中心在 405～415 nm 和 420～440 nm 的发光频段来表示蓝/近紫外光发射光谱中的长红尾,这两个发光频段分别对应于异质结区氮化镓侧和氧化锌侧的两个界面态。图10.3(c)(d)显示了四个发射带峰的位置随偏置电压的变化以及峰高随偏置电压的变化。

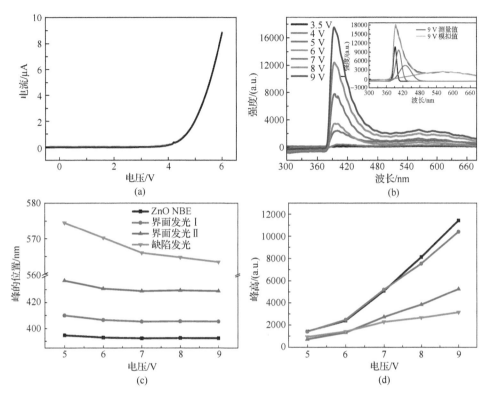

图 10.3　无应变情况下单根线发光二极管的特性[5]。(a) 发光二极管的伏安特性;(b) 电致发光光谱与正向偏置电压之间的关系,插图所示为电致发光的高斯去卷积分析;(c) 四个发射带峰的位置随偏置电压的变化;(d) 峰高随偏置电压的变化

10.3　压电效应对发光二极管效率的影响

在施加应变前,单根线发光二极管外量子效率的保守测量值约为 1.84%,这与基于单 p-n 结紫外发光二极管的外量子效率相似[2,3,4]。为测试应变对单根线发光二极管的影响,我们系统地研究了在应变条件下其输出光强、电致发光光谱和偏振的变化情况。当施加高于开启电压的固定偏压时,随着压缩应变增加,器件的电流和发光强度明显增强[图 10.4(a)(b)]。光强的显著增强也可以通过电荷耦合器件记录的光学图像直接观察到[图 10.4(e)]。$\ln[I(\varepsilon)/I(0)]$ 和 $\ln[\Phi_{out}(\varepsilon)/\Phi_{out}(0)]$ 与应变 ε 的依赖关系如图 10.4(d) 所示,其中 $\Phi_{out}(\varepsilon)$ 和 $I(\varepsilon)$ 分别是应变下发光二极管的光强和注入电流;而 $\Phi_{out}(0)$ 和 $I(0)$ 分别是无应变情况下对应的发光二极管光强和注入电流;这两条曲线与应变之间均呈线性关系,且 $\ln[\Phi_{out}(\varepsilon)/\Phi_{out}(0)]$-$\varepsilon$ 曲线的斜率大于 $\ln[I(\varepsilon)/I(0)]$-ε 曲线的斜率,这表明光转换效率明显增加。当施

加沿 a 轴大小为 0.093% 的压缩应变后,器件的注入电流和输出光强分别大幅提高了 4 倍和 17 倍,这表明器件的转换效率相对于无应变情况时提高了 4.25 倍。这意味着施加应变后发光二极管实际的外量子效率可以达到约 7.82%,这与基于纳米棒增强混合量子阱结构的发光二极管相当。

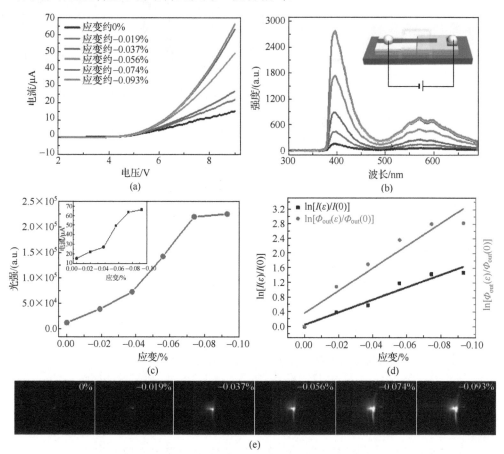

(a)   (b)   (c)   (d)   (e)

图 10.4 应变条件下(n 型氧化锌线)-(p 型氮化镓薄膜)发光二极管的发光强度和转换效率的增强。制得的器件的示意图参见(b)中插图。(a)正偏下器件受不同应变时的伏安特性;(b)9 V偏压下对应的发光光谱;(c)从(b)中数据积分得到的发射光强度,显示压缩应变增加时发射光强大幅增加;插图为 9 V 偏压下发光二极管随应变增加时的注入电流;(d)受不同应变时器件的相对注入电流 $\ln[I(\varepsilon)/I(0)]$ 和相对发光强度 $\ln[\Phi_{\mathrm{out}}(\varepsilon)/\Phi_{\mathrm{out}}(0)]$ 的变化;相比零应变情况,受最大应变情况时发光二极管的效率增加了 4.25 倍;(e)封装好的单根线发光二极管受不同应变时在发射端采集的 CCD 图像[5]

为了确认观测数据的有效性,我们通过多次重复施加应变对氧化锌线和氮化镓之间接触的稳定性进行了仔细检查。一旦应变消失,器件的发光强度立即恢复到无应变情况下的观测值[图 10.5(b)]。实验中观测到的增强因子与应变之间的线性关系[图 10.4(d)]证明观测到的效率增加不是由于器件中可能的 n 型和 p 型之间接触面积改变造成的。

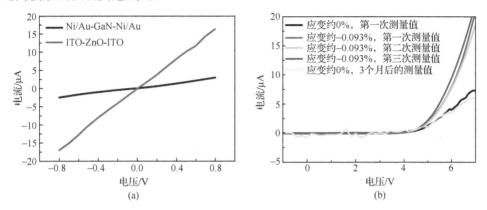

图 10.5　(a) 镍/金-氮化镓-镍/金 和 ITO-氧化锌-ITO 接触的伏安曲线,小偏压(0.8 V)下得到的近似欧姆接触特性和大电流证实我们器件中整流型的伏安特性来自 p-n 结二极管;(b) 在相同应变情况下不同的时间测量的单根线发光二极管的伏安曲线及器件在干燥皿中放置 3 个月后测量的伏安曲线。这些结果显示器件具有良好的稳定性

10.4　压电极化方向的效应

氧化锌具有沿 c 轴的极性方向,这也是氧化锌线的生长方向。器件制备过程中,线的 c 轴方向从 ITO 侧指向氮化镓一侧与从氮化镓一侧指向 ITO 侧的概率各为 50%。我们在上文中已经给出了前一种情况的数据(见图 10.4),后一种情况的数据如图 10.6 所示。

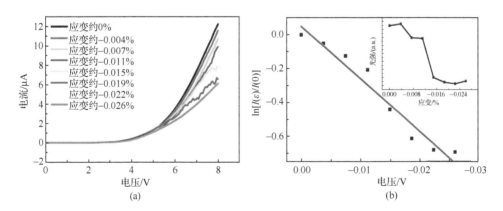

图 10.6　单根氧化锌线发光二极管的电学和光学特性。器件的注入电流和发射光强随沿 a 轴压缩应变增大而减小。(a)受不同应变时发光二极管的伏安曲线。(b) 在 8 V 偏置电压下受不同应变时的 $\ln[I(\varepsilon)/I(0)]$ 变化,插图为 8 V 偏置电压下受不同应变条件下器件的光强变化;当线的 c 轴从氮化镓侧指向氧化锌侧时可能出现这样的结果(参见文献[5])

图 10.6 所示的数据表明线和氮化镓基底之间良好的接触可能不会影响发射光强的变化。观测到的发射光强的变化更可能是由于压电效应造成的影响。

10.5 注入电流与施加应变之间的关系

从理论上讲,注入电流的对数值和施加的应变之间应具有线性关系。这与图 10.4(d)和图 10.6 中的数据一致,也从另一方面证实了器件效率的增加不是因为器件 n 型和 p 型之间接触面积可能的改变。

10.6 发光光谱和激发过程

10.6.1 异质结能带图

分析发光二极管的发射特性需要氧化锌-氮化镓异质结的能带数据[5]。氧化锌和氮化镓形成的异质结具有第 Ⅱ 型能带偏移。理想的 n 型氧化锌-p 型氮化镓异质结能带图可以通过 Anderson 模型构建[1]。为获得相应的能带图,氧化锌和氮化镓的带隙分别假定为 3.3 eV 和 3.4 eV;氧化锌和氮化镓的电子亲和势分别假定为 4.5 eV 和 4.1 eV。这里两者的价带偏移约 0.3 eV,处于文献报道的氧化锌-氮化镓异质结 0.13~1.6 eV 的价带偏移值范围内。器件发光的起因可基于对能带示意图的分析和通过比较光致发光(PL)光谱和电致发光(EL)光谱而得到(图 10.7)。氧化锌线的光致发光光谱中存在两个紫外峰,其中心分别在 376 nm (3.30 eV) 和 391 nm (3.17 eV),这分别对应带隙复合和声子辅助的激子发光过程[2]。氮化镓薄膜的光致发光光谱中存在三个紫外峰中心,分别在 362 nm (3.40 eV)、377 nm (3.29 eV) 和 390 nm (3.18 eV),这分别对应带间复合和与镁受主相关的发光过程[6](镁在氮化镓中的受主激活能约为 0.14~0.21 eV)。

关于氧化锌-氮化镓异质结发光二极管发光的原因一直存在争议[2,6]。如图 10.7(b)所示,电致发光光谱与氧化锌光致发光光谱在 390 nm 的峰位重叠,并具有到 460 nm 的长红尾。利用高斯函数[图 10.3(b)插图]对电致发光发射光谱进行分峰去卷积运算的结果显示频谱由一个集中在中心为 390~395 nm 的主峰和直到 460 nm 的较长红尾以及中心约在 570 nm 的浅黄色发光峰组成。由光致发光光谱的结果可知,中心在 390~395 nm 的频段可归因于氧化锌线中由声子辅助的激子发光。由于源自氮化镓薄膜和氧化锌线的更短波长的发光可能会被氧化锌线再次吸收,因此观测结果中没有发现峰值小于 390 nm 的发光峰。然而,发光光谱尾(介于紫外到 460 nm 的频段)在单独的氧化锌或氮化镓的光致发光光谱中没有对应的频段。参照能带图可知,上述发光光谱尾可能是由 n 型氧化锌中的电子和 p 型氮化镓中的空穴间的界面辐射复合过程导致的界面发光造成的[6,7]。界面处的突变不连续性可能会影响电致发光光谱。如图 10.7(a)所示,电子和空穴在这个不连续界面上的能量并不是固定值,而是存在一个变化范围。因此,界面辐射应该会导致紫外区域的红宽尾发光。从某种层面上说,我们可以将界面态看作类似于将一种化合物纳入到其他化合物中。这个将一种化合物纳入另一种化合物的过程会使得整个新材料系统的带隙小于其中任何一种化合物的带宽(例如氧化锌或氮化镓)。密度泛函理论的计算结果表明:与将氧化锌团簇并入氮化镓宿主中相比,将氮化镓团簇并入氧化锌宿主中会更有效地导致整个体系的带隙减小。考虑到异质结氮化镓侧和氧化锌侧的两个界面态,为了分析在施加偏压和应变情况下峰位置的移动情况,我们在去卷积运算中使用了中心为 405~415 nm 和420~440 nm 的两个发射频段来表示蓝/近紫外光发射光谱中的长红尾。

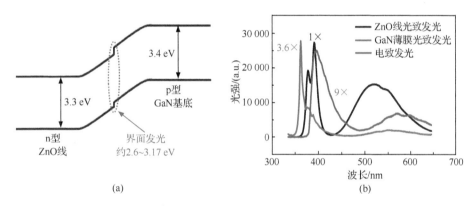

图 10.7　(a)无应变时的 p-n 结能带图;(b)单根氧化锌线和氮化镓薄膜的光致发光光谱,以及单根线发光二极管的电致发光光谱

10.6.2　受应变发光二极管的发光光谱

我们应用分峰去卷积的运算方法对主发光带受施加应变而增强的关系进行了分析[图 10.8(a)]。对发光起源的分析参见参考文献[5]。由于界面附近通道中存在自由载流子的俘获过程,所以源于氧化锌-氮化镓界面的发光在四个发光带中增长最快。紫外发光与可见发光之间的比率随面内压缩应变增加而增加[图 10.8(d)],这是由于紫外/蓝色的近带边发光对能带结构的变化比缺陷中心发光更为敏感。器件受到应变时,这四个发光带的峰位置没有发生明显的偏移[图 10.8(c)]。但在偏压增加时这些峰位却发生了明显的蓝移[图 10.3(c)]。这些结果表明应变对发光二极管的影响不同于外加偏置电压增加造成的影响。

众所周知,氧化锌在受到沿 a 轴的压缩应变时带隙减小[8,9],而氮化镓在受到沿 c 轴的压缩应变时带隙也减小[10,11]。在这种情况下,光谱中的峰位应该在器件受到压缩应变时发生红移。另一方面,由于能带重整化,大电流时的能带填充和(或)电子空穴的动能增加使得器件中注入电流增加,这将导致 n 型氧化锌-p 型氮化镓发光二极管的发射中心发生蓝移。当以上这两个互补效应并存时,它们之间会相互平衡从而使发射峰位的偏移可以忽略。

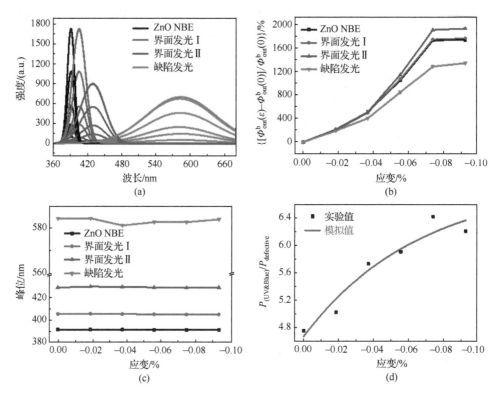

图 10.8　不同应变条件下 n 型氧化锌线-p 型氮化镓薄膜发光二极管的发光光谱定量分析[5]。(a) 使用去卷积运算方法分析图 10.3(b)中数据得到的四个发光带;(b) 相对峰高变化与外应变之间的关系;(c) 峰的位置与施加应变之间的依赖关系;(d) 紫外与可见发光之间的比率与压缩应变间的关系

10.7　压电光电子学效应对发光二极管的影响

10.7.1　基本物理过程

当 n 型氧化锌线-p 型氮化镓基底发光二极管中存在轴向应变时,有两种效应会影响输出光强和光谱。第一种是压阻效应,这是由于带隙变化和可能的导带态密度变化引起的。这种效应可以等效于给发光二极管串联了一个电阻;第二种效

应是压电光电子学效应[12]，即利用沿氧化锌线产生的压电势来调节界面上的光电过程。氧化锌具有非中心对称的晶体结构，晶体中的阳离子和阴离子组成正四面体结构。作用在晶体中基本单元上的应变导致阳离子和阴离子间产生极化，这就是晶体内产生压电势的原因。图 10.9 所示为氧化锌（n 型）－氮化镓（p 型）发光二极管的能带结构示意图。线中的有限掺杂可能导致压电电荷被部分屏蔽，若掺杂浓度较低则不能完全抵消压电势的影响，因此在能带结构中可能会产生一个小凹陷。这已经在我们进行的大量纳米发电机和压电电子学的研究中得到了证明。由于本实验中的氧化锌线是采用高温热蒸发纯氧化锌粉末的工艺制备的，因此线中掺杂浓度较低[13]。如图 10.9(b) 中标记所示，如果氧化锌线的 c 轴是从 ITO 侧指向氮化镓侧，则在 ITO 侧的负压电势的作用相当于给器件额外施加了一个正向偏置电压。因此，在这个额外施加的正向偏置电压作用下器件中的耗尽层宽度和内电场均将减少。在这种情况中，在相同的外加正向电压下当器件受到应变时，注

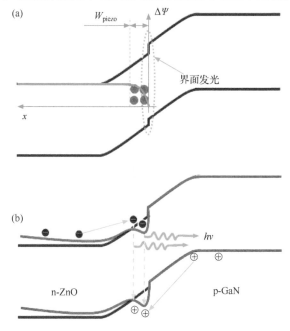

图 10.9　n 型氧化锌线-p 型氮化镓薄膜发光二极管受应变时发光光强增加的可能机制[5]。(a) 和 (b) 分别为无应变 (a) 和有压缩应变 [(b)，红线] 情况下 p-n 结能带结构的示意图。此处在界面处氧化锌内产生的通道是由于应变导致的压电势所造成的。蓝线显示沿 x 轴（氧化锌线 c 轴）的电势分布，此处假设正压电电荷分布在界面附近宽度为 W_{piezo} 的范围内。红色点线显示界面附近的压电电荷。这些电荷形成了载流子俘获带。下图中氧化锌侧的红线斜坡显示压电势对载流子移动的驱动效应

入电流和发光强度均得到增加。对应地,如果氧化锌线的 c 轴方向反转,即正方向指离氮化镓侧,则氮化镓侧将具有较低的压电势,这相当于对器件施加了一个额外的反向偏置电压。因此器件的耗尽层宽度和内电场将增加,从而使得应变增加时器件中的注入电流和发光强度减少。在实验过程中操纵线来制备器件时,线的 c 轴从 ITO 侧指向氮化镓侧和从氮化镓侧指向 ITO 侧的可能性各占 50%。我们测量的 20 个器件中约 50% 的器件受到应变时发光强度增加,而其余 50% 的器件受到应变时发光强度减小,这符合理论预期的结果。这一事实还表明实验中所观察到的发光强度增强主要是受到具有极性的压电势的影响,而不是由其他非极性因素如接触面积改变和(或)压阻效应造成的。

10.7.2　应变对异质结能带的影响

无应变和有应变时发光二极管的输出光强由下式给出[14]:

$$\Phi_{\mathrm{out}}(0) = \eta_{\mathrm{ex}}(0)\frac{I(0)}{e} = mh\nu\eta_{\mathrm{e}}(0)\eta_{\mathrm{i}}(0)\frac{I(0)}{e} \tag{10.1}$$

$$\Phi_{\mathrm{out}}(\varepsilon) = \eta_{\mathrm{ex}}(\varepsilon)\frac{I(\varepsilon)}{e} = mh\nu\eta_{\mathrm{e}}(\varepsilon)\eta_{\mathrm{i}}(\varepsilon)\frac{I(\varepsilon)}{e} \tag{10.2}$$

式中,m 为光谱仪或电荷耦合器件探测到的光的比例;Φ_{out} 是记录下来的输出光强;η_{ex} 是外量子效率,代表了外部产生的光子通量与注入的电子通量之比;η_{e} 是器件中与光吸收和反射有关的总体光输出效率;η_{i} 是产生的光子通量和电子注入通量之比。应变通过影响外量子效率和注入电流大小来影响发光二极管的输出光强。

线中沿 a 轴方向的压缩应变将在线内产生沿 c 轴的压电势,且 ITO 端为负电势[图 10.9(b)]。这个压电场会改变 p-n 结结区的能带结构和内电场[图 10.9(a)],这些改变包括势垒高度的变化以及能带的弯曲。为了简化问题,我们将势垒高度变化和能带弯曲的影响分开考虑。

对于势垒高度变化,根据肖克利方程可得无应变 p-n 结的伏安特性为[15]

$$I(0) = I_0(\mathrm{e}^{qV_{\mathrm{A}}/nkT} - 1) \sim I_0\mathrm{e}^{qV_{\mathrm{A}}/kT} \quad 当 V_{\mathrm{A}} \gg kT/q \tag{10.3}$$

$$I_0 = qA\left(\frac{D_{\mathrm{N}}}{L_{\mathrm{N}}}\frac{n_{\mathrm{i}}^2}{N_{\mathrm{A}}} + \frac{D_{\mathrm{p}}}{L_{\mathrm{p}}}\frac{n_{\mathrm{i}}^2}{N_{\mathrm{D}}}\right) \tag{10.4}$$

式中,q 为电子电荷,V_{A} 为 p-n 结上的外加电压,T 为温度,n_{i} 为本征载流子浓度;D_{n}、L_{n} 和 N_{A} 分别为 n 型材料中的扩散常数、少子扩散长度和受主浓度;D_{p}、L_{p} 和 N_{D} 分别为 p 型材料中的扩散常数、少子扩散长度和施主浓度。假设压电势在结上的压降为 $\Delta\Psi$,应变条件下流过 p-n 结的电流为

$$I(\varepsilon) = I_0\big[\mathrm{e}^{(qV_{\mathrm{A}}+\Delta\Psi)/kT} - 1\big] \sim I_0\mathrm{e}^{\frac{qV_{\mathrm{A}}+\Delta\Psi}{kT}} \quad 当(V_{\mathrm{A}} + \Delta\Psi) \gg kT/q \tag{10.5}$$

应变引起的电流变化为[20]

$$\ln\left[\frac{I(\varepsilon)}{I(0)}\right] = \Delta\Psi/kT \tag{10.6}$$

当面内应力 σ_{xx} 施加在线上，纳米线在 y 方向和 z 方向不受限制。我们用有限元方法（COMSOL）来计算线中的应力和压电势分布[21]。一般而言，根据传统压电和弹性力学理论，体系的力学平衡和正压电效应可以由下列耦合本构方程描述：

$$\begin{cases} \sigma_p = c_{pq}\varepsilon_q - e_{kp}E_k \\ D_i = e_{iq}\varepsilon_q + \kappa_{ik}E_k \end{cases} \tag{10.7}$$

式中，σ 为应力张量，ε 为应变，E 为电场，D 为电位移；κ_{ik} 为介电常数，e_{iq} 为压电常数，c_{pq} 为力学刚性系数张量。考虑到纤锌矿结构的氧化锌晶体具有 C_{6v} 对称性，则 c_{pq}、e_{kp} 和 κ_{ik} 可以写为

$$c_{pq} = \begin{pmatrix} c_{11} & c_{12} & c_{13} & 0 & 0 & 0 \\ c_{12} & c_{11} & c_{13} & 0 & 0 & 0 \\ c_{13} & c_{13} & c_{13} & 0 & 0 & 0 \\ 0 & 0 & 0 & c_{44} & 0 & 0 \\ 0 & 0 & 0 & 0 & c_{44} & 0 \\ 0 & 0 & 0 & 0 & 0 & \dfrac{c_{11}-c_{12}}{2} \end{pmatrix} \tag{10.7a}$$

$$e_{kp} = \begin{pmatrix} 0 & 0 & 0 & 0 & e_{15} & 0 \\ 0 & 0 & 0 & e_{15} & 0 & 0 \\ e_{31} & e_{31} & e_{33} & 0 & 0 & 0 \end{pmatrix} \tag{10.7b}$$

$$\kappa_{ik} = \begin{pmatrix} \kappa_{11} & 0 & 0 \\ 0 & \kappa_{11} & 0 \\ 0 & 0 & \kappa_{33} \end{pmatrix} \tag{10.7c}$$

对氧化锌，我们有 $c_{11} = 207$ GPa，$c_{12} = 117.7$ GPa，$c_{13} = 106.1$ GPa，$c_{33} = 209.5$ GPa，$c_{44} = 44.8$ GPa 和 $c_{55} = 44.6$ GPa；相对介电常数分别为 $\kappa_{11} = 7.77$ 和 $\kappa_{33} = 8.91$，压电常数为 $e_{31} = -0.51$ C/m^2，$e_{33} = 1.22$ C/m^2 和 $e_{15} = -0.45$ C/m^2[21]。

电荷的静电行为可由泊松方程来描述：

$$\nabla \cdot D = \rho(x,y,z) \tag{10.8}$$

式中，D 为电位移，ρ 为电荷密度。对一维系统，上式可以简化为如下形式：

$$\kappa_{ik}\frac{\mathrm{d}^2\Delta\psi_i}{\mathrm{d}x^2} = -\kappa_{ik}\frac{\mathrm{d}\Delta E}{\mathrm{d}x} = -\rho \tag{10.8a}$$

式中，ψ_i 为电势；为简化计算，氧化锌的导电性在模拟中忽略不计，此假设仅适用于掺杂或空位浓度较低的情况，所以，

$$\nabla \cdot D = \rho(x,y,z) = 0 \qquad (10.8b)$$

为求解上述方程,我们还需要假设线中无体力的力学平衡条件:

$$\nabla \cdot \sigma = 0 \qquad (10.9)$$

同时应变 ε 必须满足下列相容方程的几何约束:

$$e_{ilm}e_{jpq}\frac{\partial^2 \varepsilon_{mp}}{\partial x_l \partial x_q} = 0 \qquad (10.10)$$

通过上述完全耦合方程[式(10.8)~式(10.10)]并加上适当的边界条件就可以给出对静态压电系统的完整描述。

假设纳米线受到沿 a 轴方向的均匀应力($\sigma_{xx} \neq 0$,其余 $\sigma = 0$)且只考虑正压电效应,则我们可以估计出沿 c 轴的电势最大值为

$$|\Delta\psi| \sim (e_{31}\varepsilon_{xx} + e_{31}\varepsilon_{yy} + e_{33}\varepsilon_{zz})L_\varepsilon/\kappa \qquad (10.11)$$

式中,e_{31} 和 e_{33} 为线性压电系数,ε_{xx}、ε_{yy} 和 ε_{zz} 分别为沿 a、b 和 c 轴的应变,L_ε 为受应变时线的有效长度。式(10.11)表明压电势与应变之间存在线性关系。通常情况下,我们可以预期 p-n 结的 $\ln\left[\dfrac{I(\varepsilon)}{I(0)}\right]$ 与应变之间呈线性关系[图10.4(d)]。

由泊松方程可以得到,界面附近氧化锌内的局域正压电势将导致能带弯曲以在氧化锌/氮化镓界面附近形成电子和空穴通道[图10.9(a)]。如图10.9(a)所示,我们可以通过假设压电电荷分布在 p-n 结附近宽度为 W_{piezo} 的区域内以求解泊松方程而得到压电势的分布:

$$\kappa_{ik}\frac{d^2 \Delta\psi_i}{dx^2} = -\Delta\rho(x) = -\rho_{piezo}(x) \qquad (10.12)$$

假设边界条件为压电电荷区域外满足 $\rho=0$,则可得

$$\Delta\psi(x) = \frac{1}{\kappa}\rho_{piezo}\left(W_{piezo} - \frac{x}{2}\right)x \qquad 当 \ 0 \leqslant x \leqslant W_{piezo} \qquad (10.12a)$$

$$\Delta\psi(x) = \frac{1}{2\kappa}\rho_{piezo}W_{piezo}^2 \qquad 当 \ x > W_{piezo} \qquad (10.12b)$$

电势分布如图10.10所示。应变下材料的能带分布为压电势和无应变时 p-n 结能带分布两者耦合叠加的结果(图10.9下图红线)。因此能带在界面附近将形成一个负的凹陷。如果在小距离中这个凹陷足够大,则在界面附近将产生电子和空穴通道。电子和空穴将分别被俘获在电子和空穴通道中。俘获的空穴可以增加从 p 型氮化镓注入 n 型氧化锌的空穴数目,这可增加界面附近电子和空穴之间的复合效率。联立求解式(10.1)、式(10.2)和式(10.6)可得出应变下发光二极管输出光强与应变下注入电流和外量子效率的关系:

$$\ln\left[\frac{\Phi_{out}(\varepsilon)}{\Phi_{out}(0)}\right] = \ln\left[\frac{I(\varepsilon)}{I(0)}\right] + \ln\frac{\eta_{ex}(\varepsilon)}{\eta_{ex}(0)} = \frac{\Delta\psi}{kT} + f(\varepsilon) \qquad (10.13)$$

式中,$\eta_{ex}(\varepsilon)$ 和 $\eta_{ex}(0)$ 分别对应有应变和无应变时发光二极管的外量子效率;k 为

玻尔兹曼常量；T 为温度；$f(\varepsilon)$ 代表应变对外量子效率的影响。可以预期 $\ln[\Phi_{out}(\varepsilon)/\Phi_{out}(0)]$-$\varepsilon$ 与 $\ln[I(\varepsilon)/I(0)]$-ε 和外应变之间呈线性关系，这也可从图 10.4(d) 的实验数据中看出。若复合效率可通过施加应变而增加，则可预期输出光强增加的速率大于电流增加的速率。

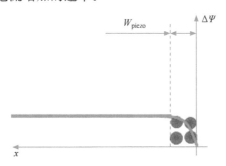

图 10.10　沿 x 轴的电势分布（氧化锌线的 $-c$ 轴），假设正电荷
（红点）分布在界面附近宽度为 W_{piezo} 的范围内

器件的发光增强因子大于注入电流增强因子[图 10.4(d)]，这表明随着应变的增加器件量子效率得到了提高[式(10.1)]。外量子效率增加的原因可能是由于氮化镓/氧化锌界面附近的局域正压电势可以产生载流子俘获通道[参见图 10.9(a)]。电子和空穴可以分别在导带和价带的俘获通道中被暂时地俘获和积累。由于氮化镓中常用的镁（Mg）受主掺杂物具有高活化能（约 200 meV），而氧化锌中具有较多电子，所以发光二极管的效率主要是由局域空穴浓度决定。被俘获的空穴可以增加从 p 型氮化镓注入 n 型氧化锌的空穴数目，这可以增加结区附近电子和空穴的复合效率而使得发光强度大幅增加。

需要指出的是，图 10.10 中的模型假定极化电荷分布在 p-n 结界面处。在此处的例子中，氮化镓也具有极性结构且极性方向与薄膜的法线方向平行。因此在这种情况下，无论氧化锌微米线的取向如何，由应变引起的压电电荷都分布在界面上。所以上述模型可被用于定性理解实验中得到的结果。

10.8　应变对光偏振的影响

通过比较不同应变下的光偏振可以对光弹效应进行研究。电致发光产生的光可以沿纳米线传播，并由于纳米线端面间的反射造成的干涉而在线内产生振荡。透射光强遵循艾里方程（Airy equation）[16]：

$$\Phi_T = \Phi_0 \frac{1}{1 + F\sin^2(\theta/2)} \tag{10.14}$$

$$\theta = 2\pi s/\lambda \tag{10.15}$$

$$F = 4R/(1-R)^2 \tag{10.16}$$

$$s = 2nL \tag{10.17}$$

式中，Φ_T 为电荷耦合器件探测到的透射光强度；Φ_0 为包括反射和透射光的总传播光强；R 为反射率，n 为折射率，L 为线的长度，s 为光程，λ 为光的波长。

研究表明氧化锌的折射率随应变变化，这将使到达线末端光的光程和透射光相位发生变化[18]：

$$s = s_0 + \Delta s = 2n_0 L + 2\Delta n L_\varepsilon = 2n_0 L + 2 \times \frac{1}{2} n^3 \beta \sigma L_\varepsilon \tag{10.18}$$

$$\sigma = E\varepsilon \tag{10.19}$$

式中，n_0 为无应变时的固有折射率，L 为线的总长度，L_ε 为应变下线的有效长度，β 为光弹系数，σ 为线上所受的外加应力，ε 为线的应变，E 为氧化锌的杨氏模量；发光二极管的自发发射具有不同角度的偏振，但沿氧化锌线方向传播的导引模式由 $P_\perp$ 模决定，此模式的偏振方向垂直于线方向。因此应变下氧化锌线中 $P_\perp$ 模光的艾里方程可写为

$$\Phi_{out}^\perp \sim \Phi_0^\perp \frac{1}{1 + F\sin^2\left[(2\pi n_0 L + \pi n_0^3 \beta E\varepsilon L_\varepsilon)/\lambda\right]} \tag{10.20}$$

式中，$\Phi_{out}^\perp$ 为电荷耦合器件探测到的 $P_\perp$ 模透射光强；$\Phi_0^\perp$ 为包括反射和透射光的总传输光强。由于氧化锌纳米线具有较大的长宽比，所以应变对 $P_\parallel$ 模光程的影响要远小于对 $P_\perp$ 模光程的影响。$\Phi_{out}^\parallel / \Phi_{out}^\perp$ 之比可以由以下方程描述：

$$\Phi_{out}^\parallel / \Phi_{out}^\perp(\varepsilon) \sim \left\{1 + \frac{4R}{(1-R)^2}\sin^2\left[\frac{\pi 2\pi n_0 L + \pi n_0^3 \beta E\varepsilon L_\varepsilon}{\lambda}\right]\right\} \tag{10.21}$$

根据上述方程，若光程的改变量等于一个波长(λ)，即

$$\delta s = n^3 \beta E(\delta\varepsilon)L_\varepsilon = \lambda \tag{10.22}$$

则相位将有 2π 的改变，这表明通过应变变化使 $\Phi_{out}^\parallel / \Phi_{out}^\perp$ 发生了一个周期的调制[参见图 10.11(b)]。因此，

$$\delta\varepsilon = \frac{\lambda}{n^3 \beta E} \frac{1}{L_\varepsilon} = b\frac{1}{L_\varepsilon} \tag{10.23}$$

式中，b 为图 10.11(d)中曲线的斜率。所以可得光弹系数为

$$\beta = \frac{\lambda}{bn^3 E} \tag{10.24}$$

图 10.11(d)中显示了应变变化周期 $\delta\varepsilon$ 与受应变时氧化锌线的等效长度倒数值($1/L_\varepsilon$)之间的关系。应变周期 $\delta\varepsilon$ 可从数值模拟中得到[图 10.11(b)]。四个应变周期 $\delta\varepsilon$ 分别为 0.031%、0.040%、0.057% 和 0.062%，且测得的等效长度分别为 $368.0~\mu m$、$335.1~\mu m$、$220.6~\mu m$ 和 $194.4~\mu m$；氧化锌和聚苯乙烯的杨氏模量分别约为 $129~GPa$ 和 $3~GPa$；从图中可见 $\delta\varepsilon$ 与 $1/L_\varepsilon$ 之间呈线性关系。从曲线斜率，我们可算出光弹系数为 $3.20 \times 10^{-12}~m^2/N$（波长为 $395~nm$）。

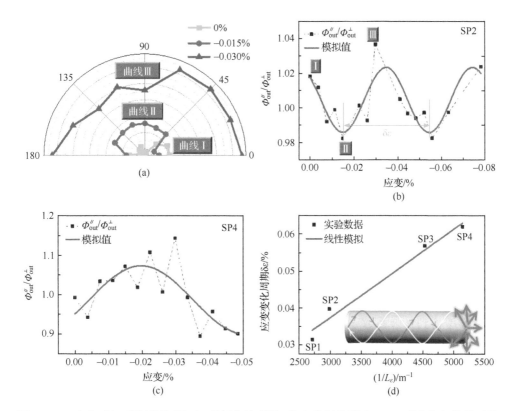

图 10.11　应变对(n 型氧化锌线)-(p 型氮化镓薄膜)发光偏振的影响。(a)不同应变条件下发光二极管输出光束剖面图与偏振角之间的关系。(b)不同应变条件下,图(a)中器件的 $\Phi_{out}^{//}/\Phi_{out}^{\perp}$。如图中所标示,图中各点对应于曲线Ⅰ～Ⅲ。光强比的变化周期定义为 δ_ε。(c)不同应变条件下器件 SP4 的 $\Phi_{out}^{//}/\Phi_{out}^{\perp}$。(d)测得的应变变化周期 δ_ε 与受应变的氧化锌线等效长度倒数之间的关系,插图给出了 $P_\perp$ 模在法布里-珀罗谐振腔(氧化锌线)中驻波的示意图[5]

　　氧化锌的折射率也可能随应变改变而变化,这就是光弹效应。我们通过比较研究不同应变下发射光的偏振情况对光弹效应进行了研究。图 10.11(a)中所示为单根线发光二极管的电致发光强度与偏振镜相对线取向的旋转角度之间的函数关系。如果 $\Phi_{out}^{//}$ 和 $\Phi_{out}^{\perp}$ 分别代表当偏振方向平行($P_{//}$ 模)和垂直($P_\perp$ 模)于氧化锌线时的发射光强度,那么,$\Phi_{out}^{//}/\Phi_{out}^{\perp}$ 与应变的依赖关系可以用正弦平方函数来拟合[图 10.11(b)(c),图 10.12],这可能对应了线中存在的法布里-珀罗腔共振现象,具体细节见下文。

　　发光二极管的自发辐射具有不同角度的偏振,但沿氧化锌线方向传播的导引模式由 $P_\perp$ 模决定。由于线内端面间反射造成的干涉效果,沿线传播的光可在线中形成振荡[图 10.11(d)插图]。应变下折射率的变化会影响传播光的光程长度,从而对线内的干涉模式和发光过程产生调制。另一方面,由于纳米线具有较大的

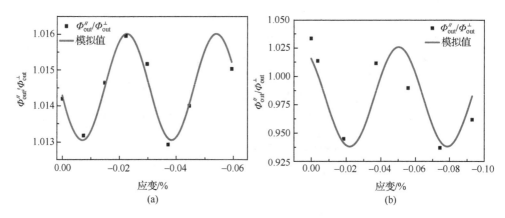

图 10.12　器件 SP1 和 SP3[如图 10.11(d)所示]的 $\Phi_{out}^{/\!/}/\Phi_{out}^{\perp}$ 与器件所受应变的关系
(a)SP1；(b)SP3

长径比(通常超过 100)，应变对 $P_{/\!/}$ 模光程的影响要远小于对 $P_{\perp}$ 模的影响。通过应用式(10.21)对图 10.11 和图 10.12 中的数据进行模拟，我们可从 $\delta\epsilon$-$(1/L_\epsilon)$ 曲线的斜率得到光弹系数 β 约为 3.2×10^{-12} m^2/N（在 395 nm 波长下），其中 $\delta\epsilon$ 是 $\Phi_{out}^{/\!/}/\Phi_{out}^{\perp}$ 发生振荡变化时的应变周期。此处所得的 β 值与相关报道中氧化锌的光弹系数值相符[17]。本项研究表明可以通过施加适当的外部应力在器件中导致应变以实现对单根线发光二极管发射光的偏振进行调制。

虽然我们的研究集中在单根线发光二极管上，我们也可以通过扫描印刷方法来制备极性可控的纳米线阵列器件[18]，制得的阵列中的所有纳米线都具有相同的 c 轴取向。我们可在聚合物基底上制备基于纳米线阵列的发光二极管器件以获得柔性发光二极管阵列。通过对阵列器件同步施加力学应变可以统一提高所有纳米线发光二极管的输出强度。此外，通过提高反射率、增加驱动电流、改善复合效率和解决发热问题等手段也可能获得电致偏振激光发射。

10.9　p 型氮化镓薄膜的电致发光特性

在本节中，我们将展示如何通过压电光电子学效应来调节镁掺杂的 p 型氮化镓薄膜的电致发光(EL)性能。我们通过应变产生的极化电荷来调节金属-半导体(M-S)界面处的少数载流子注入效率[19]。研究的器件具有 ITO-氮化镓-ITO 的金属-半导体-金属结构。对应于薄膜中不同的 c 轴取向，在不同的应变条件下，氮化镓薄膜电输运性质的变化趋势可分为两种类型。在一定的应变值下，器件的积分电致发光光强达到极值。这是由于界面处产生的压电电荷对少数载流子注入效率调制的结果。波长在 430 nm 的蓝光电致发光的外量子效率在应变变化时改变了

5.84%,其变化比绿光 540 nm 峰相应的变化大一个数量级。上述结果表明,同与 p 型氮化镓薄膜中深受主态相关的电致发光过程相比,与浅受主态相关的电致发光过程受压电光电子学效应的影响更为明显。这项研究对那些在工作环境中无法避免机械形变的氮化镓光电器件,如柔性可印刷的发光二极管,具有很大的实际应用意义。

10.9.1　压电光电子学效应对发光二极管的影响

我们在镁掺杂 p 型氮化镓薄膜上制备透明 ITO 电极以形成金属-半导体-金属 (M-S-M)结构。当对器件施加恒定电压时,在不同应变状态下,取决于薄膜 c 轴的方向,通过氮化镓薄膜的电流可以逐步地增加或减少。这是由应变产生的局域压电电荷对金属-半导体接触处的肖特基势垒高度进行调节而造成的。通过压电电荷对少数载流子注入效率的调制,电极下金属-半导体界面处的电致发光强度也同样受到该区域应变产生的压电电荷的调节。实验中也观测到积分发光强度出现极值情况。相比于与深受主态相关的波长在 540 nm 的电致发光,与浅受主态相关的波长在 430 nm 处的电致发光受压电光电子学效应的影响更大。这项研究对氮化镓薄膜在光电器件中的应用十分重要。

用于本研究工作中的镁掺杂 p 型氮化镓薄膜通过低压金属有机化学气相沉积 (MOCVD)生长在蓝宝石(0001)基底上的。样品经退火步骤以激活受主。薄膜中的镁浓度约 $3 \times 10^{19}/cm^3$,自由空穴浓度约为 $8 \times 10^{17}/cm^3$。尺寸为 2 mm×2 mm 的 ITO 电极沉积在氮化镓薄膜表面上。两电极之间的距离约为 1 ~ 2 mm。实验装置如图 10.13(a)所示。基底一端固定在样品台上。固定好的圆柱放置在基底下两电极之间的位置以支撑基底。数字移动控制器控制的三维(3D)直流电机线性移动台被用来推动基底的自由端以在氮化镓薄膜中引入应变。通过将薄膜面朝上或朝下放置可以使薄膜在平行于薄膜平面的方向受到拉伸或压缩。Keithley 4200 半导体表征系统被用来进行电学测量。光纤耦合光栅光谱仪[Acton SP-2356 Imaging Spectrograph,普林斯顿仪器(Princeton Instruments)]被放置在电极附近圆柱上方的区域,用以记录电致发光光谱数据。上述装置可以保证施加应变时光纤和薄膜之间的距离保持一致。不同应变条件下通过氮化镓薄膜的电流和相应的电致发光光谱被同时记录下来。

实验结果表明,当在两 ITO 电极之间施加恒定电压时,对应不同的应变,测量得到的通过氮化镓薄膜的电流可以逐步地被改变。尽管所有器件的电流测量值和所受应变之间均呈线性关系,这些结果依然可以被分成具有相反变化趋势的两组。如图 10.13(b)所示,第一组中的器件电流随应变增加而减小;如图 10.13(c)所示,第二组中的器件电流随应变增加而变大。为了将测量数据与薄膜晶体的极性方向关联起来,我们用日立 HF-2000 透射电子显微镜(TEM)于 200 kV 条件下对薄膜

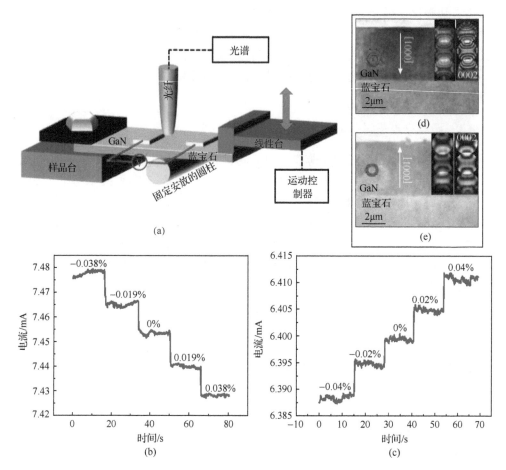

图 10.13 （a）实验装置示意图。在恒定电压下，应变增加时通过氮化镓薄膜的电流逐步（b）减少或（c）增加。具有前者变化行为的器件分为第一组，具有后者变化行为的器件分为第二组。（d）和（e）分别为具有这两组特性的氮化镓薄膜结构对应的透射电镜图像。插图左边部分为取自图中红圈区域的会聚束电子衍射（CBED）图像；右边为对应的模拟图像[19]

进行了表征。为了同时获得氮化镓薄膜和蓝宝石基底的表征数据，我们制备了薄膜的横截面样品。会聚束电子衍射（CBED）技术是确定薄膜极性方向的独特方法。如图 10.13(d)和图 10.13(e)所示，利用此技术并且参考模拟的会聚束电子衍射图像，所得到的结果表明图 10.13(b)和图 10.13(c)中的两种不同特性分别对应了氮化镓薄膜相对蓝宝石基底 c 轴正反双向分别取向的情况。这两个薄膜的结构均为厚度约 4 μm 的单晶。氮化镓薄膜和蓝宝石之间的界面清晰可见。唯一不同的是，在第一组中氮化镓薄膜的 c 轴向下指向基底，而在第二组中氮化镓薄膜的 c 轴向上指离基底。

10.9.2　理论模型

　　下面,我们以第一组情况为例来说明实验中在观测到的电流与薄膜所受应变之间的依赖关系中,氮化镓薄膜的 c 轴取向如何起着关键的作用。如图 10.14(a)所示,两个 ITO 电极和氮化镓薄膜间形成金属-半导体-金属结构。由于 ITO 的功函数和氮化镓的亲和势之间的差异,在器件中的两个金半接触处形成了两个肖特基势垒(ϕ_0)。当电压施加到电极间时,通过器件的电流路径示意图如图 10.14(a)中绿色虚线所示(或当外加电压极性改变时具有相反的方向)。当基底弯曲时薄膜受到平行于薄膜平面的拉伸应变[图 10.14(b)],则在氮化镓薄膜的顶部和底部表面产生净的压电电荷。如图 10.14(b)所示,根据这种情况下的 c 轴方向可知在氮化镓薄膜顶部表面两个 ITO-氮化镓接触区域将产生正压电电荷。因此,这两个接触处的肖特基势垒高度都得到了增加(ϕ_s,这里 $\phi_s > \phi_0$)(注,氮化镓为 p 型)。因此在恒定电压下,流过氮化镓薄膜的电流会减少。对应地,当基底弯曲时薄膜受到平行于薄膜平面的压缩应变[图 10.14(c)],在氮化镓薄膜顶部表面将产生净的负压电电荷,所以接触处的肖特基势垒高度会减小(ϕ_s,这里 $\phi_s < \phi_0$)而导致流经薄膜的电流增加。

　　第二组器件中的氮化镓薄膜 c 轴朝上指离基底。因此当薄膜受到平行于薄膜平面的拉伸应变时,氮化镓薄膜顶部表面产生净的负压电电荷。所以两个接触处的肖特基势垒高度同时降低,以致通过氮化镓薄膜的测量电流随应变增加而变大。图 10.13(d)中所示为实验中观测的结果。同理可以解释薄膜受到平行于薄膜平面的压缩应变情况的实验数据。

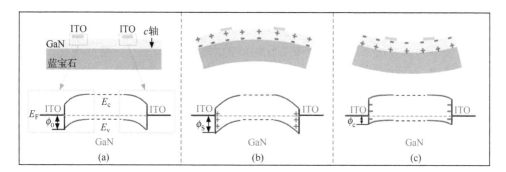

图 10.14　(a)器件结构和相应的能带图,两个金半接触处形成两个肖特基势垒(ϕ_0),这里我们以氮化镓薄膜的 c 轴指向下方的基底为例;(b)当氮化镓薄膜受沿平行于薄膜平面方向的拉伸应变时,氮化镓薄膜顶部表面产生正压电电荷,从而提高肖特基势垒高度(ϕ_s);(c)当薄膜受沿平行于薄膜平面方向的压缩应变时,氮化镓薄膜顶部表面产生负压电电荷,从而降低了肖特基势垒高度(ϕ_c)[19]

10.9.3　发光特性分析

我们对不同应变条件下正偏电极区域(即氮化镓薄膜比 ITO 具有较高的电势)的电致发光光谱进行了记录。实验中可以观测到两个主要发光峰。如图 10.15(a)所示,位于 430 nm 处的发光峰对应导带或浅施主能级与镁浅受主能级之间的发光[20, 21]。如图 10.15(b)所示,另一个位于 540 nm 的发光峰对应了深层镁受主参与的发光过程[22, 23]。两幅图中的插图对应了恒定电压下电流在不同应变下的变化。从这些结果可以看到电流随应变增加而下降,由上一节中的讨论可知,这表明此时氮化镓薄膜的 c 轴向下指向蓝宝石基底。当施加的应变或者流经氮化镓薄膜的电流发生改变时,这两个波长的发光能量都没有发生偏移。测得的电流与应变之间呈线性关系,但电致发光光谱积分强度却具有"V"形形状,如图 10.15(c)中插图所示。具体来讲,首先,当应变增加,由于测量电流下降使得电致发光光谱积分强度减小。其次,随着应变的进一步增加和电流的不断减小,谱积分强度先达到最小值然后逐渐增加。如图 10.15(c)所示,我们可以将电致发光光谱积分强度与测得电流之间的比例定义为外量子效率,并以最小值作参照将其归一化以方便比较。除了观测到最小值外,另一个非常有趣的现象是,应变变化导致 430 nm 处的蓝光电致发光发射的外量子效率改变了 5.84%,而对应的 540 nm 处的发光过程的外量子效率却只被改变了 0.54%,这与前者相比小了一个数量级。从这个结果来看,同与深受主态相关的发光过程相比,与浅受主态有关的发光过程受金半接触界面环境的影响看起来更为敏感。对此现象机制的研究仍在继续进行中。

我们知道通过氮化镓薄膜的电流强度对电致发光的强度起着非常重要的作用。但它并不是唯一的决定因素。如图 10.15(d)所示,为了详细阐述这点,我们使用两种不同的方法来比较由电流变化引起的电致发光谱积分强度的变化。在第一种方法中,不同的电流被施加在器件上。电致发光光谱积分强度与所加的电流之间具有线性关系。在第二种方法中,施加的电压保持恒定。然后,通过在氮化镓薄膜中引入不同的应变器件的传输电流可以得到调节。在这种情况下,电致发光光谱积分强度存在一个最低值。在比较这两种情况时,非常有趣的现象是,即使在相同电流条件下,这两种不同的方法中的电致发光光谱积分强度明显不同。这表明当薄膜内存在应变时,存在某些因素使得造成发光和非辐射过程的电流值之间的比例发生改变。ITO/氮化镓界面上由应变引起的压电电荷被认为是造成这一现象的主要因素。

如图 10.16(a)所示,在 ITO/氮化镓的界面处形成了肖特基势垒。为激发电致发光,肖特基二极管处于正向偏置。如图 10.16(b)所示,在我们的实验中,器件通常工作在高电压条件下(大于 20 V),因此我们可以使用平带条件。通过 ITO/

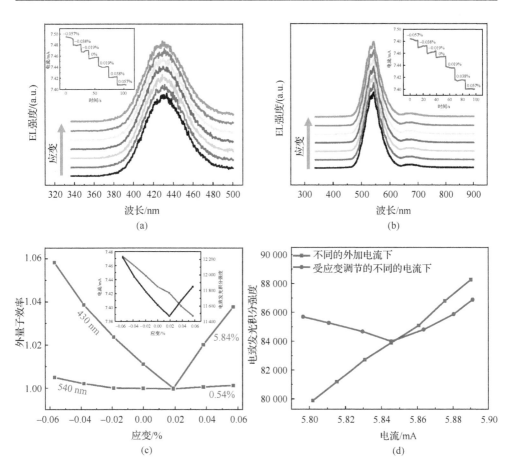

图 10.15　恒定电压下氮化镓薄膜受不同应变时在(a) 430 nm 和（b) 540 nm 的电致发光光谱；为清晰显示图中的纵轴进行了移动，插图为对应的测量电流响应；(c) 不同应变下 430 nm 和 540 nm 处发光的外量子效率，插图为对应于(a)中数据的不同应变条件下电流变化与电致发光积分强度之间的关系；(d)由两种不同方法造成的电流变化导致的电致发光积分强度的变化[19]

氮化镓界面的电流分为两部分：从氮化镓流向 ITO 的空穴电流和从 ITO 流向氮化镓的电子电流。对电致发光发射过程而言，我们更感兴趣的是后者(即少数载流子)注入到 p 型氮化镓的过程。如图 10.16(b)所示，注入的少数载流子可以与氮化镓内的空穴发生辐射复合。因此，界面处的少数载流子注入效率对发光效率而言非常重要[24]。如图 10.16(c)所示，当氮化镓薄膜受到平行于薄膜表面的拉伸应变时($\varepsilon > 0$)，ITO/氮化镓界面处产生正压电电荷，因此对于空穴而言，肖特基势垒高度(ϕ_S)得到增加，而对从 ITO 注入到氮化镓的电子而言势垒高度下降。同时界面处氮化镓内的正压电电荷会吸引更多的电子从 ITO 侧扩散而来。以上两个因素都会提高少数载流子的注入效率并进而提高发光效率。这就是造成实验所观察到的现象的原因,如图 10.16(c)中结果所示,虽然通过的氮化镓薄膜的总电流在逐步缩小,但在一定的应变条件下电致发光光谱积分强度开始增加。从此点开始,虽然器件的总电流减少,但由于 ITO/氮化镓界面处电子注入效率的提高使得对电致发光过程有贡献的这部分电流在增加,这源于此区域产生的正压电电荷即压电光电子学效应造成的影响。当氮化镓薄膜受到平行于薄膜表面方向的压缩应变时($\varepsilon < 0$),ITO/氮化镓界面产生负压电电荷,如图 10.16(d)所示。这导致界面注入电子面临的势垒增加,且氮化镓内的负压电电荷会阻碍电子的继续注入。因此,此时少数载流子的注入效率下降,并导致了发光效率的降低。这就是氮化镓薄膜被压缩时,即使在相同的电流条件下同一器件中电致发光光谱积分强度比无应变状态时低的原因。我们之前的理论模拟预测应变引起的压电电荷可以在 p-n 结界面调节少数载流子的注入[25]。在这里,我们的实验结果表明这一原理也同样适用于在金属-半导体接触界面形成的肖特基势垒。

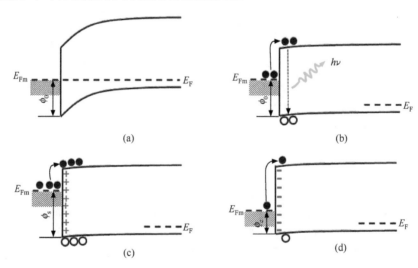

图 10.16　可能的工作机制:(a)ITO/氮化镓界面形成肖特基势垒;(b)正向偏置下,注入的少数载流子可以与空穴复合从而在氮化镓内产生光辐射;(c)当氮化镓薄膜受到平行于薄膜表面方向的拉伸时,界面处产生正压电电荷,从ITO 到氮化镓的电子注入效率增加,从而提高发光效率;(d)当氮化镓薄膜受到平行于薄膜表面方向的压缩时,界面处出现负压电电荷,电子注入效率下降,从而降低发光效率[19]

　　为了进一步验证我们提出的机制,在保持通过氮化镓薄膜的电流恒定时,我们研究了不同应变条件下电致发光光谱积分强度的变化,结果如图 10.17 所示。在这种情况下,电流变化对电致发光光谱积分强度的影响被排除了。此时的主导因素是少数载流子的注入效率。电致发光谱积分强度与应变之间呈线性关系。这意味着当氮化镓薄膜受到平行于薄膜表面方向的拉伸应变时,ITO/氮化镓界面处产生的正压电电荷将增加少数载流子注入对总电流的贡献并进而提高发光效率。而当氮化镓薄膜受到平行于薄膜表面方向的压缩应变时,界面处产生的负压电电荷将减少少数载流子注入对总电流的贡献而导致发光效率降低。这符合我们提出的机制。在这种情况下,当消除电流改变对发光过程的影响后,受不同应变条件时由于压电光电子学效应的作用,器件 430 nm 波长发光的电致发光谱积分强度变化了 2.11%,且 540 nm 波长发光的电致发光谱积分强度变化了 0.21%。由于此时电流保持恒定,因此这些变化即为外量子效率的变化。

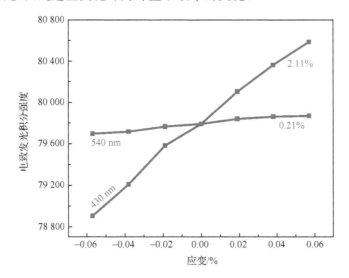

图 10.17　恒定电流施加在器件上时,电致发光光谱积分强度与所加应变之间呈线性关系[19]

10.10　总　　结

作为一种经典器件,发光二极管的性能由 p-n 结的结构和半导体材料的特性决定。一旦发光二极管器件制备好后,其效率主要取决于器件中的局域载流子浓度及载流子在结区附近停留的时间。传统上后者是通过生长量子阱或利用内建电极化分别在导带和价带"俘获"电子和空穴来实现控制。与使用此预制结构不同的是,我们通过在氧化锌中引入应变产生的压电势来控制氧化锌-氮化镓界面的载流子传输过程,并首次演示了性能由压电效应控制的发光二极管[5]。固定电压下通过施加 0.093% 的压缩应变条件,器件的发光强度和注入电流分别被增强了 17 倍和 4 倍,且器件相应的转换效率比无应变情况时提高了 4.25 倍！器件的外量子效率也达到了 7.82%。如此大幅改善的器件性能不仅仅是由能带结构变化引起的注入电流增加而造成的,更重要的是由于在异质结界面处产生的空穴俘获通道对外量子效率的大幅提高。紫外光与可见光比率的增加和发光峰的稳定性表明外应变提高了器件的光谱质量。此外,输出光的偏振也可由压电光电子学效应调制。这些结果不仅在探索机械、电子和光学特性之间的三元耦合以研究压电光电子学效应方面非常重要,而且可以显著地提高发光二极管的效率和性能,并且在利用压电性能来设计多种基于氧化锌和氮化镓的光电器件方面也十分重要。

最后,我们研究了压电光电子学效应对氮化镓薄膜电致发光过程的影响。我们通过在薄膜上沉积透明 ITO 电极在器件中形成金属-半导体-金属结构。当施加的外应力导致氮化镓薄膜产生应变时,ITO/氮化镓界面处产生的压电电荷会改变肖特基势垒高度。根据氮化镓薄膜 c 轴取向的不同,器件的电流传输特性可能存在两种变化趋势。压电电荷同时也可以改变金半接触界面处的少数载流子注入效率并导致对电致发光强度的调制。相比于 p 型氮化镓薄膜中与深受主态相关的电致发光过程,压电光电子学效应对涉及浅受主态的电致发光过程的影响更为明显。氮化镓是光电子器件中的主流材料,而这项研究则提供了对氮化镓性质和应用更深入的了解,这项研究的结果对未来柔性光电子应用领域也具有非常重要的意义。

参 考 文 献

[1]　Fujii T, Gao Y, Sharma R, Hu E L, DenBaars S P, Nakamura S. Increase in the Extraction Efficiency of GaN-Based Light-Emitting Diodes via Surface Roughening. Applied Physics Letters, 2004, 84 (6): 855-857.

[2]　Duan X, Huang Y, Agarwal R, Lieber C M. Single-Nanowire Electrically Driven Lasers. Nature, 2003, 421: 241-245.

[3]　Zimmler M A, Stichtenoth D, Ronning C, Yi W, Narayanamurti V, Voss T, Capasso F. Scalable Fabrication of Nanowire Photonic and Electronic Circuits Using Spin-on Glass. Nano Letters, 2008, 8 (6): 1695-1699.

[4]　Xu S, Xu C, Liu Y, Hu Y F, Yang R S, Yang Q, Ryou J H, Kim H J, Lochner Z, Choi S, Dupuis R, Wang Z L. Ordered Nanowire Array Blue/Near-UV Light Emitting Diodes. Advanced Materials, 2010, 22 (42): 4749-4753.

[5]　Yang Q, Wang W H, Xu S, Wang Z L. Enhancing Light Emission of ZnO Microwire-Based Diodes by Piezo-Phototronic Effect. Nano Letters, 2011, 11 (9): 4012-4017.

[6]　Bao J M, Zimmler M A, Capasso F, Wang X W, Ren Z F. Broadband ZnO Single-Nanowire Light-Emitting Diode. Nano Letters, 2006, 6 (8): 1719-1722.

[7]　Weintraub B, Wei Y G, Wang Z L. Optical Fiber/Nanowire Hybrid Structures for Efficient Three-Dimensional Dye-Sensitized Solar Cells. Angewandte Chemie International Edition, 2009, 48 (47): 8981-8985.

[8]　Shi L B, Cheng S, Li R B, Kang L, Jin J W, Li M B, Xu C Y. A Study on Strain Affecting Electronic

Structure of Wurtzite ZnO by First Principles. Modern Physics Letters B, 2009, 23 (19): 2339-2352.

[9] Shan W, Walukiewicz W, Ager J W, Yu K M, Zhang Y, Mao S S, Kling R, Kirchner C, Waag A. Pressure-Dependent Photoluminescence Study of ZnO Nanowires. Applied Physics Letters, 2005, 86(15): 153117.

[10] Davydov V Y, Averkiev N S, Goncharuk I N, Nelson D K, Nikitina I P, Polkovnikov A S, Smirnov A N, Jacobsen M A, Semchinova O K. Raman and Photoluminescence Studies of Biaxial Strain in GaN Epitaxial Layers Grown on 6H – SiC. Journal of Applied Physics, 1997, 82 (10): 5097-5102.

[11] Suzuki M, Uenoyama T. Strain Effect on Electronic and Optical Properties of GaN/AlGaN Quantum-Well Lasers. Journal of Applied Physics, 1996, 80 (12): 6868-6874.

[12] Wang Z L. Piezopotential Gated Nanowire Devices: Piezotronics and Piezo-Phototronics. Nano Today, 2010, 5: 540-552.

[13] Pan Z W, Dai Z R, Wang Z L. Nanobelts of Semiconducting Oxides. Science, 2001, 291: 1947-1949.

[14] Cha S N, Seo J S, Kim S M, Kim H J, Park Y J, Kim S W, Kim J M. Sound-Driven Piezoelectric Nanowire-Based Nanogenerators. Advanced Materials, 2010, 22 (42): 4726-4730.

[15] Wang X D, Zhou J, Song J H, Liu J, Xu N S, Wang Z L. Piezoelectric Field Effect Transistor and Nanoforce Sensor Based on a Single ZnO Nanowire. Nano Letters, 2006, 6 (12): 2768-2772.

[16] Yang Y, Qi J J, Liao Q L, Li H F, Wang Y S, Tang L D, Zhang Y. High-Performance Piezoelectric Gate Diode of a Single Polar-Surface Dominated ZnO Nanobelt. Nanotechnology, 2009, 20: 125201.

[17] Ebothe J, Gruhn W, Elhichou A, Kityk I V, Dounia R, Addou A. Giant Piezooptics Effect in the ZnO-Er^{3+} Crystalline Films Deposited on the Glasses. Optics & Laser Technology, 2004, 36 (3): 173-180.

[18] Zhu G A, Yang R S, Wang S H, Wang Z L. Flexible High-Output Nanogenerator Based on Lateral ZnO Nanowire Array. Nano Letters, 2010, 10 (8): 3151-3155.

[19] Hu Y F, Zhang Y, Wang S H, Lin L, Ding Y, Zhu G, Wang Z L. Piezo-Phototronic Effect on Electroluminescence Properties of p-Type GaN Thin Films. Nano Letters, 2012, 12 (7): 3851-3856.

[20] Kaufmann U, Kunzer M, Maier M, Obloh H, Ramakrishnan A, Santic B, Schlotter P. Nature of the 2.8 eV Photoluminescence Band in Mg-Doped GaN. Applied Physics Letters, 1998, 72: 1326.

[21] Qu B Z, Zhu Q S, Sun X H, Wan S K, Wang Z G, Nagai H, Kawaguchi Y, Hiramatsu K, Sawaki N. Photoluminescence of Mg-Doped GaN Grown by Metalorganic Chemical Vapor Deposition. Journal of Vacuum Science & Technology A, 2003, 21 (4): 838-841.

[22] Neugebauer J, Van de Walle C G. Gallium Vacancies and the Yellow Luminescence in GaN. Applied Physics Letters, 1996, 69 (4): 503-505.

[23] Van de Walle C G. Interactions of Hydrogen with Native Defects in GaN. Physical Review B, 1997, 56 (16): R10020-R10023.

[24] Dean P J, Inoguchi T, Mito S, Pankove K I, Park Y S, Shin B K, Tairov Y M, Vodakov Y A, Wagner S. Topics in Applied Physics // Pankove K I. Electroluminescence. Berlin, Heidelberg, New York: Springer-Verlag,1977.

[25] Zhang Y, Liu Y, Wang Z L. Fundamental Theory of Piezotronics. Advanced Materials, 2011, 23(27):3004-3013.

第 11 章　压电光电子学效应在光电化学过程和能源存储中的应用

光电化学过程(PEC)是光解水以及相关能源存储的基础。影响光电化学过程效率的关键是电荷的产生和分离过程。本章中我们将讨论两个例子。第一项研究阐述了压电效应对光电化学过程的影响[1]，具体来说即当氧化锌阳极受到拉伸或压缩应变时，器件中的光电流持续地增大或减小。观测到的光电流变化是由氧化锌/电解质界面处的势垒高度改变而引起的。在第二个例子中我们研究了电池内锂离子在压电势驱动下的扩散，并展示了基于此的自充电功率源器件。该自充电功率源器件利用集成于一体的纳米发电机和电池直接将机械能转换成化学能，有可能提高能源的有效利用效率。

11.1　光电化学过程的基本原理

图 11.1 中描述了基本的光电化学过程。该系统是由 n 型半导体直接与电解质溶液形成界面构成的。铂作为对电极。在半导体与电解质的界面形成一个自然的肖特基势垒(势垒高度为 ϕ_B)。当界面受到能量大于半导体带隙的光子入射时，材料中会产生电子空穴对。由于能带倾斜，激发的电子趋于在导带内向半导体侧漂移。由于器件两侧的费米能级存在差别，这些电子将进一步通过外部负载传输到铂对电极。而空穴则同时向电解液漂移。如果空穴能量对应的电位高于氧化电位，则可以引发氧化过程使 A 转换为 A^+；若还原电位低于铂费米能级对应的电位，则电子会在铂电极侧被 A^+ 重新俘获而使得 A^+ 还原为 A，这就是通过氧化还

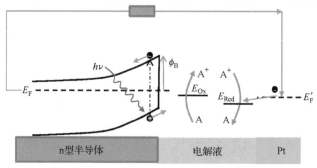

图 11.1　阐述光电化学过程基本原理的能带图

原反应将光子能量转换为电能的过程。

11.2　压电势对光电化学过程的影响

在图 11.1 所示的过程中，如果氧化电位 E_{Ox} 明显高于固液界面处半导体的价带边，则空穴无法从半导体向电解质漂移。在这种情况下，电荷交换无法发生，因此氧化还原过程也无法进行[图 11.2(a)]。对压电半导体而言，如图 11.2(b)所示，如果半导体薄膜受到拉伸应变时直接与电解质接触的一侧具有较低的压电势，则价带边将向上提升而趋近氧化电位 E_{Ox}。此时空穴将有足够的能量来触发氧化过程。与此同时，电解液侧大幅升高的导带将使导带电子向 ITO 侧加速漂移。此外，氧化锌-ITO 接触处的价带降低，这使得对电子输运而言局部电阻或阈值电压减小。上述这些过程均有利于提高光电化学过程的效率。

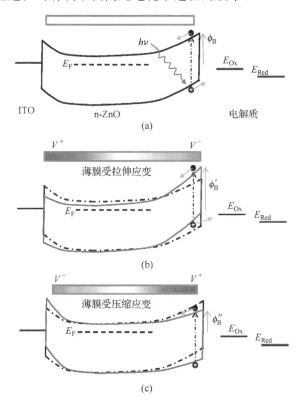

图 11.2　半导体中的压电势对光电化学过程的影响。（a）无压电势条件下的光电化学过程能带结构；（b）薄膜受拉伸应变下的光电化学过程能带结构，此时直接与电解质接触的一侧具有较低的压电势；（c）薄膜受压缩应变下的光电化学过程能带结构，此时直接与电解质接触一侧具有较高的压电势

相对应的,如图 11.2(c)所示,通过将薄膜所受的应变转变为压缩应变,则电解质界面处的压电势是高的,由此导致的价带降低将使空穴能量减小而可能无法有效地引起氧化还原过程,或者至少相应的氧化还原反应效率会降低。此外,电解质侧平缓的导带会降低电子向 ITO 漂移的速度。ITO 侧升高的导带则会增加阈值电压与局部电阻。所有这些过程均会大幅降低光电化学过程的效率。

11.3　光电化学太阳能电池

11.3.1　电池设计

压电光电化学(PZ-PEC)电池中的阳极通过在 ITO/PET 基底上溅射氧化锌薄膜(厚约 1 μm)制备而得。制得的氧化锌薄膜的电阻率约为 $10^7 \Omega \cdot$ cm。这个电阻率使得氧化锌薄膜发生形变后可产生明显的压电势,同时也为器件在光照下进行水氧化提供了合适的导电性。器件及测量装置示意图如图 11.3(a)所示。

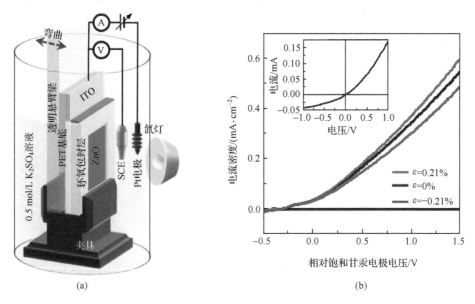

图 11.3　压电氧化锌作为光电阳极的光电化学电池的基本原理。(a)基于氧化锌的压电光电化学(PZ-PEC)半电池的装置原理。此装置用于表征与压电效应相关的水分解反应;(b)氧化锌薄膜中存在和不存在应变时氧化锌光电化学电池的伏安曲线和暗电流密度(由文献[1]供图)

我们在氧化锌阳极受应变和不受应变时对压电光电化学器件氧化锌阳极的伏安特性进行了测量。在零应变条件[图 11.3(b)中黑线]且光强为 100 mW/cm^2 下,对器件偏置相对饱和甘汞电极(SCE)为 1.5 V 的外加电势时,器件的光电流密度(J_{ph})为 0.54 mA/cm²,这显示了器件具有相当大的水氧化速率。在偏置电位处在 -0.5 V 至 1.5 V 之间时(相对饱和甘汞电极),器件的暗电流保持在非常低的水平(约 5 μA/cm²),这表明氧化锌具有高质量的表面。

随后我们对氧化锌阳极受应变时器件的伏安曲线进行了测量。如图 11.3(b)所示,当器件受到 0.21% 的拉伸应变时,我们观测到器件的光电流(I_{ph})得到增强。在对器件偏置相对饱和甘汞电极为 1.5 V 的电势和光强为 100 mW/cm² 时,由于拉伸应变,J_{ph} 从约 0.54 mA/cm² 增至约 0.6 mA/cm²。从伏安曲线中可以计算出最大效率并得出效率提高了约 10.2%。当对器件施加 0.21% 的压缩应变时,我们可以观察到相反的效应,即 J_{ph} 被减小[图 11.3(b)蓝线],且效率下降最大为约 8.5%(从 0.06% 减至 0.055%)。

11.3.2　压电光电子学效应对光电化学过程的影响

图 11.4(a)和图 11.4(b)显示了当氧化锌阳极受到周期性的固定应变时对应测得的 J_{ph} 值[1]。其中所加偏置大小为相对饱和甘汞电极 1.5 V。当光照强度为 100 mW/cm² 时,如果器件受到的压缩应变为 -0.12%,则 J_{ph} 从 542 μA/cm² 下降到 509 μA/cm²。当光照强度为 50 mW/cm² 时,若器件受到的拉伸应变为 0.12%,则 J_{ph} 从 269 μA/cm² 增加到 287 μA/cm²。当光强为 50 mW/cm² 时,施

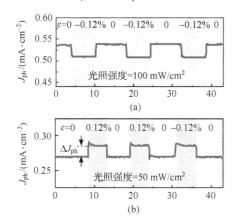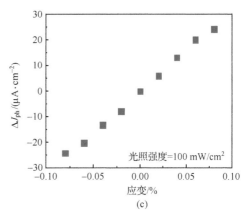

图 11.4　氧化锌在受静态应变条件下光电化学电池的性能。(a)外加相对饱和甘汞电极为 1.5 V 的固定偏置时,氧化锌压电光电化学电池受周期性压缩应变(-0.12%)下的光电流密度(J_{ph})。施加应变区域用浅绿色标出。其光照强度为 100 mW/cm²。(b)光照强度为 50 mW/cm² 条件下,外加相对饱和甘汞电极为 1.5 V 的固定偏置下器件受周期性拉伸应变时的光电流密度 J_{ph};由于光强度较低,在应变施加和释放时,可以观察到 J_{ph} 中有一些电流尖峰产生。(c)光照强度为 100 mW/cm² 条件下,光电流密度变化(ΔJ_{ph})和施加应变的关系。背景 J_{ph} 为 540 μA/cm²,外加偏置相对饱和甘汞电极为 1.5 V(由文献[1]供图)

加和释放应变,可以观察到测得的 J_{ph} 结果中会出现一些电流尖峰[图 11.4(b)]。应变引起的 J_{ph} 响应迅速并具有高度重复性。更重要的是,J_{ph} 的变化(ΔJ_{ph})不随时间变化而改变。在应变作用时数百秒的观测区间内 J_{ph} 没有发生衰减。因此,ΔJ_{ph} 被定义为器件受应变时和不受应变时的 J_{ph} 基线之间的差异。从图 11.4(c)所示结果可见 ΔJ_{ph} 和应变之间呈近线性关系,图中所有数据均是在光强为 100 mW/cm² 的条件下测得。

11.4　压电势对机械能到电化学能量转化过程的影响

通常电能的产生和存储是由两个不同的分立物理器件完成的两个独立的过程——先将机械能转化为电能,再将电能转化为化学能以进行存储。纳米发电机可以有效地将机械能转化为电能。锂离子电池则用于进行电能存储[2,3,4]。在锂离子电池中,通过外加电压驱动下锂离子的迁移以及在电池阳极和阴极的后续电化学反应,电能被转化成化学能而实现存储[5]。我们建立了将以上这两个独立过程直接复合为一个过程的基本机理,通过这个复合过程,机械能可以被直接转化并同时以化学能的形式实现存储,因此纳米发电机和电池被复合集成为一个单元器件[6]。这种集成自充电功率源器件(self-charging power cell, SCPC)可以利用周围环境中的机械形变和振动直接进行充电,为开发新型便携式移动电源以实现自供能系统和便携式个人电子器件提供了全新的方法。如此将一个两步走的过程简化为一步走的过程,可能会大大提高能源的利用效率。

11.4.1　自充电功率源器件的工作原理

自充电功率源器件的工作原理基于由形变产生的压电势对电化学过程的驱动作用(图 11.5)[6]。如图 11.5(a)所示,在起始阶段器件处于放电状态。在初始制得的器件结构中,钴酸锂(LiCoO₂)作为正极(阴极)材料,二氧化钛纳米管作为负极(阳极)材料,作为电解质的六氟磷酸锂均匀分布在整个器件内的空间。与两个电极都紧密接触的聚偏氟乙烯(PVDF)膜作为电池中的隔膜。整个电池的各部分材料中,聚偏氟乙烯具有最小的杨氏模量(聚偏氟乙烯在电解质溶剂中的杨氏模量约为 1.2 GPa;二氧化钛的杨氏模量为 100 GPa(Y_a)和 266 GPa(Y_c);钴酸锂的杨氏模量约为 70 GPa;钛箔的杨氏模量为 100～110 GPa;铝箔的杨氏模量为 69 GPa)。因此如图 11.5(b)所示,当器件受到压缩应力时,聚偏氟乙烯膜将受到最为显著的压缩应变。为了使器件受到压缩应变时载流子能得以分离,我们特意选择聚偏氟乙烯的极性取向使得受应变时在阴极(钴酸锂)产生正压电势,且在阳极(二氧化钛)产生负压电势。如图 11.5(c)所示,为了屏蔽压电场,电解质中的锂离子在受到由阴极指向阳极的压电势场驱动下将在用于离子传导的聚偏氟乙烯隔膜

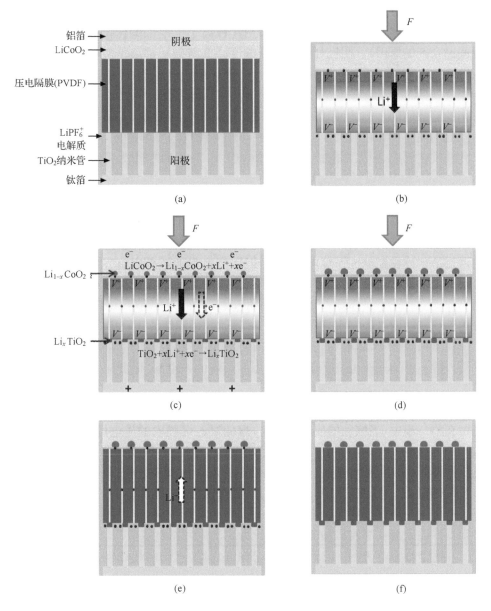

图 11.5　受压缩应变驱动的自充电功率源器件的工作原理示意图。(a)由钴酸锂作为阴极、二氧化钛纳米管作为阳极的自充电功率源器件处于放电状态的示意图。(b)当压缩应力作用于器件时,压电隔膜(例如聚偏氟乙烯膜)内产生压电势,其中阴极端为正压电势,阳极端为负压电势。(c)在压电场的驱动下,锂离子由阴极经聚偏氟乙烯隔膜在电解质中向阳极迁移,这个过程导致了两电极处发生对应的充电反应。阴极的自由电子和阳极的正电荷将在系统内部耗尽。(d)当两电极上重新建立化学平衡和自充电过程终止时的状态。(e)当施加的应力撤去时,聚偏氟乙烯膜内的压电场消失,这将破坏系统的静电平衡,因此部分锂离子将向阴极回流。(f)该电化学系统达到新平衡时一个周期的自充电过程结束[6]

中沿着离子传导途径的方向迁移并最终到达阳极。(注：聚偏氟乙烯膜是传导锂离子的离子导体，这也是聚偏氟乙烯被用作锂离子电池中聚合物电解质基底和电极间黏合剂的原因)。阴极处的锂离子浓度降低将破坏阴极反应的平衡($LiCoO_2 \rightleftharpoons Li_{1-x}CoO_2 + xLi^+ + xe^-$)。因此，锂离子将会从钴酸锂中脱嵌而使其变为$Li_{1-x}CoO_2$，同时使得阴极集流体处(铝箔)富余自由电子。这个过程由建立新化学平衡的趋势驱动。与此同时，基于同样的原因，阳极处锂离子浓度增加将使另一个电极处的反应($TiO_2 + xLi^+ + xe^- \rightleftharpoons Li_xTiO_2$)朝着正方向进行，使得锂离子与二氧化钛发生反应，因而在阳极电极处将生成Li_xTiO_2而在作为集流体的钛箔处产生正电荷。这个过程中，锂离子将持续不断地从阴极向阳极迁移。由于器件的体积较大，器件将被稍微充电。

在两电极处发生充电电化学反应的过程中，为了保持电荷电中性和充电反应的连续性，多余的自由电子将从阴极转移至阳极。电子转移通常有两种过程：要么是通过某种途径在电池系统内部发生转移，要么是通过外电路完成转移。在比较了自充电功率源器件连接和未接外电路(实验中为连接在阴极和阳极间用以监控电压变化的电化学工作站)时的自充电特性后，我们认为在本实验中电子是通过某种内部机制在两电极间实现转移的，不过具体的过程细节还有待进一步研究证实。

在机械应变下，压电势将一直驱动锂离子的迁移直至两电极间重新达到化学平衡。锂离子的分布也将平衡聚偏氟乙烯膜内的压电势，而此时不再有锂离子漂移通过聚偏氟乙烯膜[图11.5(d)]。也就是说，系统将达到一个新的平衡而自充电过程将终止。这就是将机械能直接转化成化学能的过程。

在第二步中，当施加的应力释放时，聚偏氟乙烯膜内的压电场消失，这将破坏系统内的静电平衡，因此部分的锂离子将朝阳极和阴极回流[图11.5(e)]以再次达到器件内部空间锂离子的均匀分布[图11.5(f)]。接着，通过阴极一小部分钴酸锂被氧化至$Li_{1-x}CoO_2$、阳极一部分的二氧化钛被还原至Li_xTiO_2的电化学过程，系统完成了一个充电周期。当器件再次发生机械形变时，上述的过程也重新发生使得器件进入另一个将机械能直接转化为化学能的充电过程。

在这个自充电机制中，压电材料(聚偏氟乙烯)起到的作用和传统锂电池充电过程中使用的直流电源类似。虽然这两者都可被视为电荷泵，但具体的机理存在很大的差别。在传统充电模式中，直流电源驱动电子在外电路中从正极流往负极，而锂离子则在电池内沿相同的方向运动以保持整个系统的电荷中性平衡。因此两个电极上发生相应的电化学反应时电池被充电。但是在我们此处提出的自充电功率源器件中，压电材料驱动锂离子而不是电子从正极向负极迁移，这个过程也实现了对电池的充电。这个机制可由热动力学来解释。根据能斯特理论，两电极间的相对电极电势和锂离子的浓度间存在如下关系：

$$\phi_{\mathrm{Li}_{1-x}\mathrm{CoO}_2/\mathrm{LiCoO}_2} = \phi^{\circ}_{\mathrm{Li}_{1-x}\mathrm{CoO}_2/\mathrm{LiCoO}_2} - \frac{RT}{F}\ln\frac{1}{[a_{\mathrm{c}}(\mathrm{Li}^+)]^x}$$

$$\phi_{\mathrm{TiO}_2/\mathrm{Li}_x\mathrm{TiO}_2} = \phi^{\circ}_{\mathrm{TiO}_2/\mathrm{Li}_x\mathrm{TiO}_2} - \frac{RT}{F}\ln\frac{1}{[a_{\mathrm{a}}(\mathrm{Li}^+)]^x}$$

式中，$\phi_{\mathrm{Li}_{1-x}\mathrm{CoO}_2/\mathrm{LiCoO}_2}$ 和 $\phi_{\mathrm{TiO}_2/\mathrm{Li}_x\mathrm{CoO}_2}$ 为阴极和阳极的实际电极电势，$\phi^{\circ}_{\mathrm{Li}_{1-x}\mathrm{CoO}_2/\mathrm{LiCoO}_2}$ 和 $\phi^{\circ}_{\mathrm{TiO}_2/\mathrm{Li}_x\mathrm{TiO}_2}$ 为这两个电极的标准电极电势，$a_{\mathrm{c}}(\mathrm{Li}^+)$ 和 $a_{\mathrm{a}}(\mathrm{Li}^+)$ 则分别为阴极和阳极附近锂离子的活性，可以大致等于锂离子的浓度。R 为气体常数，T 为温度，F 为法拉第常数。因此在压电场的驱动下，由于正极附近锂离子浓度的减小，电极电势 $\phi_{\mathrm{Li}_{1-x}\mathrm{CoO}_2/\mathrm{LiCoO}_2}$ 将会减小；类似地，负极附近锂离子浓度的上升将导致 $\phi_{\mathrm{TiO}_2/\mathrm{Li}_x\mathrm{TiO}_2}$ 的增加。在传统锂离子电池中，电极电势 $\phi_{\mathrm{Li}_{1-x}\mathrm{CoO}_2/\mathrm{LiCoO}_2}$ 大于 $\phi_{\mathrm{TiO}_2/\mathrm{Li}_x\mathrm{TiO}_2}$，因此电池可以通过 $\mathrm{Li}_{1-x}\mathrm{CoO}_2$ 的还原和 $\mathrm{Li}_x\mathrm{TiO}_2$ 的氧化来自发地放电。然而对于自充电过程，由于锂离子浓度的改变有可能使得 $\phi_{\mathrm{TiO}_2/\mathrm{Li}_x\mathrm{TiO}_2}$ 大于 $\phi_{\mathrm{Li}_{1-x}\mathrm{CoO}_2/\mathrm{LiCoO}_2}$，因此器件通过二氧化钛的还原和钴酸锂的氧化来实现自充电过程。

11.4.2　自充电功率源器件的设计

如图 11.6(a)所示，对自充电过程的实验设计基于对压电和电化学两方面特性的考虑[6]。自充电功率源器件基于密封的不锈钢 2016 纽扣型电池构建，如图 11.6(b)所示。自充电功率源器件主要由三部分组成：阳极、隔膜和阴极。阳极由直接生长于钛箔上整齐排列的二氧化钛纳米管阵列构成。不同于传统锂离子电池中使用聚乙烯作为隔膜，一层极化后的聚偏氟乙烯（PVDF）隔膜被置于二氧化钛纳米管阵列上部作为自充电功率源器件的隔膜。在受到外加应力时，这层聚偏氟乙烯膜内沿其厚度方向可建立一个压电势，这不仅可以将机械能转化成电能，而且也为锂离子的迁移提供了驱动力。器件的阴极为铝箔上的钴酸锂/导电炭/黏合剂混合物。图 11.6(c)为器件夹层结构的横截面扫描电子显微镜图片。具有锐钛矿结构的二氧化钛纳米管阵列经由阳极氧化步骤和空气中后退火过程在钛基底上制备而得。图 11.6(d)所示纳米管的长度和直径分别为 20 μm 和 100 nm。厚约 110 μm 的商用压电聚偏氟乙烯膜主要由 β 相和 α 相组成，在组装进电池前我们先对聚偏氟乙烯膜进行了极化处理。当将厚度为 20 μm 的钴酸锂阴极置于另一侧时，系统中填充入电解质（1 mol/L 的六氟磷酸锂溶于 1∶1 的碳酸次乙酯和碳酸二甲酯）并完成最终封装以待测试。通过将器件的恒流充放电测试结果与使用聚乙烯隔膜的传统锂离子电池相比，可以证明自充电功率源器件也可以作为电池系统工作。我们对器件施加周期性的形变以对器件充电[图 11.6(b)]，在充放电过程中器件的电压和电流也同时被监测。

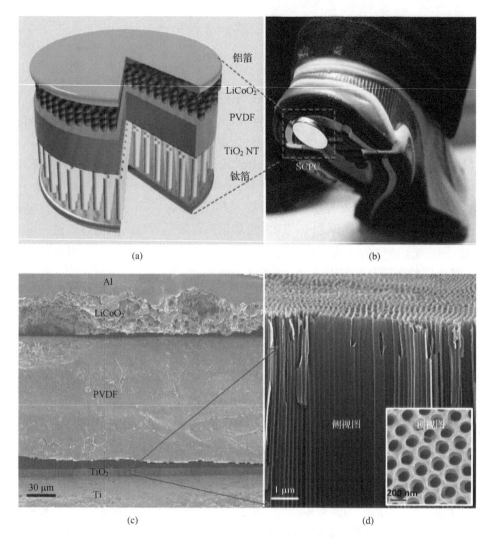

铝箔

LiCoO$_2$

PVDF

TiO$_2$ NT

钛箔

SCPC

(a)

(b)

Al

LiCoO$_2$

PVDF

TiO$_2$

Ti

30 μm

侧视图

顶视图

1 μm

200 nm

(c)

(d)

图 11.6　通过复合集成压电纳米发电机和锂离子电池制得的自充电功率源器件的结构设计。(a)自充电功率源器件的设计和结构示意图。阳极为直接生长于钛箔上整齐排列的二氧化钛纳米管阵列。一层极化后的聚偏氟乙烯膜作为隔膜。阴极为铝箔上的钴酸锂/导电炭/黏合剂混合物。如插图所示,整个结构密封于不锈钢 2016 纽扣型电池内。(b)将功率源器件固定在鞋底,步行时产生的压缩能量可以被自充电功率源器件直接转化并存储。(c)自充电功率源器件的横截面扫描电镜图片。器件由整齐排列的纳米管阳极、压电聚合物隔膜和阴极构成。(d)整齐排列的二氧化钛纳米管阵列的放大图。插图为纳米管的扫描电镜顶视图[6]

11.4.3　自充电功率源器件的性能

通过机械传动设备对器件施加周期性的压缩应力,我们实现了功率源器件的自充电过程[6]。图 11.7(a)所示为一个典型的自充电和放电过程。自充电功率源器件受到频率为 2.3 Hz 的周期性压缩力时,器件的电压在 240 s 内从 327 mV 增加到 395 mV。在自充电过程后,通过对器件施加 1 μA 的放电电流使得器件放电而恢复初始 327 mV 的电压值,这个过程持续了 130 s。因此,我们证明了我们展示的功率源器件可以在发生周期性形变时通过直接将机械能转化为化学能而实现充电。在这个实验中,功率源器件存储的电量约为 0.036 μAh。

根据压电理论,在弹性形变范围内,压电势的大小和应变的大小或压缩力的大小呈线性关系。图 11.7(b)表明当我们加大作用于器件上的机械力时,器件的自充电效应得到增强。所以压电势的增加可以使得充电效应得到增强。此外如图 11.7(b)所示,自充电效应也受到施加形变频率的影响。在保持施加的冲击力大小恒定时,更高的频率会导致更高的输入功率,因此充电电压也得到提升。当外力的大小和频率都保持不变时,电压升高的速率也相对稳定。以上这些结果也为证明自充电过程是由压电效应导致的提供了额外的证据。如图 11.7(b)中插图所示,我们演示了将多个自充电功率源器件串联后用以维持商用计算器工作超过 10 min。

我们设计的自充电功率源器件的总效率由两部分组成:压电材料的能量转化效率和机械-电化学过程的能量存储效率。我们将此与传统充电模式的效率进行了比较。传统模式由通过桥式整流桥相联的分立发电机和存储单元构成[图 11.7(c)中插图]。实验中,通过将聚偏氟乙烯膜封于同样的纽扣型电池中制得发电机单元,以得到和自充电功率源器件类似的形变条件。通过对分立的聚偏氟乙烯膜发电机施加 4 min 周期性形变,电池的充电电压仅仅增加了 10 mV[图 11.7(c)],这远远小于自充电功率源器件在相同条件下得到的 65 mV[图 11.7(a)]。因此自充电功率源器件中的单个机械能到化学能的转化过程比传统电池充电时由机械能到电能、再由电能到化学能的双过程有效得多。这是由于我们的系统展示了一种不经产生电能的中间态而直接将机械能转化为化学能的新方法。这至少节省了例如外电路中整流造成的能量损耗。这也是这种功率源器件的创新之处。在实际中,对应器件效率的估算则受很多因素影响。首先,不锈钢纽扣式电池的机械硬度消耗了很大一部分的机械能量。其次,聚偏氟乙烯压电聚合物膜中形变的积累使其不再处于弹性形变范围,因此压电势可能会大幅减小。所以,通过器件结构和封装方式的改进及使用具有更高压电系数的压电材料,可以使我们将来大幅改善自充电功率源器件的性能。

作为对比和对照试验,我们也测量了传统锂离子电池受同样形变条件时的响

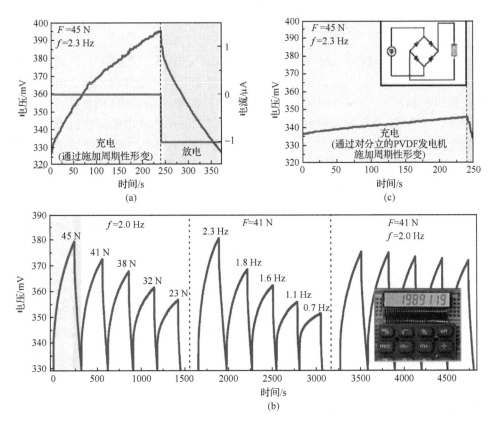

图 11.7　受周期性压缩应变时自充电功率源器件的自充电和对应的放电过程。(a) 器件受周期性机械压缩应变时典型的自充电过程(绿色阴影区域)。该过程中,器件的电压一直在增大,而流经连接于阴极和阳极之间的外电阻的电流则几乎为零。这表明充电过程是通过锂离子在内电路的迁移而非电子在外电路的流动来实现的。在放电过程中(蓝色阴影区域),存储的能量通过外电路中电子流动的形式得到释放。这表现为器件电压的减小和外电路中观测到的电流。(b) 自充电功率源器件在不同大小和频率的应力作用下的自充电和放电过程。(注:图中标明的力为作用在整个器件上的力,其中绝大部分被电池的不锈钢外壳所消耗,聚偏氟乙烯隔膜仅受到一小部分的力。)插图中所示为利用自充电功率源器件作为功率源来维持商用计算器的工作。(c) 为进行效率的比较,自充电功率源器件被分成了两个独立的单元:一个聚偏氟乙烯压电发电机和一个使用聚乙烯作为隔膜的锂离子电池。此图中显示了在与图(a)条件一样时,通过发电机对电池充电 4 min 后电池的电压值,在这之后器件在 1 μA 电流下经历了放电过程。插图中所示为使用通过桥式整流器连接的分立发电机和存储元件的传统充电模式的电路示意图[6]

应。受测的锂离子电池除了使用聚乙烯隔膜而非压电聚偏氟乙烯隔膜之外,同自充电功率源器件具有相同的结构。如图 11.8(a)所示,在经受了半个小时约 4000 个周期的形变后,电池的电压仍然维持在 325 mV 左右。因此通过施加周期性机械应变根本无法对传统锂离子电池充电。这是由于传统锂离子电池中没有驱动锂离子迁移的压电势。这个对照试验排除了静电噪声或测量系统对图 11.5(a) 中所示的自充电功率源器件充电过程可能造成的影响。

　　对应地,如果图 11.5 中所示的压电极化方向发生反转,则聚偏氟乙烯隔膜中的压电场方向由阳极指向阴极,这将无法驱动锂离子从阴极向阳极迁移,因此即使在多个周期的机械形变后,器件依然无法被充电。图 11.8(b) 中所示为相同机械形变条件下使用具有相反极化方向的聚偏氟乙烯隔膜制得的器件的响应结果。在经历了 1.1 h 约 8000 个周期的形变之后,器件的电压由 330 mV 略微下降,降到 315 mV。由于压电势驱动锂离子向着与充电过程中相反的方向迁移,器件中无充电过程发生,这也进一步证实了图 11.5 中阐述的自充电功率源器件的工作原理。

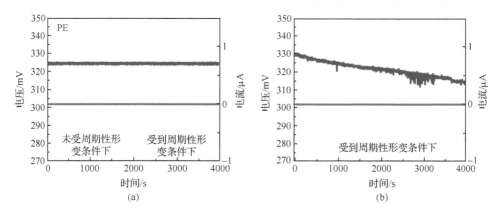

图 **11.8**　具有与自充电功率源器件相同结构但隔膜材料不同的器件的响应结果。(a) 当一个使用聚乙烯作为隔膜的传统锂离子电池受到周期性机械应变时,我们不能观察到充电效应。这表明图 11.7(a) 中的结果是由压电驱动的充电过程。(b) 当具有与自充电功率源器件相同结构但聚偏氟乙烯隔膜中的压电场由阳极指向阴极的器件受到相同应变时,我们也不能观察到充电效应,这同图 11.5 中所示的机理相符[6]

11.5　总　结

　　综上所述,基于将压电材料和电化学系统的集成,我们提出了一种新的机械到电化学的转化过程。使用这种方法我们展示了自充电功率源器件的制备及利用这种器件将机械能直接转化为化学能并同时以化学能的形式进行存储。展示的器件具有比由两个分立元件构成的传统充电模式更高的总体转化效率。通过用压电聚偏氟乙烯膜代替传统锂离子电池中的聚乙烯隔膜,器件受应变时聚偏氟乙烯中的压电势起到了电荷泵的作用。压电势驱动锂离子从阴极向阳极迁移,同时伴随着电极处充电反应的发生。我们定义这个过程为压电-电化学过程。基于以上阐述的机理,我们首次展示了将发电机与电池复合集成从而实现可持续的功率源。这为开发新能源技术以驱动个人电子设备和自供能系统提供了全新的方法和思路。

参 考 文 献

［1］　Shi J, Starr M B, Xiang H, Hara Y, Anderson M A, Seo J H, Ma Z, Wang X D. Interface Engineering by Piezoelectric Potential in ZnO-Based Photoelectrochemical Anode. Nano Letters, 2011, 11 (12): 5587-5593.

［2］　Chan C K, Peng H L, Liu G, McIlwrath K, Zhang X F, Huggins R A, Cui Y. High-Performance Lithium Battery Anodes Using Silicon Nanowires. Nature Nanotechnology, 2008, 3: 31-35.

［3］　Idota Y, Kubota T, Matsufuji A, Maekawa Y, Miyasaka T. Tin-Based Amorphous Oxide: A High-Capacity Lithium-Ion-Storage Material. Science, 1997, 276: 1395-1397.

［4］　Tarascon J M, Armand M. Issues and Challenges Facing Rechargeable Lithium Batteries. Nature, 2001, 414: 359-367.

［5］　Wakihara M, Yamamoto O. Lithium Ion Batteries: Fundamentals and Performance. Tokyo: Kodansha Ltd, Weinheim: Wiley-VCH, 1998.

［6］　Xue X Y, Wang S H, Guo W X, Zhang Y, Wang Z L. Hybridizing Energy Conversion and Storage in a Mechanical-to-Electrochemical Process for Self-Charging Power Cell. Nano Letters, 2012, 12: 2520-2523.

附　　录

附录1　王中林小组2006~2012年间发表的有关纳米发电机、压电电子学和压电光电子学方面的文章

2012 年

［1］　Yang Y, Zhou Y S, Wu J M, Wang Z L. Single Micro/Nanowire Pyroelectric Nanogenerators as Self-Powered Temperature Sensors. ACS Nano, DOI: 10. 1021/nn303414u.

［2］　Zhu G, Pan C F, Guo W X, Chen C Y, Zhou Y S, Yu R M, Wang Z L. Triboelectric-Generator-Driven Pulse Electrodeposition for Micro-patterning. Nano Letters, DOI: 10. 1021/nl302560k.

［3］　Cui N Y, Bai S, Wu W W, Meng L X, Wang Z L, Zhao Y, Jiang L, Qin Y. Magnetic Force Driven Nanogenerators as a Non-Contact Energy Harvester and Sensor. Nano Letters, 2012, 12 : 3701-3705.

［4］　Wu J M, Xu C, Zhang Y, Yang Y, Zhou Y S, Wang Z L. Flexible and Transparent Nanogenerator Based on a Composite of Lead-Free $ZnSnO_3$ Triangular-Belts. Advanced Materials, DOI: 10. 1002/adma. 201202445.

［5］　Xue X Y, Wang S H, Guo W X, Zhang Y, Wang Z L. Hybridizing Energy Conversion and Storage in a Mechanical-to-Electrochemical Process for Self-Charging Power Cell. Nano Letters, 2012, 12 (9): 5048-5054.

［6］　Jung J H, Chen C Y, Yun B K, Lee N, Zhou Y S, Jo W, Chou L J, Wang Z L. Lead-Free $KNbO_3$ Ferroelectric Nanorods Based Flexible Nanogenerators and Capacitors. Nanotechnology, 2012, 23: 375401.

［7］　Wang Z L. Preface to the Special Section on Piezotronics. Advanced Materials, 2012, 34: 4629.

［8］　Lin L, Hu Y F, Xu C, Zhang Y, Zhang R, Wen X N, Wang Z L. Transparent Flexible Nanogenerator as Self-Powered Sensor for Transportation Monitoring. Nano Energy. http://dx. doi. org/10. 1016/j. nanoen. 2012. 07. 019.

［9］　Yang Y, Jung J H, Yun B K, Zhang F, Pradel K C, Guo W X, Wang Z L. Flexible Pyroelectric Nanogenerators Using a Composite Structure of Lead-Free $KNbO_3$ Nanowires. Advanced Materials, DOI: 10. 1002/adma. 201201414.

［10］　Yang Y, Pradel K C, Jing Q S, Wu J M, Zhang F, Zhou Y S, Zhang Y, Wang Z L. Thermoelectric Nanogenerators Based on Single Sb-Doped ZnO Micro/Nanobelts. ACS Nano, DOI: 10. 1021/nn302481p.

［11］　Zhang R, Lin L, Jing Q S, Wu W Z, Zhang Y, Jiao Z X, Yan L, Han R P S, Wang Z L. Nanogenerators as Active Sensor for Vortex Capture and Air-Flow Velocity Detection. Energy & Environmental Science, DOI: 10. 1039/C2EE22354F.

［12］　Dong L, Niu S M, Pan C F, Yu R M, Zhang Y, Wang Z L. Piezo-Phototronic Effect of CdSe

Nanowires. Advanced Materials, DOI: 10. 1002/adma. 201201385.

[13] Zhou Y S, Wang K, Han W H, Rai S C, Zhang Y, Ding Y, Pan C F, Zhang F, Zhou W L, Wang Z L. Vertically Aligned CdSe Nanowire Arrays for Energy Harvesting and Piezotronic Devices. ACS Nano,2012,6: 6231-6235.

[14] Hu Y F, Zhang Y, Lin L, Ding Y, Zhu G, Wang Z L. Piezo-phototronics Effect on Electroluminescence Properties of p-Type GaN Thin Films. Nano Letters,2012,12:3851-3856.

[15] Wang Z L, Wu W Z. Nano-Enabled Energy Harvesting for Self-Powered Micro/Nano-systems. Angew Chem.

[16] Lee S, Hong J I, Xu C, Lee M, Kim D S, Lin L, Hwang W B, Wang Z L. Toward Robust Nanogenerator Using Aluminum Substrate. Advanced Materials,2012,24(32):4398-4402.

[17] Wang Z L. From Nanogenerators to Piezotronics——A Decade Study of ZnO Nanostructures. MRS Bulletin.

[18] Guo W X, Zhang F, Lin C J, Wang Z L. Direct Growth of TiO$_2$ Nanosheet Arrays on Carbon Fibers for High Efficient Photocatalytic Degradation of Methyl Orange. Advanced Materials, 2012,24(35): 4761-4764.

[19] Cui N Y,Bai S,Wu W W, Meng L X, Wang Z L, Zhao Y, Jiang L, Qin Y. Magnetic Force Driven Nanogenerators as a Non-Contact Energy Harvester and Sensor. Nano Letters,2012,12:3701-3705.

[20] Wu W W, Bai S, Yuan M M, Qin Y, Wang Z L, Jing T. PZT Nanówire Textile Nanogenerator for Wearable Energy Harvesting and Self-Powered Devices. ACS Nano,2012,6:6231-6235

[21] Yu R M, Dong L, Pan C F, Niu S M, Liu H F, Liu W, Chua S, Chi D Z, Wang Z L. Piezotronic Effect on the Transport Property of GaN Nanobelt for Active Flexible Electronics. Advanced Materials, 2012,24:3532-3537.

[22] Zhang Y, Wang Z L. Theory of Piezo-Phototronics for Light Emitting Diode. Advanced Materials, 2012, 24(34): 4712-4718.

[23] Wang Z L. Progress in Piezotronics and Piezo-Phototronics. Advanced Materials, 2012, 24(34): 4632-4646.

[24] Pan C F, Niu S M, Ding Y, Dong L, Yu R M, Liu Y, Zhu G, Wang Z L. Enhanced Cu$_2$S/CdS Coaxial Nanowire Solar Cells by Piezo-Phototronic Effect. Nano Letters, 2012,12:3302-3307.

[25] Yang Y, Guo W X, Pradel K C, Zhu G, Zhou Y S, Zhang Y, Hu Y F, Lin L, Wang Z L. Pyroelectric Nanogenerators for Harvesting Thermoelectric Energy. Nano Letters,2012,12: 2833-2838.

[26] Fan F R, Lin L, Zhu G, Wu W Z, Zhang R, Wang Z L. Transparent Triboelectric Nanogenerators and Self-Powered Pressure Sensors Based on Micro-Patterned Plastic Films. Nano Letters,2012,12: 3109-3114.

[27] Han W H, Zhou Y S, Zhang Y, Chen C Y, Lin L,Wang X, Wang S H,Wang Z L. Strain-Gated Piezotronic Transistors Based on Vertical Zinc Oxide Nanowires. ACS Nano, 2012,6: 360-3766.

[28] Zhu G, Wang A C, Liu Y, Zhou Y S,Wang Z L. Functional Electrical Stimulation by Nanogenerator with 58 V Output Voltage. Nano Letters,2012,12: 3086-3090.

[29] Pan C F, Guo W X, Dong L, Zhu G, Wang Z L. Optical-Fiber Based Core-Shell Coaxially Structured Hybrid Cell for Self-Powered Nanosystems. Advanced Materials,2012,24: 3356-3361.

[30] Wu J M, Chen C Y, Zhang Y, Chen K H, Yang Y, Hu Y F, He J H, Wang Z L. Ultra-High Sensitive Piezotronic Strain Sensors Based on ZnSnO$_3$ Nanowire/Microwire. ACS Nano, 2012, 6: 4369-4374.

[31] Wu J M, Xu C, Zhang Y, Wang Z L. Lead-Free Nanogenerator Made from Single ZnSnO$_3$ Microbelt. ACS Nano,2012,6:4335-4340.

[32] Chen C Y, Liu T H, Song J H, Zhou Y S, Zhang Y, Hu Y F, Wang S H, Lin L, Han W H, Chueh Y L, Chu Y H, He J H, Wang Z L. Electricity Generation Based on Vertically Aligned PbZr$_{0.2}$Ti$_{0.8}$O$_3$ Nanowire Arrays. Nano Energy,2012,1:424-428.

[33] Park K L, Lee M, Liu Y, Moon S, Hwang G T, Zhu G, Kim J E, Kim S O, Kim D K, Wang Z L, Lee K J. Flexible Nanocomposite Generator Made of BaTiO$_3$ Nanoparticles and Graphitic Carbons. Advanced Materials,2012,24:2999-3004.

[34] Yu A F, Jiang P, Wang Z L. Nanogenertor as Self-Powered Vibration Sensor. Nano Energy, 2012, 1:418-423.

[35] Lee M, Chen C Y, Wang S H, Cha S N, Kim J M, Chou L J, Wang Z L. Hybrid Piezoelectric Structure for Wearable Nanogenerator. Advanced Materials,2012,24:1759-1764.

[36] Lee K Y, Kumar B, Seo J S, Kim K H, Sohn J I, Cha S N, Choi D, Wang Z L, Kim S W. P-Type Polymer—Hybridized High-Performance Piezoelectric Nanogenerators. Nano Letters, 2012, 12: 1959-1964.

[37] Zhang Y, Yang Y, Wang Z L. Piezo-Phototronics Effect on Nano/Microwire Solar Cell. Energy & Environmental Science,2012,5: 6850-6856.

[38] Chen Y Z, Liu T H, Chen C Y, Liu C H, Chen S Y, Wu W W, Wang Z L, He J H, Chu Y H, Chueh Y L. Taper PbZr$_{0.2}$Ti$_{0.8}$O$_3$ Nanowire Arrays: From Controlled Growth by Pulsed Laser Deposition to Piezopotential Measurements. ACS Nano, 2012, 6(3):2826-2832.

[39] Liu Y, Yang Q, Zhang Y, Yang Z Y, Wang Z L. Nanowire Piezo-Phototronic Photodetector: Theory and Experimental Design. Advanced Materials,2012,24: 1410-1417.

[40] Fan F R, Tian Z Q, Wang Z L. Flexible Triboelectric Generator. Nano Energy,2012,1: 328-324.

[41] Xu C, Pan C F, Liu Y, Wang Z L. Hybrid Cells for Simultaneously Harvesting Multi-Type Energies for Self-Powered Micro/Nanosystems. Nano Energy,2012,1: 259-272.

[42] Jung J H, Lee M, Hong J I, Ding Y, Chen C Y, Chou L J, Wang Z L. Lead-Free NaNbO$_3$ Nanowires for High Output Piezoelectric Nanogenerator. ACS Nano, 2011,5:10041-10046.

[43] Hu Y F, Lin L, Zhang Y, Wang Z L. Replacing Battery by a Nanogenerator with 20 V Output. Advanced Materials,2012,24:110-114.

2011 年

[44] Wang Z L. Self-Powered Nanodevices and Nanosystems. Advanced Materials,2011,24:280-285.

[45] Cha S N, Kim S M, Kim H J, Ku J Y, Sohn J I, Park Y J, Song B G, Jung M H, Lee E K, Choi B L, Park J J, Wang Z L, Kim J M, Kim K. Porous PVDF as Effective Sonic Wave Driven Nanogenerators. Nano Letters,2011,11:5142-5147.

[46] Choi D, Jin M J, Lee K Y, Ihn S G, Yun S Y, Bulliard X, Choi W, Lee S Y, Kim S W, Choi J Y, Kim J M, Wang Z L. Flexible Hybrid Multi-Type Energy Scavenger. Energy & Environmental Science, 2011,4:4607-4613.

[47] Pan C F, Li Z T, Guo W X, Zhu J, Wang Z L. Fiber-Based Hybrid Nanogenerators for/as Self-Powered Systems in Bio-liquid. Angew Chem,2011, 50:11192-11196.

[48] Lin L, Lai C H, Hu Y F, Zhang Y, Wang X, Xu C, Snyder R L, Chen L J, Wang Z L. High Output

Nanogenerator Based on Assembly of Tapered GaN Nanowires. Nanotechnology, 2011, 22: 475401.

[49] Yang Y, Guo W X, Zhang Y, Ding Y, Wang X, Wang Z L. Piezotronic Effect on the Output Voltage of P3HT/ZnO Micro/Nanowire Heterojunction Solar Cells. Nano Letters, 2011, 11: 4812-4817.

[50] Chen C Y, Huang J H, Song J H, Zhou Y S, Lin L, Huang P C, Liu C P, Zhang Y, He J H, Wang Z L. Anisotropic Outputs of Nanogenerator from Oblique-Aligned ZnO Nanowire Arrays. ACS Nano, 2011, 5: 6707-6713.

[51] Yang Q, Wang W H, Xu S, Wang Z L. Enhancing Light Emission of ZnO Microwire-Based Diodes by Piezo-Phototronic Effect. Nano Letters, 2011, 11: 4012-4017.

[52] Hu Y F, Xu C, Zhang Y, Lin L, Snyder R L, Wang Z L. Nanogenerator for Energy Harvesting from a Rotating Tire and Its Application as a Self-Powered Pressure/Speed Sensor. Advanced Materials, 2011, 23: 4068.

[53] Lee M B, Bae J H, Lee J H, Lee C S, Hong S H, Wang Z L. Self-Powered Environmental Sensor System Driven by Nanogenerators. Energy & Environmental Science, 2011, 4: 3359-3363.

[54] Hu Y F, Zhang Y, Xu C, Lin L, Snyder R L, Wang Z L. Self-Powered System with Wireless Data Transmission. Nano Letters, 2011, 11: 2572-2577.

[55] Romano G, Mantini G, Di Carlo A, D'Amico A, Falconi C, Wang Z L. Piezoelectric Potential in Vertically Aligned Nanowires for High Output Nanogenerators. Nanotechnology, 2011, 22: 465401.

[56] Wu W Z, Wang Z L. Piezotronic Nanowire Based Resistive Switches as Programmable Electromechanical Memories. Nano Letters, 2011, 11: 2779-2885.

[57] Zhang Y, Liu Y, Wang Z L. Fundamental Theory of Piezotronics. Advanced Materials, 2011, 23: 3004-3013.

[58] Yu A F, Li H Y, Tang H Y, Liu T J, Jiang P, Wang Z L. Vertically Integrated Nanogenerator Based on ZnO Nanowire Arrays. Phys Status Solidi RRL, 2011, 5: 162-164.

[59] Xu C, Wang Z L. Compacted Hybrid Cell Made by Nanowire Convoluted Structure for Harvesting Solar and Mechanical Energies. Advanced Materials, 2011, 23: 873-877.

[60] Bae J H, Song M K, Park Y J, Kim J M, Liu M L, Wang Z L. Fiber Supercapacitors Made of Nanowire-Fiber Hybrid Structure for Wearable/Stretchable Energy Storage. Angew Chem, 2011, 123: 1721-1725.

[61] Riaz M, Song J H, Nur O, Wang Z L, Willander M. Experimental and Finite Element Method Calculation of Piezoelectric Power Generation from ZnO Nanowire Arrays Grown on Different Substrates Using High and Low Temperature Methods. Adv Functional Materials, 2011, 21: 623-628.

[62] Li Z T, Wang Z L. Air/Liquid Pressure and Heartbeat Driven Flexible Fiber Nanogenerators as Micro-Nano-Power Source or Diagnostic Sensors. Advanced Materials, 2011, 23: 84-89.

2010 年

[63] Pan C F, Fang Y, Mashkoor A, Luo Z X, Xie J B, Wu L H, Wang Z L, Zhu J. Generating Electricity from Biofluid with a Nanowire-Based Biofuel Cell for Self-Powered Nanodevices. Advanced Materials, 2010, 22: 5388-5392.

[64] Park K L, Xu S, Liu Y, Hwang G T, Kang S-J L, Wang Z L, Lee K J. Piezoelectric BaTiO₃ Thin Film Nanogenerator on Plastic Substrates. Nano Letters, 2010, 10: 4939-4943.

[65] Hu Y F, Zhang Y, Xu C, Zhu G, Wang Z L. High Output Nanogenerator by Rational Unipolar-As-

sembly of Conical-Nanowires and Its Application for Driving a Small Liquid Crystal Display. Nano Letters,2010,10: 5025-5031.

[66] Xu S, Hansen B J, Wang Z L. Piezoelectric-Nanowire Enabled Power Source for Driving Wireless Microelectronics. Nature Communications,2010,1: 93.

[67] Wang Z L. Piezopotential Gated Nanowire Devices: Piezotronics and Piezo-Phototronics. Nano Today, 2010,5: 540-552.

[68] Wang Z L. Toward Self-Powered Sensor Network. Nano Today,2010,5: 512-514.

[69] Chen M T, Lu M P, Wu Y J, Lee C Y, Lu M Y, Chang Y C, Chou L J, Wang Z L, Chen L J. Electroluminescence from In-situ Doped p-n Homojuncitoned ZnO Nanowire Array. Nano Letters, 2010,10: 4387-4393.

[70] Wang Z L,Yang R S, Zhou J, Qin Y, Xu C, Hu Y F, Xu S. Lateral Nanowire/Nanobelt Based Nanogenerators, Piezotronics and Piezo-Phototronics. Mater Sci and Engi Reports, 2010, R70 (3-6): 320-329.

[71] Wu W Z, Wei Y G, Wang Z L. Strain-Gated Piezotronic Logic Nanodevices. Advanced Materials, 2010,22: 4711-4715.

[72] Yang Q, Guo X, Wang W H, Zhang Y, Xu S, Lien D H, Wang Z L. Enhancing Sensitivity of a Single ZnO Micro/Nanowire Photodetector by Piezo-Phototronic Effect. ACS Nano,2010,4: 6285-6291.

[73] 王中林. 微纳系统中的可持续自供型电源——能源研究中的新兴领域. 科学通报, 2010,55: 2472-2475.

[74] Huang C T, Song J H, Tsai C M, Lee W F, Lien D H, Gao Z Y, Hao Y, Chen L J,Wang Z L. Single-InN-Nanowire Nanogenerator with up to 1 V Output Voltage. Advanced Materials,2010,36: 4008-4013.

[75] 王中林. 压电电子学和压电光电子学. 物理,2010,39: 556-557.

[76]　Song J H, Xie H Z, Wu W Z, Joseph V R, Wu C F J, Wang Z L. Robust Optimizing of the Output Voltage of Nanogenerators by Statistical Experimental Design. Nano Research,2010,3:613-619.

[77]　Lee M, Yang R S, Li C, Wang Z L. Nanowire-Quantum Dot Hybridized Cell for Harvesting Sound and Solar Energies. J Phys Chem Letts,2010,1: 2929-2935.

[78]　Wei Y G, Wu W Z, Guo R, Yuan D J, Das S, Wang Z L. Wafer-Scale High-Throughput Ordered Growth of Vertically Aligned ZnO Nanowire Arrays. Nano Letters, 2010,10: 3414-3419.

[79]　Han J B, Fan F R, Xu C, Lin S S, Wei M, Duan X, Wang Z L. ZnO Nanotube-Based Dye-Sensitized Solar Cell and Its Application in Self-Powered Devices. Nanotechnology, 2010, 21: 405203.

[80]　Liu W H, Lee M, Ding L, Liu J, Wang Z L. Piezopotential Gated Nanowire-Nanotube-Hybrid Field-Effect-Transistor. Nano Letters, 2010, 10: 3084-3089.

[81]　Zhu G, Yang R S, Wang S H, Wang Z L. Flexible High-Output Nanogenerator Based on Lateral ZnO Nanowire Array. Nano Letters, 2010, 10: 3151-3155.

[82]　Zhang Y, Hu Y F, Xiang S, Wang Z L. Effects of Piezopotential Spatial Distribution on Local Contact Dictated Transport Property of ZnO Micro/Nanowires. Appl Phys Letts, 2010, 97: 033509.

[83]　Hansen B J, Liu Y, Yang R S, Wang Z L. Hybrid Nanogenerator for Concurrently Harvesting Bio-mechanical and Biochemical Energy. ACS Nano, 2010, 4: 3647-3652.

[84]　Hu Y F, Zhang Y, Chang Y L, Snyder R L, Wang Z L. Optimizing the Power Output of a ZnO Pho-tocell by Piezopotential. ACS Nano, 2010, 4: 4220-4224

[85]　Li Z, Zhu G, Yang R S, Wang A C, Wang Z L. Muscle Driven In-vivo Nanogenerator. Advanced Materials, 2010, 22: 2534-2537.

[86]　Wang X B, Song J H, Zhang F, He C Y, Hu Z, Wang Z L. Electricity Generation Based on One-Dimensional Group-Ⅲ Nitride Nanomaterials. Advanced Materials, 2010, 22: 2155-2158.

[87]　Xu S, Qin Y, Xu C, Wei Y G, Yang R S, Wang Z L. Self-Powered Nanowire Devices. Nature Nano-technology, 2010, 5: 366-373.

[88]　Wang Z L. Piezotronic and Piezo-Phototronic Effects. The Journal of Physical Chemistry Letters, 2010,1: 1388-1393.

[89]　Huang C T, Song J H, Lee W F, Ding Y, Gao Z Y, Hao Y, Chen L J, Wang Z L. GaN Nanowire Arrays for High-Output Nanogenerators. J Am Chem Soc, 2010, 132:4766-4771.

[90]　Hu Y F, Chang Y L, Fei P, Snyder R L, Wang Z L. Designing the Electric Transport Characteristics of ZnO Micro/Nanowire Devices by Coupling Piezoelectric and Photoexcitation Effects. ACS Nano, 2010, 4:1234-1240.

2009 年

[91]　Wang Z L. Ten Years' Venturing in ZnO Nanostructures: From Discovery to Scientific Understanding and to Technology Applications. Chinese Science Bulletin, 2009, 54: 4021-4034.

[92] Fei P, Yeh P H, Zhou J, Xu S, Gao Y F, Song J H, Gu Y D, Huang Y Y, Wang Z L. Piezoelectric-Potential Gated Field-Effect Transistor Based on a Free-Standing ZnO Wire. Nano Letters, 2009, 9: 3435-3439.

[93] Gao Z Y, Ding Y, Lin S S, Hao Y, Wang Z L. Dynamic Fatigue Studies of ZnO Nanowires by In-situ Transmission Electron Microscopy. Physica Status Solidi RRL, 2009, 3: 260-262.

[94] Lin S S, Song J H, Lu Y F, Wang Z L. Identifying individual n- and p-Type ZnO Nanowires by the Output Voltage Sign of Piezoelectric Nanogenerator. Nanotechnology, 2009, 20: 365703.

[95] Mantini G, Gao Y F, D'Amico A, Falconi C, Wang Z L. Equilibrium Piezoelectric Potential Distribution in a Deformed ZnO Nanowire. Nano Research, 2009, 2: 624-629.

[96] Hu Y F, Gao Y F, Singamaneni S, Tsukruk V V, Wang Z L. Converse Piezoelectric Effect Induced Transverse Deflection of a Free-Standing ZnO Microbelt. Nano Letts, 2009, 9: 2661-2665.

[97] Gao Z Y, Zhou J, Gu Y D, Fei P, Hao Y, Bao G, Wang Z L. Effects of Piezoelectric Potential on the Transport Characteristics of Metal-ZnO Nanowire-Metal Field Effect Transistor. J Appl Physics, 2009, 105: 113707.

[98] Falconi C, Mantini G, D'Amico A, Wang Z L. Studying Piezoelectric Nanowires and Nanowalls for Energy Harvesting. Sensors and Actuator B, 2009, 139: 511-519.

[99] Xu C, Wang X D, Wang Z L. Nanowire structured Hybrid Cell for Concurrently Scavenging Solar and Mechanical Energies. JACS, 2009, 131: 5866-5872.

[100] Wang Z L. Energy Harvesting Using Piezoelectric Nanowires—Comment on Energy Harvesting Using Nanowires? Advanced Materials, 2009, 21: 1311-1315.

[101] Wang Z L. ZnO Nanowire and Nanobelt Platform for Nanotechnology. Materials Science and Engineering Report, 2009, 64 (3-4): 33-71.

[102] Lu M P, Song J H, Lu M Y, Chen M T, Gao Y F, Chen L J, Wang Z L. Piezoelectric Nanogenerator Using p-Type ZnO Nanowire Arrays. Nano Letters, 2009, 9: 1223-1227.

[103] Yang R S, Qin Y, Li C, Zhu G, Wang Z L. Converting Biomechanical Energy into Electricity by Muscle/Muscle Driven Nanogenerator. Nano Letters, 2009, 9: 1201-1205.

[104] Gao Y F, Wang Z L. Equilibrium Potential of Free Charge Carriers in a Bent Piezoelectric Semiconductive Nanowire. Nano Letters, 2009, 9: 1103 - 1110.

[105] Wang X D, Gao Y F, Wei Y G, Wang Z L. The Output of Ultrasonic-Wave Driven Nanogenerator in a Confined Tube. Nano Research, 2009, 2: 177-182.

[106] Yang R S, Qin Y, Li C, Dai L M, Wang Z L. Characteristics of Output Voltage and Current of Integrated Nanogenerators. Appl Phys Letts, 2009, 94: 022905.

[107] Yang R S, Qin Y, Dai L M, Wang Z L. Flexible Charge-Pump for Power Generation Using Laterally Packaged Piezoelectric-Wires. Nature Nanotechnology, 2009, 4: 34-39.

2008 年

[108] Xu S, Wei Y G, Liu J, Yang R S, Wang Z L. Integrated Multilayer-Nanogenerator Fabricated Using Paired Nanotip-to-Nanowire Brushes. Nano Letters, 2008, 8: 4027-4032.

[109] Zhou J, Fei P, Gu Y D, Mai W J, Gao Y F, Yang R S, Bao G, Wang Z L. Piezoelectric-Potential-Controlled Polarity-Reversible Schottky Diodes and Switches of ZnO Wires. Nano Letters, 2008, 8: 3973-3977.

[110] Wang Z L. Towards Self-Powered Nanosystems: From Nanogenerators to Nanopiezotronics. Advanced Functional Materials, 2008,18: 3553-3567.

[111] Zhou J, Gu Y D, Fei P, Mai W J, Gao Y F, Yang R S, Bao G, Wang Z L. Flexible Piezotronic Strain Sensor. Nano Letters, 2008, 8: 3035-3040.

[112] Zhou J, Fei P, Gao Y F, Gu Y D, Liu J, Bao G, Wang Z L. Mechanical-Electrical Triggers and Sensors Using Piezolelectric Microwires/Nanowires. Nano Letters, 2008, 8: 2725-2730.

[113] Lin Y F, Song J H, Yong D, Lu S Y, Wang Z L. Alternating the Output of CdS-Nanowire Nanogenerator by White-Light Stimulated Optoelectronic Effect. Advanced Materials, 2008, 20: 3127-3130.

[114] Wang Z L. Energy Harvesting for Self-Powered Nanosystems. Nano Research, 2008,1: 1-8.

[115] Liu J, Fei P, Zhou J, Tummala R, Wang Z L. Toward High Output-Power Nanogenerator. Appl Phys Letts, 2008, 92: 173105.

[116] Wang Z L. Oxide Nanobelts and Nanowires—Growth, Properties and Applications. J Nanoscience and Nanotechnology, 2008, 8: 27-55.

[117] Qin Y, Wang X D, Wang Z L. Microfiber-Nanowire Hybrid Structure for Energy Scavenging. Nature, 2008, 451: 809-813.

[118] Lin Y F, Song J H, Ding Y, Wang Z L, Lu S Y. Piezoelectric Nanogenerator Using CdS Nanowires. Appl Phys Letts, 2008, 92: 022105.

[119] Wang Z L, Wang X D, Song J H, Liu J, Gao Y F . Piezoelectric Nanogenerators for Self-Powered Nanodevices. IEEE Pervasive Computing, 2008, 7 (1): 49-55.

[120] Wang Z L. Self-Powering Nanotech. Scientific American, 2008, 298(1): 82-87.

[121] Liu J, Fei P, Song J H, Wang X D, Lao C S, Tummala R, Wang Z L. Carrier Density and Schottky Barrier on the Performance of DC Nanogenerator. Nano Letters, 2008, 8: 328-332.

[122] Song J H, Wang X D, Liu J, Liu H B, Li Y L, Wang Z L. Piezoelectric Potential Output from a ZnO Wire Functionalized with p-Type Oglimer. Nano Letters, 2008, 8: 203-207.

2007 年

[123] Wang X D, Liu J, Song J H, Wang Z L. Integrated Nanogenerators in Bio-Fluid. Nano Letters, 2007, 7: 2475-2479.

[124] Gao Y F, Wang Z L. Electrostatic Potential in a Bent Piezoelectric Nanowire—The Fundamental Theory of Nanogenerator and Nanopiezotronics. Nano Letters, 2007, 7: 2499-2505.

[125] Wang X D, Song J H, Liu J, Wang Z L. Direct Current Nanogenerator Driven by Ultrasonic Wave. Science, 2007, 316: 102-105.

[126] Wang Z L. The New Field of Nanopiezotronics. Materials Today, 2007, 10(5): 20-28.

[127] Wang Z L. Nanopiezotronics. Advanced Materials,2007,19: 889-992.

[128] He J H, Hsin C L, Chen L J, Wang Z L. Piezoelectric Gated Diode of a Single ZnO Nanowire. Advanced Materials, 2007, 19: 781-784.

[129] Lieber C M, Wang Z L. Functional Nanowires. MRS Bulletin, 2007, 32: 99-104.

[130] Wang Z L. Piezoelectric Nanostructures:From Novel Growth Phenomena to Electric Nanogenerators. MRS Bulletin, 2007, 32: 109-116.

[131] Gao P X, Song J H, Liu J, Wang Z L. Nanowire Nanogenerators on Plastic Substrates as Flexible Power Source. Advanced Materials, 2007, 19: 67-72.

2006 年

[132] Wang X D, Zhou J, Song J H, Liu J, Xu N S, Wang Z L. Piezoelectric-Field Effect Transistor and Nano-Force-Sensor Based on a Single ZnO Nanowire. Nano Letters, 2006, 6: 2768-2772.

[133] Song J H, Zhou J, Wang Z L. Piezoelectric and Semiconducting Dual-Property Coupled Power Generating Process of a Single ZnO Belt/Wire—A Technology for Harvesting Electricity from the Environment. Nano Letters, 2006, 6: 1656-1662.

[134] Wang Z L，Song J H. Piezoelectric Nanogenerators Based on Zinc Oxide Nanowire Arrays. Science，2006，312：242-246.

附录2 缩 写 词

2D two-dimensional 二维

2DEG 2D electron gas 二维电子气

3D three-dimensional 三维

AAAS American Association for the Advancement of Science 美国科学促进会

AFM atomic force microscope 原子力显微镜

CBED convergent beam electron diffraction 会聚束电子衍射

CCD charge-coupled device 电荷耦合器件

CMOS complementary metal-oxide-semiconductor 互补金属-氧化物-半导体

CNT carbon nanotube 碳纳米管

CPU central processing unit 中央处理器

D drain electrode 漏极

DARPA Defense Advanced Research Projects Agency 美国国防部高级研究计划局

DEMUX demultiplexer 多路解调器

DOE Department of Energy 美国能源部

EDX energy-dispersive X-ray 能量色散 X 射线

EL electroluminescence 电致发光

FEM finite element method 有限元方法

FET field effect transistor 场效应晶体管

HMTA hexamethylenetetramine 六亚甲基四胺

HOMO highest occupied molecular orbital 最高占据分子轨道

HRS high-resistance state 高阻状态

HRTEM high-resolution TEM 高分辨率透射电子显微镜

IPA isopropyl alcohol 异丙醇

IT information technology 信息技术

ITO Indium tin oxide 氧化铟锡

IUPAC International Union of Pure and Applied Chemistry 国际纯粹与应用化学联合会

LED light emitting diode 发光二极管

LRS low-resistance state 低阻状态

LUMO lowest unoccupied molecular orbital 最低未占分子轨道

MANA International Center for Materials Nanoarchitectonics 国际材料纳米结构电子学中心

MEMS microelectromechanical system 微机电系统

MEMS/NEMS micro-electromechanical system and nano-electromechanical system 微纳机电系统

MIS metal-insulator-semiconductor 金属-绝缘体-半导体

MOCVD metal-organic chemical vapor deposition 金属有机化合物化学气相沉淀

MOSFET MOS field effect transistor 金属-

氧化物-半导体场效应晶体管

MRS Materials Research Society　美国材料研究学会

M-S metal-semiconductor　金属-半导体

MSM（M-S-M） metal-semiconductor-metal　金属-半导体-金属

MUX multiplexer　多路调制器

NAND NOT AND　与非

NASA National Aeronautics and Space Administration　美国宇航局

NEMS nano-electromechanical system　纳机电系统

NIH National Institutes of Health　美国国立卫生研究院

NMOS n-channel MOS　n 沟道金属-氧化物-半导体

NOR NOT OR　或非

NSF National Science Foundation　美国国家科学基金会

NW nanowire　纳米线

P3HT poly（3-hexylthiophene）　聚 3-己基噻吩

PDMS polydimethylsiloxane　聚二甲基硅氧烷

PE polyethylene　聚乙烯

PE-diode piezoelectric-diode　压电二极管

PE-FET piezoelectric field effect transistor　压电场效应晶体管

PET polyethylene terephthalate　聚对苯二甲酸乙二醇酯

PFW piezoelectric fine wire　压电细线

PL photoluminescence　光致发光

PLD pulse laser deposition　脉冲激光沉积法

PMOS p-channel MOS　p 沟道金属-氧化物-半导体

PS polystyrene　聚苯乙烯

PSC piezoelectric solar cell　压电太阳能电池

PVDF poly（vinylidene fluoride）　聚偏氟乙烯

S source electrode　源极

SAD selected area diffraction　选区衍射

SAED selected area electron diffraction　选区电子衍射

SB Schottky barrier　肖特基势垒

SBH Schottky-barrier height　肖特基势垒高度

SCE saturated calomel electrode　饱和甘汞电极

SCPC self-charging power cell　自充电功率源器件

SEM scanning electron microscope　扫描电子显微镜

SGI strain-gated inverter　应变门控反相器

SGT strain-gated transistor　应变门控晶体管

SVTC strain-voltage transfer characteristic　应变-电压传输特性

TE thermionic emission　热电子发射

TEM transmission electron microscope　透射电子显微镜

TFE thermionic field emission　热离子场发射

UV ultraviolet　紫外

VLS vapor-liquid-solid　气相-液相-固相

WZ wurtzite　纤锌矿

XOR exclusive OR　异或

ZB zinc blende　闪锌矿

索　引

A

艾里方程　195

B

被动式柔性电子学　3
本征费米能级　134

C

残余电位移　23
测量系统设计　168
掺杂半导体纳米线　30
掺杂浓度　36
场效应晶体管　6,30,32,48
传感器　68,125,169
传感器的机电特性　70
传统场效应晶体管　48
串联电阻　179
垂直纳米线　22,82
存储器性能　108

D

底端传输模型　45
电化学能量　212
电致发光特性　198
多功能性　1
多样性　1

E

二阶解　22

F

发光二极管　120,182,190,199

发光二极管的表征　184
发光二极管效率　185
发光光谱　188
发光特性　202
反偏肖特基接触　126
反向偏置接触　82
费米能级　5,7,29,32,43,56,78,86,92,
111,121,127,173,179,208
复合过程　121

G

锆钛酸铅　3
光电传感器　125
光电化学过程　208,211
光电化学太阳能电池　210
光电探测器　168
光伏器件设计　155
光激发模型　126
光偏振　195
光弹效应　197

H

横向弯曲纳米线　24,26
或非门　96

J

机电存储器　111
机电存储器原理　105
机电特性表征　70
机械感受　3,15
机械能　212
基本方程　132
基于p-n结的压电太阳能电池　133

基于垂直纳米线的压电晶体管　82

激发过程　188

解析解　22,54,121

金属-半导体接触　50,57

金属-半导体接触光电池　142

金属-半导体-金属光电探测器　129

金属-半导体肖特基接触型太阳能电池　138

金属-纤锌矿结构半导体接触　59

K

可复写的机电存储器　114

可见光探测器灵敏度　177

L

理论框架　30,53,119

两端口压电电子学晶体管器件　85

零阶解　22

硫化亚铜（Cu₂S）/硫化镉（CdS）同轴纳米线　154

逻辑运算　89

M

摩尔定律　1

N

纳米发电机　4,5,14,15,19,48,208,212

纳米线　22,26,27,30,70,82,154,162,182

纳米压电电子学　6

内建压电场　168

内量子效率　121

能源存储　208

O

欧姆接触　76

耦合效应　51

P

漂移和扩散电流密度方程　119

平衡电势　30

评价标准　180

泊松方程　119,193

Q

前三阶微扰理论　20

R

热电子发射-扩散理论　58,72

人机交互界面　2

S

闪锌矿　162

数值模拟　60,129

双肖特基接触　128

T

太阳能电池　131,142,154,210

太阳能电池输出　150

太阳能转换效率　162

填充因子　131

W

外量子效率　122,192

微扰参数　20

温度　108

X

纤锌矿　162

纤锌矿结构半导体材料　19

纤锌矿结构材料　3

肖特基接触　10,76

肖特基势垒　7

肖特基势垒变化的定量分析　78

Y

压电 p-n 结　55,60

压电-电化学过程　219

压电本构方程　120

压电场效应晶体管　6

压电电荷　10,127

压电电势　4

压电电势测量　26

压电电子学　3,6,14,15

压电电子学场效应晶体管　65

压电电子学二极管工作机制　80

压电电子学机电存储器　103

压电电子学机电开关　81

压电电子学基本理论　48

压电电子学晶体管　48,68

压电电子学逻辑电路　89

压电电子学逻辑运算　96

压电电子学模型　153

压电电子学器件　48,60

压电电子学效应　6,53,111

压电电子学应变传感器　68

压电二极管　6,75

压电发光二极管简化模型　121

压电光电子器件　168

压电光电子学　3,11,15,119

压电光电子学光电探测　180

压电光电子学器件　119

压电光电子学效应　10,119,125,158,168,
171,182,190,208,211

压电光子学效应　10

压电极化电荷　7

压电极化方向　187

压电晶体管　63

压电势　3,4,19,24,27,150,209,212

压电势方程　127

压电太阳能电池　131

压电效应　3,10,185

压光效应　182

压阻效应　7,30,179,182

一阶解　22

一维简化模型　54

一维纤锌矿纳米结构　12

异或门　98

异质结　30,32,120,149,184

异质结核壳纳米线　162

异质结能带　192

异质结能带图　188

应变　27,70,188,192,195

应变传感器　68

应变门控反相器　93

应变门控晶体管　89

应变系数　74

有限元方法　20,24—26,28,63,85,175

与非门　96

Z

载流子类型　40

正偏肖特基接触　126

正向偏置接触　84

支配方程　19

轴向应变纳米线　27

主动式柔性电子学器件　3

准费米能级　93,162,174,178,180

紫外光传感器　169

自充电功率源器件　212

其他

FET　6

NAND　96

NOR　96

PE-FET　6

p-n结　10,51,55

p-n异质结太阳能电池　149

PSC　131

p型氮化镓薄膜　198

SGT　89

XOR　98